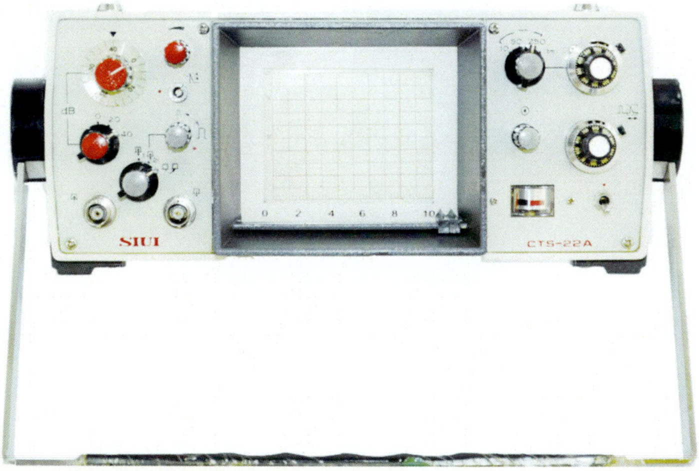

模拟式超声探伤仪

相控阵超声探伤仪

TOFD

数字式
超 声
探伤仪

常用超声探头

常用超声试块

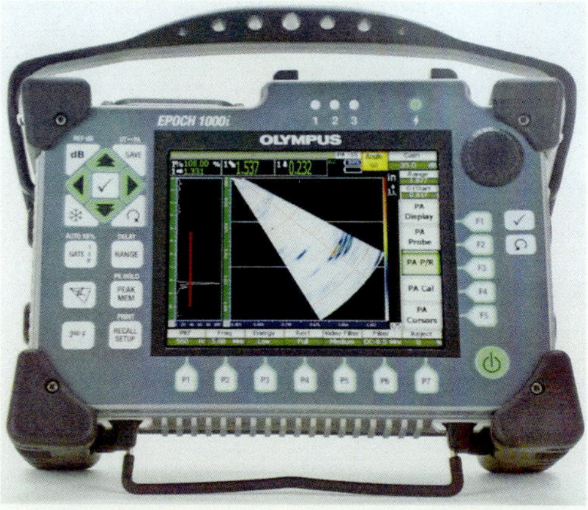

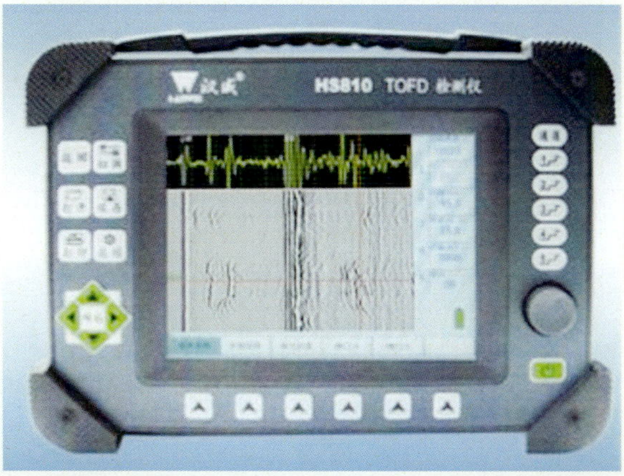

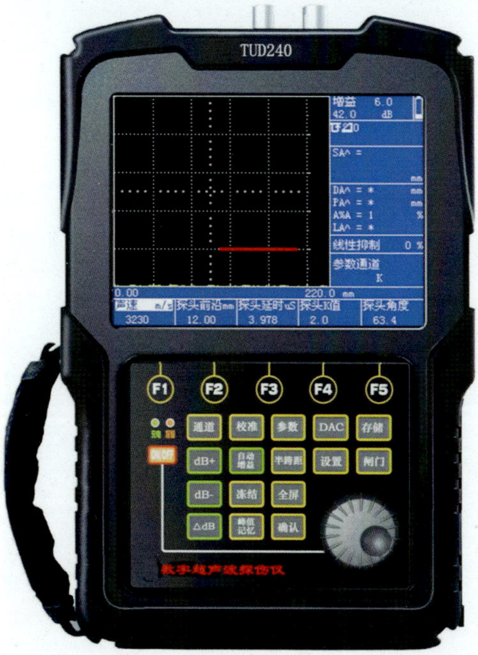

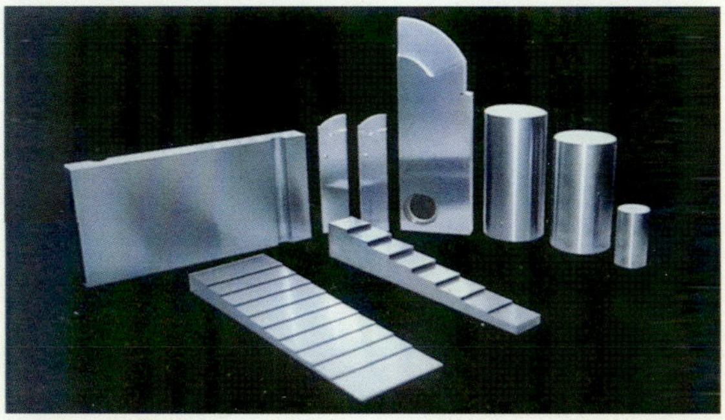

飞机起落架的超声检测

发电机转子的超声检测

焊件的超声检测

铁轨的超声检测

“十二五”职业教育国家规划教材
经全国职业教育教材审定委员会审定

超声检测

第2版

主编　郭　伟
参编　王仕洋　曾　舟　孙　凯
李红莉　唐迎春
主审　范吕慧

机械工业出版社
CHINA MACHINE PRESS

本书是“十二五”职业教育国家规划教材，是根据《教育部关于“十二五”职业教育教材建设的若干意见》及教育部新颁布的《高等职业学校专业教学标准（试行）》，同时参考无损检测相应职业资格标准，在第1版的基础上修订而成的。

本书共分为六个单元，内容包括超声检测的物理基础、超声检测设备和器材、超声检测工艺、超声检测的应用、超声检测工艺文件的编制与管理和超声检测实验。在每个单元中，根据内容的相对独立性和知识连贯性，又分为若干模块。每个单元和模块后面都附有可供选用的复习题。附录包括数字式超声波探伤仪焊缝探伤实例和《承压设备无损检测　第3部分　超声检测》标准简介，可供读者查阅。本书内容的选取体现了“实用、够用”的思想，以超声检测Ⅲ级人员的考核知识点为参考，尽量避免冗杂的文字描述和繁琐的公式推导，而辅之以大量的插图来反映其中的规律，便于读者理解。为便于教学，本书另配套有教学资源包，选择本书作为教材的教师可来电索取（010-88379197），或登录 www.cmpedu.com 网站注册、免费下载。

本书可作为高职、高专、各类成人教育金属材料检测类专业教材或培训用书，也可供有关技术人员参考。

图书在版编目（CIP）数据

超声检测/郭伟主编．—2版．—北京：机械工业出版社，2014.5（2025.2重印）
“十二五”职业教育国家规划教材
ISBN 978-7-111-47341-1

Ⅰ.①超…　Ⅱ.①郭…　Ⅲ.①超声检测-高等职业教育-教材
Ⅳ.①TB553

中国版本图书馆CIP数据核字（2014）第152853号

机械工业出版社（北京市百万庄大街22号　邮政编码100037）
策划编辑：齐志刚　责任编辑：齐志刚　责任校对：刘秀芝
封面设计：张　静　责任印制：部　敏
中煤（北京）印务有限公司印刷
2025年2月第2版第8次印刷
184mm×260mm · 15印张 · 1插页 · 359千字
标准书号：ISBN 978-7-111-47341-1
定价：37.00元

凡购本书，如有缺页、倒页、脱页，由本社发行部调换

电话服务	网络服务
社服务中心：（010）88361066	教材网：http：//www.cmpedu.com
销售一部：（010）68326294	机工官网：http：//www.cmpbook.com
销售二部：（010）88379649	机工官博：http：//weibo.com/cmp1952
读者购书热线：（010）88379203	**封面无防伪标均为盗版**

第2版前言

本书是按照教育部《关于开展“十二五”职业教育国家规划教材选题立项工作的通知》，经过出版社初评、申报，由教育部专家组评审确定的“十二五”职业教育国家规划教材，是根据《教育部关于“十二五”职业教育教材建设的若干意见》及教育部新颁布的《高等职业学校专业教学标准（试行）》，同时参考无损检测相应职业资格标准在第1版的基础上修订而成的。

本书第1版深受广大读者的喜爱，陆续被许多高职院校选用。该书的出版曾一度解决了职业院校金属材料检测类专业长期没有针对性教材的问题，但是，第1版对“实用和够用”的指导思想体现得不够充分，内容的安排和组织不够严谨。在近几年的实际使用中，也陆续有读者反映书中个别地方的文字表达不够精炼，实例选取不够典型，实例分析的内容比较少等问题。为进一步锤炼精品，编写组成员广泛走访各企事业单位，听取行业专家意见，结合读者的反馈意见，对原书作了如下修订：

1）增加了“绪论”和超声检测实例彩图内容，提升阅读兴趣，并能使读者对超声检测的基本原理、实际应用等方面有概括性了解。

2）将书中的基本概念、结论性描述等文字突出显示，以期加深读者印象，便于读者学习、理解和掌握。

3）在每一模块后增加相关习题，以期读者能明确所学内容的重点和难点，并能准确理解，达到举一反三、最终牢固掌握的目的。

4）增加了典型超声检测实例。

5）纠正了第1版教材中内容安排和文字描述上的不当之处。

本书由郭伟任主编，王仕洋、曾舟、孙凯、李红莉和唐迎春参加了编写。全书由范吕慧任主审。本书经全国职业教育教材审定委员会评审专家曹根基、司徒渝审定，他们在评审过程中对本书提出了很多宝贵的建议，在此对他们表示衷心的感谢！

本书在修订过程中得到了部分行业专家的鼎力协助，在此对他们表示深深的谢意。对于广大学者既往的诚挚建议，编者深表感谢，并恳请大家能一如既往地提出宝贵意见。

编　　者

第1版前言

为了进一步贯彻“国务院关于大力推进职业教育改革与发展的决定”的文件精神，加强职业教育教材建设，满足现阶段职业院校金属材料检测类专业教学对教材建设的需求，鉴于现阶段职业院校该专业没有一套较为合适的教材，大部分院校采用自编或行业的考证培训教材组织教学，非常不适应职业教育的实际情况，机械工业出版社于 2008 年 8 月在北京召开了“职业教育金属材料检测类专业教材建设研讨会”。在会上，来自全国该专业的骨干教师和企业专家经过多次研究讨论，确定了系列教材的编写计划，本书是根据会议所确定的教学大纲要求和高职教育培养目标组织编写的。

本书结合了现阶段高职院校学生特点，按照金属材料检测类专业培养目标和各用人单位的要求以及学员考证的需要编写的。本书以“实用、够用”为指导思想讲解相关理论，基于“工作过程”的基本原则安排内容的顺序，并适当增加了一些重要知识点的应用实例、小知识等，同时在广度和深度两方面进行了适当的拓展。如讲到基础知识部分，增加了波的应用；讲到声束扩散时，又深入讨论了它对实际检测的影响；讲到超声检测仪器时，对数字式超声检测仪进行了较为详细的描述等。在内容上，紧密结合最新的常用国内超声检测标准，并适当与国外同类型标准进行了简单评述和比较。通过这些努力，使初学者全面熟悉从工艺制订到最终检测结果评价的超声检测过程，由浅入深地掌握超声检测的基本理论，并能熟练地应用理论来指导实践，分析解决检测中的实际问题。

本书在编写过程中，力求做到言简意赅，图文并茂，免去了大量的公式推导，将典型实例与理论知识相结合，便于各院校教学和学生自学。为了满足教学需要，在编写过程中借鉴了相关参考书籍的精彩部分，如有内容相似之处，绝非本意所为，在此谨向有关作者表示最诚挚的感谢，我们也真诚地希望从事高等职业教育的教师、各行业专家与我们联系，共同探讨超声检测的相关问题，以便修订时改进和完善。

本书由四川工程职业技术学院郭伟主编。其中第一、三、六单元由郭伟编写，第二单元由李红莉编写，第四、五单元由唐迎春编写。全书由内蒙古包头职业技术学院生利英主审。

由于编者水平有限，书中错误和不足之处在所难免，敬请读者对书中不当之处给予批评指正。

编　者

目 录

绪　论

无损检测（Non-destructive Testing，NDT）是在不损伤检测对象的条件下，借助其内部材料结构的不连续（缺陷）引起的声、光、电、磁等物理量的变化，发现存在于材料、毛坯和零件内部或表面的不连续，从而评价其整体质量的技术方法。无损检测发展成为今天的一门学科，大致经历了无损探伤（Non-Destructive Inspection，NDI）、无损检测和无损评价（Non-Destructive Evaluation，NDE）三个阶段。各阶段之间没有绝对明确的时间界限，彼此之间有继承与发展，且各有侧重。

（1）无损探伤阶段　属于无损检测发展的初级阶段，其研究重点是如何检出被检对象中的缺陷，主要任务是将被检对象区分为有缺陷和无缺陷两大类。

（2）无损检测阶段　在这个发展阶段，不仅要回答被检件中是否存在缺陷，还要进一步测出有关缺陷的位置、大小和性质等信息。

（3）无损评价阶段　也就是现在所处的阶段，它要求根据缺陷的大小、位置和性质等信息，进一步评价缺陷的存在对被检件性能的影响。

目前常用的无损检测方法有超声检测（Ultrasonic Testing，UT）、射线检测（Radiographic Testing，RT）、磁粉检测（Magnetic Testing，MT）、渗透检测（Penetration Testing，PT）和涡流检测（Eddy Current Testing，ET）五种。此外，还有一些非常规的无损检测方法，如声发射（Acoustic Emission，AE）、泄漏检测（Leak Testing）、激光全息照相（Optical Holography）、红外线成像（Infraced Thermography）和微波检测（Microwave Testing）等。其中，超声检测因为具有检测成本低、材料适用范围广（可以是金属、非金属、复合材料）、设备轻巧、操作安全等特点，在我国机械、航空航天、国防、交通、电力和化工等工业部门得到了大量使用，成为控制产品质量、保障设备安全运行的重要检测手段之一。

一、超声检测的基本原理

超声波是频率大于 2 万 Hz 的机械振动在弹性介质中传播而形成的一种机械波。它具有能量大、穿透力强，且在异质界面产生反射、折射及波形转换等特点。超声检测的基本过程是：①仪器产生超声场，使工件处于其中；②缺陷引起超声场的变化（反射和折射等）；③仪器感受并采集超声场的变化；④仪器将超声场的变化以某种方式显示出来。例如，目前广泛采用的脉冲反射法超声检测是通过超声检测仪向材料内部发射脉冲超声波，当超声波在传播过程中遇到具有不同声阻抗的缺陷时，缺陷处便反射一超声波信号给检测仪器，经过仪器的一系列处理，以某种易于被人们看懂的方式显示出来，如图 0-1 所示。

脉冲反射法 A 型显示仪器通过测量超声波往返于探头与缺陷之间的时间 t（显示屏上的水平刻度值）来反映缺陷在工件中的位置，利用接收到的超声信号的强度（显示屏上的波幅 H）来反映缺陷大小。当缺陷较小，不能遮挡全部声束横截面时，显示屏上会出现发射脉

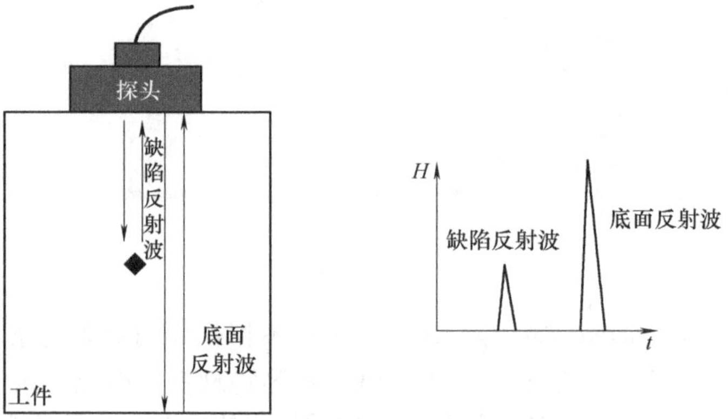

图 0-1　超声检测的基本原理

冲、缺陷反射波和工件底面反射波。若工件中没有缺陷，则显示屏上只有发射脉冲和底面反射波。

二、超声检测技术的发展历程

超声检测技术的发展与超声检测设备密切相关，经历了电子管式、晶体管式和数字式三个阶段。世界上第一台超声波检测仪诞生于20世纪30年代；约十年后，美国科学家成功研制出脉冲反射式超声波检测仪；20世纪60年代，Krautkramer公司又推出了小型超声波检测仪，从此超声检测在工业上得到了广泛应用。1953年，中国科学院长春光学精密机械与物理研究所组成以笪天锡和向明等人为主的专业组，仿制加拿大制造的超声波检测仪，开始了对超声波检测仪的研制。同年，上海材料研究所派人去长春学习和仿制了一台超声波检测仪。伴随着由长春光学精密机械与物理研究所和上海材料研究所等单位组成的工作组的研究，历经无数次工厂的试验，我国超声检测技术取得了长足进步。从1979年开始，我国自主研发的超声波检测仪的主要技术指标和性能已与国外同类产品相当，很好地满足了国内常规超声检测的技术要求。

三、超声检测技术展望

目前，超声检测技术的局限性主要表现在以下方面：

1）存在检测盲区。

2）对工件的表面粗糙度要求较高且必须使用耦合剂。

3）对缺陷定量不够直观、方便，定性有待深入研究，要求检测人员具有较高的素质。

4）对形状结构复杂工件的检测难度大。

但是，随着科技的不断进步与发展，上述局限性正逐渐得到改善。超声检测技术正朝着智能化、自动化、图像化、数字化、小型化、系列化、多功能化、信息化、高精度和交叉领域的方向快速发展。

1. 检测设备小型化、数字化和智能化

随着新型传感器技术、微电子技术和计算机软/硬件技术的发展，出现了体积更小、重量更轻、性能更高，具有强大存储和传输功能的超声波检测仪。现代检测设备一般都带有USB、RS232、485等接口，可与计算机进行通信和数据交换，接受计算机的控制，实现不同检测设备间的协同工作。

2. 检测过程自动化

传统超声检测，除单通道手工检测外，用于板材检测的超声波自动检测系统，可以实现多达256甚至更多通道的自动检测，大大地提高了检测效率，降低了检测人员的劳动强度。

3. 检测结果评定智能化和网络化

借助现代信号处理技术、人工智能技术等学科的研究成果，以及计算机网络技术的发展，人们正在进行超声检测中对缺陷种类作智能识别的探索。通过建立专家系统，集中多名专家的智慧，使评定结果更加准确、可靠，更具权威性。

4. 研究手段不断创新

借助有限差分、有限元和边界元等数值方法研究成果，越来越多的数值仿真被用于超声检测，使得研究周期更短、费用更低，更加灵活方便。

5. 检测工作标准化

世界范围内，国际标准化组织（International Standard Organization，ISO）的TC135等技术委员会负责制定有关无损检测的国际标准。各工业先进国家都设有专门组织负责制定该国的无损检测标准，如英国、美国、德国等。在我国，除国家标准（GB）和国家军用标准（BJB）外，机械（GB）、船舶（CB）、航空（HB）、航天（QJ）、冶金（YB）等行业还根据各自的行业特点，制定了各自的行业标准。部分国有大中型企业也制定了相应的企业标准。这些标准无疑对规范和指导各行业的无损检测工作起到了很大的作用。

从事超声检测人员的执业资格鉴定和相应证书也实现了标准化，对鉴定要求和证书权限都作了详细的规定。目前，按国际通行要求，根据从业人员理论知识和实际操作技能水平的高低，将执业资格证书划分为3个等级，即超声Ⅰ级、Ⅱ级和Ⅲ级。Ⅲ级证书要求最高，其持有者的权限最大。

第一单元　超声检测的物理基础

内容导入

超声检测全称超声波检测，也叫超声波探伤，是无损检测的一种常用方法。目前，绝大部分的超声检测是根据超声波在介质中的传播时间和能量变化情况来判定缺陷位置和大小的。因此要真正掌握超声检测技术，就必须了解超声波的产生机理，熟悉超声波在介质中的传播方式及其能量变化规律。

超声波在被检测材料中传播时，材料的声学特性和内部组织的变化会对超声波的传播产生一定的影响，通过对超声波受影响程度和状况的探测，了解材料性能和结构变化的技术称为超声检测。超声检测是无损检测的主要方法之一，被广泛用于国防、航空、船舶、冶金、核电等许多行业，在保证产品质量和工程质量上发挥着越来越重要的作用。在超声检测中，主要涉及几何声学和物理学中的一些基本概念和基本定律，如声学中的超声波反射、折射、波形转换和物理学中波的叠加、干涉等基本知识。准确理解这些相关的概念，掌握其中的基本定律，将有利于灵活运用这些基础理论解决实际检测中的问题。

模块一　机械振动与机械波

知识目标

※　掌握机械振动与机械波的基本概念。
※　熟悉机械振动与受迫振动的区别。
※　掌握机械波的产生条件及其传播特点。
※　能识别日常生活中的机械振动和机械波现象，学会运用波长、频率、波速之间的关系进行简单的分析和判断。

超声波是机械波的一种，是物质运动的一种形式。机械波是机械振动在弹性介质中的传播过程和形式。

一、机械振动

自然界的一切物质每时每刻都在运动着，其运动形式大致可分为五种基本形式：机械运动、物理运动、化学运动、生物运动和社会运动。在这些运动的物质中，有些物体在某一固定的位置（即平衡位置）附近作周期性的往复运动，这种运动形式被称为机械振动，简称振动。在日常生活中，物体振动的现象随处可见。例如，钟摆周而复始的摆动、活塞在气缸中来回往复的运动、发声体的运动等都是物体振动的表现。

根据振动过程中物体的受力情况不同，振动可分为自由振动和受迫振动。

1. 自由振动

作振动的系统在外力的作用下使物体离开平衡位置以后就能自行按其固有频率振动，而不再需要外力的作用，这种不在外力作用下的振动称为自由振动。理想情况下的自由振动叫无阻尼自由振动。自由振动时的周期叫**固有周期**，自由振动时的频率叫**固有频率**，它们由振动系统自身条件所决定，与振幅无关。最简单、最基本的直线无阻尼自由振动称为简谐振动，简称谐振。下面以弹簧振子为例分析谐振的一些规律。

如图1-1所示，把一个与弹簧连接的弹簧振子放在某一光滑（不考虑摩擦）的支承面上。显然当弹簧振子位于平衡位置 O 时，受到的合力为0。如果把弹簧振子水平地拉动后释放，它就会在平衡位置 O 左右来回往复运动。在弹簧振子离开平衡位置向右运动过程中，弹簧被拉长，产生始终指向平衡位置的弹力，它力图使振子回到平衡位置，振子的动能逐渐减小，而弹性势能逐渐增大。当振子运动到最大位移的位置 A 时，动能减小为零，势能达到最大。在弹簧弹力的作用下，振子改为向左运动，渐渐返回平衡位置。在振子返回平衡位置的过程中，势能逐渐减小，动能逐渐增大。当振子到达平衡位置时，动能最大而势能为零。由于惯性作用，振子不会停留在平衡位置而继续向左运动使弹簧压缩，再次受到弹簧的弹力作用。在振子向左运动的过程中，弹簧的弹力逐渐增大，振子的运动速度逐渐减小，动能逐渐降低，弹性势能逐渐增大。当振子达到位置 A' 时，运动速度为零，不再向左运动，动能减小为零，势能又达到最大。弹簧弹力迫使振子加速向右运动，其状态与振子从 A 到 O 相似，只是弹簧弹力的方向相反。这样振子就以平衡位置 O 为中心重复运动，形成振动。

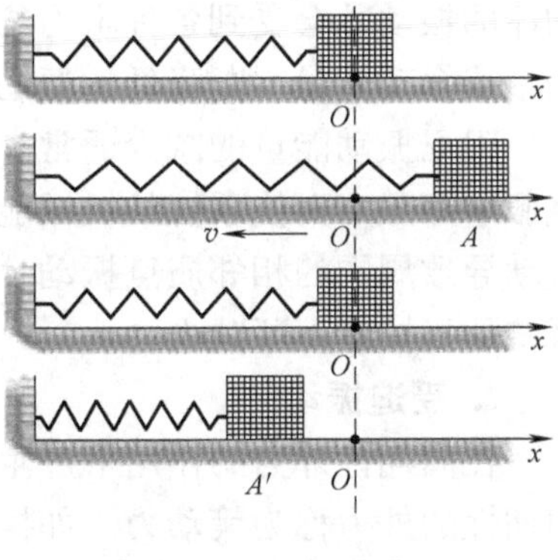

图1-1　弹簧振子

一般把振动物体偏离平衡位置后受到的总是指向平衡位置的力，称为回复力。在图1-1中，设振子离开平衡位置的位移为 x，对应的回复力为 F，显然

$$F = -kx \tag{1-1}$$

式中，k 是弹簧的刚度系数，负号表示回复力 F 与位移 x 方向相反。凡是符合式（1-1）的力都称为弹性力或准弹性力，其特征是力的大小与平衡位置到作用点的位移的大小成正比，而与位移的方向相反，即始终指向平衡位置。

设振子的质量为 m，根据牛顿第二定律 $F=ma$ 知，振子的加速度为

$$a = \frac{F}{m} = -\frac{k}{m}x = \frac{d^2x}{dt^2} \tag{1-2}$$

由于 k 和 m 都是不变的常量，令 $\frac{k}{m}=\omega^2$，则

$$\frac{d^2x}{dt^2} + \omega^2 x = 0$$

$$x = A\cos(\omega t + \varphi) \tag{1-3}$$

式中　ω——圆频率，$\omega=2\pi f$；

A——振幅，即最大位移；

φ——初相位；

$\omega t+\varphi$——振子在 t 时刻的相位。

凡满足上述规律的运动称为谐振运动。谐振运动的特点是：物体受到的回复力大小与位移大小成正比，其方向与位移方向相反，总是指向平衡位置。谐振时物体的振幅不变，只有弹性力或重力做功，其他力不做功，符合机械能守恒规律。在平衡位置时的动能最大而势能为零，在最大位移处势能最大而动能为零，其总能量保持恒定不变。

谐振是理想条件下的振动，即不考虑物体受到的摩擦和其他阻力的影响。实际上，任何物体的振动总会受到各种阻力的作用，振动物体的能量会不断减少，振幅也逐渐减小。这种振幅或振动能量不断降低的振动称为阻尼振动，如图 1-2 所示。

阻尼振动能量的减少通常有两种方式：一是振动物体因克服摩擦阻力而使系统的机械能不断减少；二是由于系统的振动导致周围的相邻质点振动，实现能量的传递，而使振动系统的机械能不断减少。

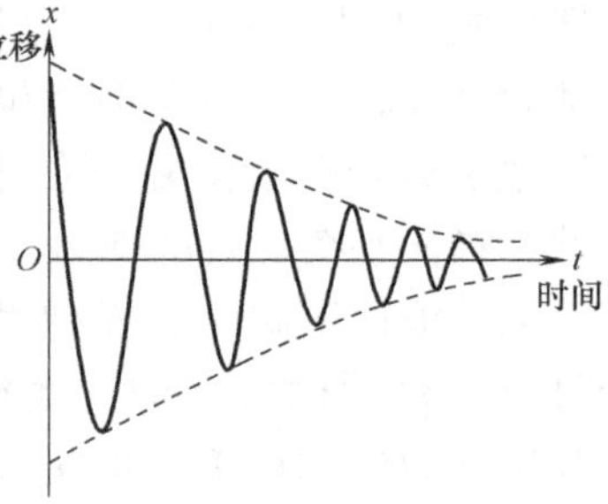

图 1-2　阻尼振动

2. 受迫振动

在周期性外力的作用下产生的振动称为受迫振动，这个周期性的外力称为**策动力**。如扬声器中纸盆的振动、气缸中活塞的振动等都是受迫振动的例子。受迫振动刚开始时很复杂，经过一段时间后进入稳定状态，变为周期性的谐振。这时的振动频率与策动力频率相同，振幅保持不变。改变策动力频率将使振幅发生变化，当策动力频率与受迫振动系统的固有频率相同时，受迫振动的振幅达到最大值，系统处于共振状态。此时的频率称为共振频率，如图 1-3 所示。

在受迫振动中，策动力的方向在整个周期中始终与振动系统的运动方向一致，策动力对振动系统做正功。显然当物体发生共振时，策动力供给振动系统的能量为最大。对于一定的振动物体，在相同的策动力作用下，阻尼越小，消耗的能量就越少，共振幅值就越大。有时物体会因为振动幅值过大而遭到破坏，应该注意预防，避免外力的频率接近物体的固有频率。但是有时为了获得最大的振动能量，又需要物体产生共振。如在设计超声波探头的压电晶片时，应使高频电脉冲的频率等于压电晶片的固有频率，从而产生共振，以获得最大的电声能量转换效率。

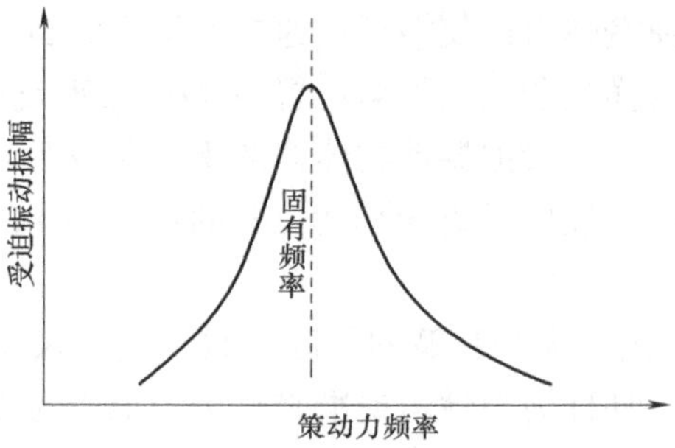

图 1-3　受迫振动

想一想

18 世纪中叶，法国昂热市一座 102m 长的大桥上有一队士兵经过。当他们在指挥官的口令下迈着整齐的步伐过桥时，桥梁突然断裂，造成 226 名官兵和行人丧生。这是为什么呢？

二、机械波

1. 机械波的产生和传播

振动的传播过程称为波动。波动是一种常见的物质运动形式，通常可分为**机械波**和**电磁波**两大类。机械振动在弹性介质中的传播过程，称为机械波，如空气中的声波、水面的涟漪等。周期性变化的电场和磁场在空间的传播，称为电磁波，如太阳的热辐射，各种波段的无线电波、光波、X 射线、γ 射线等。

由于超声波属于机械波的范围，因此下面只讨论机械波的一些规律。

形成机械波必须有机械振动振源和传播振动的弹性介质。引起波动的初始振动物称为**振源**，振动赖以传播的媒介物则称为**弹性介质**。在弹性介质中，各质点间是以弹性力互相联系着的，就像用无数的弹簧将组成物质的各个质点连接起来一样，如图 1-4 所示。当弹性介质的某一部分质点受外力作用发生振动时，由于它与相邻部分质点之间有相互作用的弹性力存在，振动就会传到与之相邻的其他质点，使它们也产生振动。同理，这些相邻质点的振动又会引起与之相邻的较远的质点跟着振动，于是振动就以一定的速度由近及远地向外传播出去而形成机械波。

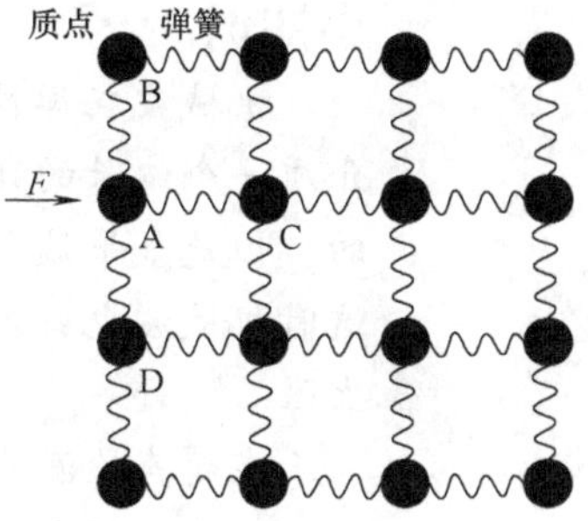

图 1-4　弹性介质

机械波只是振动状态的传播，介质中各质点并不随波前进，各质点只以周期性变化的振动速度在各自的平衡位置附近振动。振动是产生波动的根源，波动是振动状态在弹性介质中的传播，也是振动能量在弹性介质中的传播。但是这种能量的传播不是靠物质的迁移来实现的，也不是靠振动质点的弹性碰撞来完成的，而是由各个质点的连续的周期性位移变化逐渐传递出去的。

想一想

在波动的水面上漂浮的树叶只在原处上下沉浮，并不随波移向远处。这是为什么呢？

2. 机械波的常用物理量

波长、波的频率（或周期）和波速是描述波动的三个重要物理量。

（1）**波长**　在同一波线上，两个相邻的、振动相位相同的质点之间的距离，称为波长（即一个“波”的长度），用符号 λ 表示。波长的常用单位是毫米（mm）或米（m）。

（2）**频率**　单位时间内波动通过某一位置的完整波的数目，称为波动频率，也是质点在单位时间内的振动次数，用符号 f 表示。频率的常用单位是赫兹（Hz），即次/秒。在一秒钟内通过弹性介质某一位置一个波动，称这个波的频率为 1Hz。频率的单位还有千赫（kHz）、兆赫（MHz）、吉赫（GHz）等，$1\text{GHz} = 10^3\text{MHz} = 10^6\text{kHz} = 10^9\text{Hz}$。

周期在数值上等于频率的倒数，它是波动前进一个波长的距离所需要的时间，用符号 T 表示。周期的常用单位有秒（s）、毫秒（ms）、微秒（μs）等，$1\text{s} = 10^3\text{ms} = 10^6\mu\text{s}$。

由于波源作一次完全振动，波就前进一个波长的距离，所以波的周期（或频率）等于波源的振动周期（或频率）。

（3）**波速**　在波动过程中，某一振动状态（即振动相位）在单位时间内所传播的距离叫做波速，用 c 表示，其常用单位为米/秒（m/s）。对于一定的波动，波速的大小与介质的性质有关，不同的介质中，波速也不相同。例如，在标准状态下，声波在空气中传播的速度为331m/s，而在氢气中传播的速度是1263m/s。

根据波长、频率和波速的定义可得

$$\lambda = cT = c/f \tag{1-4}$$

由于波速与介质有关，而波的频率是波源振动的频率，与介质无关。因此，由式（1-4）可知，同一频率的波，其波长将随介质的不同而不同。该式具有普遍的意义，适用于所有的波动。

小知识

机械波在弹性介质中传播时，如果波长远大于介质分子之间的距离，则在介质一个波长的距离内有无数个分子在陆续振动，宏观上看来介质就像是连续的。但是如果波长小于或等于介质分子间距离时，则不能认为介质是连续的，这时机械波也就不能传播。因此机械波在弹性介质中传播存在着一定的频率上限。

在超声检测中，波长是一个重要的物理量，对于不同晶粒大小和质量要求，只有选择合适的波长才能达到检验的目的。晶粒较细的材料或质量要求高时，应提高频率，减小波长，以获得较高的检测灵敏度。但是频率的提高不是无限度的，必须保持波长与被检材料的晶粒度有合适的比例，否则，晶粒反射就会影响检测结果的准确性，甚至无法检测。

3. 机械波的波动方程

在均匀的、无吸收的弹性介质中，当波源作谐振时，波所经历的所有质点都按余弦（或正弦）规律振动，则在此弹性介质中形成的波，称为简谐波。它是最简单、最基本的波动，任何复杂的波都可以看成是由若干频率不同的简谐波叠加而成的。下面讨论简谐波的波动规律。

如图1-5所示，设有一简谐波沿 x 轴正方向向前传播，介质质点沿 y 轴作上下振动。任取一质点的平衡位置作为坐标原点 O，选择某一时刻作为起始时刻，O 点处（即 $x=0$ 处）质点的振动方程可表示为

$$y = A\cos\omega t$$

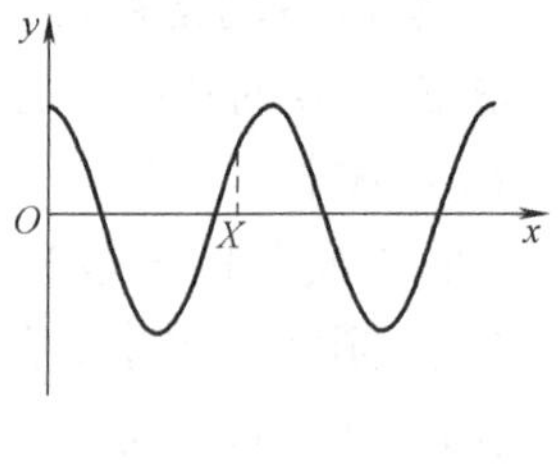

图1-5　波动方程推导

假定介质是均匀、无限大、无吸收的，那么各点的振幅将保持不变。当振动从 O 点传至 X 点时，该质点将以相同的振幅和频率重复 O 点的振动。由于振动从 O 点传播到 X 点需要的时间为 x/c，即 X 点的振动落后于 O 点 x/c，因此 X 处的质点在时刻 t 的位移为 O 点在（$t-x/c$）时刻的位移

$$y = A\cos\omega\left(t - \frac{x}{c}\right) = A\cos(\omega t - kx) \tag{1-5}$$

式中　k——角波数，$k=\frac{\omega}{c}=\frac{2\pi}{\lambda}$；

c——波速；

x——X 点到 O 点的距离。

上式就是沿 x 轴正方向传播的平面简谐波的波动方程，它反映了波动过程中沿波传播方向上任意一点在任意时刻的位移情况。

【课后习题】

1. 机械波的波速取决于（　　）。

A. 机械振动中质点的速度　　B. 机械振动中质点的振幅

C. 机械振动中质点的振动频率　　D. 弹性介质的特性

2. 什么是机械振动和机械波？二者有何关系？

3. 什么是谐振？它有何特点？什么是阻尼振动和受迫振动？三者有何不同？

4. 什么是波动频率、波速和波长？三者有何关系？

模块二　机械波的衍射与干涉

知识目标

※　理解惠更斯原理。

※　熟悉机械波的干涉、衍射及驻波，了解其对超声检测的影响。

一、惠更斯原理

波动的起源是波源的振动，波动的传播是由于介质中各质点间的相互作用。假设介质是连续分布的，介质中任何一点的振动都会引起临近各点的振动，因此在波动中任何一点都可以看作新的波源。例如，在水面上有一列自由传播的水波，如图 1-6 所示。其在前进中遇到障碍物 AB，AB 上有一小孔，小孔的孔径 a 远小于波长 λ。这时，可以看到穿过小孔的波是圆形的波，与原来波的形状无关。说明小孔可看作新的波源。

1690 年，荷兰物理学家克里斯蒂安·惠更斯（Christian Huygens）总结了上述现象，提出了著名的惠更斯原理：媒质中波动传到的各点，都可以看作是发射子波的波源，在其后的任一时刻，这些子波的包迹就决定新的波阵面。

惠更斯原理对任何波动过程都适用，不论是机械波或电磁波，不论这些波动经过的媒质是均匀的或非均匀的。利用惠更斯原理可以确定波前的几何形状和波的传播方向。

如图 1-7 所示，设有波动从波源 O 以速度 c 传播。在时刻 t 的波阵面为 S_1，根据惠更斯原理，波阵面 S_1 表面各点即为新的子波源。以 S_1 表面各点为圆心，以 $c\Delta t$ 为半径画出各球形子波，作切于各子波的包迹，得经时间 Δt 后新的波阵面 S_2。由波线垂直于波阵面便可确定波的传播方向。

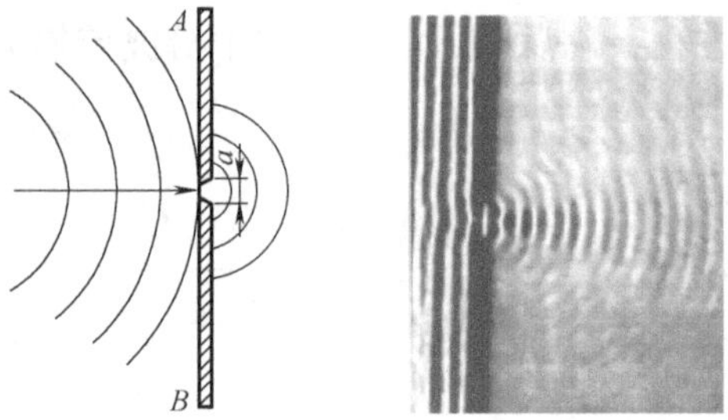

图 1-6　惠更斯原理示意图

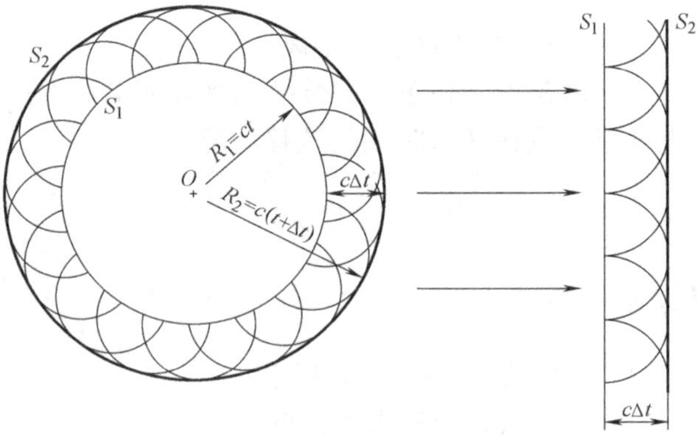

图 1-7　用惠更斯原理求球面波和平面波的新波阵面

二、波的衍射

波在传播过程中遇到障碍物时，能绕过障碍物的边缘，在障碍物的阴影区内继续传播的现象，称为波的衍射。

如图 1-8 所示，当水波到达狭缝处，根据惠更斯原理，狭缝上的各点都可看作子波源，作出子波包络，得到新的波阵面。在狭缝的边缘处，波的传播方向发生改变，绕到了障碍物的背后。

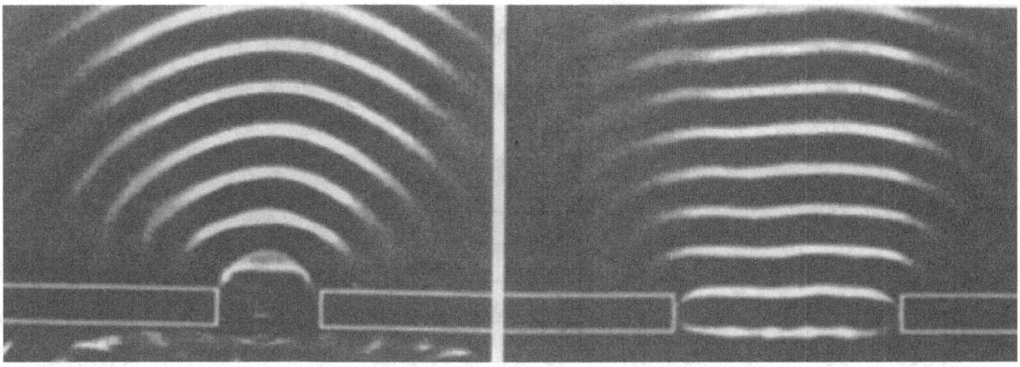

a)　　　　b)

图 1-8　波的衍射

从图 1-8 中可以看出，波的衍射与障碍物的尺寸和与波长的相对大小有关。当狭缝宽度小于波长时，衍射效果显著。在超声检测中，如果缺陷尺寸远小于波长，由于波的衍射较强，反射回波强度较弱，缺陷回波很低，因此容易漏检。超声检测的灵敏度约为 $\lambda/2$，这是一个很重要的原因。但是，由于波的衍射使超声波绕过晶粒而顺利地在介质中传播，这对检测是有利的。

衍射现象是波动特征之一。

三、波的叠加

几列波在空间传播时，无论其是否相遇，都将保持各自原有的频率、波长、振动方向、传播方向继续传播，并不会因其他波的存在而改变，这一规律称为波传播的独立作用原理。在几个人同时讲话时，能够听到每个人的声音，这就是声波的独立性的例子。天空中同时有许多无线电波在传播，能接收到某一电台的广播，这是电磁波传播的独立性的例子。

当几列波在空间相遇时，在相遇区域内任一点的振动，为各列波单独存在时在该点所引起的振动位移的矢量和，这一规律称为波的叠加原理。显然，波的叠加原理实际上是运动叠加原理在波动中的表现。

四、波的干涉

一般来说，任意的几列简谐波在空间相遇时，叠加的情形是很复杂的，它们可以合成多种形式的波动。下面只讨论波的叠加中一种最简单而又最重要的情形，即两列频率相同、振动方向相同、相位差恒定的简谐波的叠加。这种波的叠加会使空间某些点处的振动始终加强，而另一些点处的振动始终减弱，呈现规律性分布，如图 1-9 所示，这种现象称为干涉现象。能产生干涉现象的波称为相干波，相应的波源称为相干波源。**同频率、同振动方向、恒相位差称为相干条件。**

下面分析波干涉的一些规律。

如图 1-10 所示，设两个相干点波源 S_1、S_2 的振动分别为

$$y_{S_1} = A_1\cos(\omega t + \varphi_1)$$
$$y_{S_2} = A_2\cos(\omega t + \varphi_2)$$

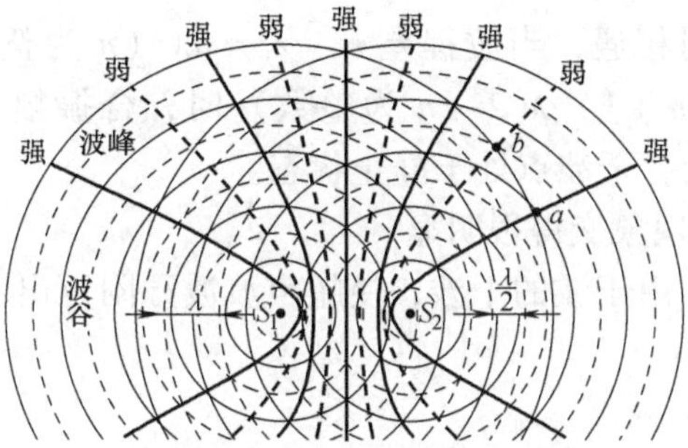

图 1-9　波的干涉图样

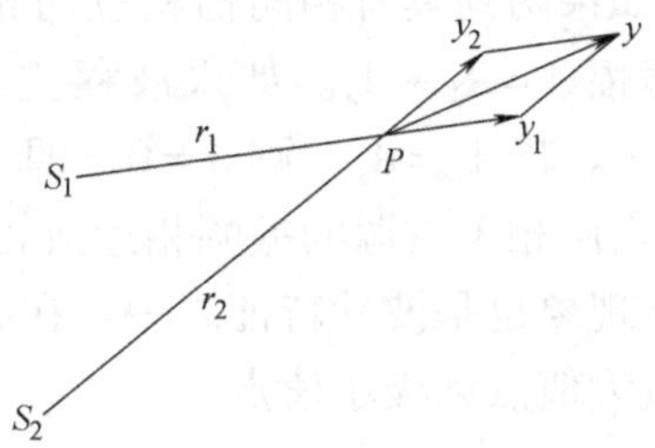

图 1-10　波的干涉

它们发出的两列相干波在空间某 P 点（称为干涉点）相遇，两列波在该点引起的分振动为

$$y_{P_1} = A_1\cos\left[\omega\left(t - \frac{r_1}{c}\right) + \varphi_1\right]$$

$$y_{P_2} = A_2\cos\left[\omega\left(t - \frac{r_2}{c}\right) + \varphi_2\right]$$

若不考虑介质对波能量的吸收，则对于平面波，波的振幅等于波源的振幅；对于球面波，要考虑振幅随距离的增加而减小的规律。这里只考虑平面波。根据叠加原理，干涉点的

合振动为

$$y_P = y_{P_1} + y_{P_2} = A\cos(\omega t + \varphi)$$

$$A = \sqrt{A_1^2 + A_2^2 + 2A_1A_2\cos\Delta\varphi} \tag{1-6}$$

$$\tan\varphi = \frac{A_1\sin\left(\varphi_1 - \frac{2\pi r_1}{\lambda}\right) + A_2\sin\left(\varphi_2 - \frac{2\pi r_2}{\lambda}\right)}{A_1\cos\left(\varphi_1 - \frac{2\pi r_1}{\lambda}\right) + A_2\cos\left(\varphi_2 - \frac{2\pi r_2}{\lambda}\right)} \tag{1-7}$$

式中　A_1、A_2——波源 S_1 和 S_2 在 P 点引起的振幅；

A——P 点的合振幅；

r_1、r_2——波源 S_1 和 S_2 到 P 点的距离；

φ_1、φ_2——波源 S_1 和 S_2 的振动初相位；

$\Delta\varphi$——两列相干波在干涉点引起的振动的相位差，$\Delta\varphi = \varphi_2 - \varphi_1 - 2\pi\frac{r_2 - r_1}{\lambda}$；

λ——波长。

由上面的式子可知：

1）两列相干波在空间任一点的合振动相位差是一个恒量，每一点的合振幅也是恒量。但是对于不同的干涉点，它们到波源的波程差一般并不相同，因而两列波的相位差也不相同，振动的合振幅也不同。

2）当 $\Delta\varphi = \pm 2k\pi$（$k$ 为整数）时，合振幅达到最大值，即 $A = A_1 + A_2$。这时，两列波在 P 点互相加强，产生相长干涉。

3）当 $\Delta\varphi = \pm(2k+1)\pi$（$k$ 为整数）时，合振幅达到最小值，即 $A = |A_1 - A_2|$。这时，两列波在 P 点互相削弱，产生相消干涉。

4）如果两列具有相同初相位的相干波在空间相遇，当波程差 $r_2 - r_1 = n\lambda$（n 为整数）时，合振幅 $A = A_1 + A_2$。如果波程差 $r_2 - r_1 = (2n+1)\lambda/2$（$n$ 为整数）时，合振幅 $A = |A_1 - A_2|$。若 $A_1 = A_2$，则 $A = 0$，即二者完全抵消，干涉点处于静止状态。

5）当两相干波源的振幅相近或相等时，干涉现象变得很明显。

干涉现象也是波动特征之一。在超声检测中，由于波的干涉，使超声波波源附近出现很多声压极大值点和极小值点。

五、驻波

驻波是波动干涉的特例。当两列振幅相同的相干波在同一条直线上相向传播时互相叠加而形成的波，称为驻波。

如图1-11所示，设两列相干波分别沿 x 轴正、负方向传播，初相位均为零的波动方程为

$$y_1 = A\cos\omega\left(t - \frac{x}{c}\right) \qquad y_2 = A\cos\omega\left(t + \frac{x}{c}\right)$$

则驻波的波动方程为

$$y = y_1 + y_2 = 2A\cos(2\pi x/\lambda)\cos\omega t \tag{1-8}$$

由驻波方程可知：

1）驻波波线上各点作振幅为 $|2A\cos(2\pi x/\lambda)|$ 的谐振，其振动频率仍为原来的频率，但是各点的振幅随位置不同而不同。

2）当 $|\cos(2\pi x/\lambda)|=1$ 时，振幅达最大值 $2A$，这些位置称为波腹。因此有

$$\frac{2\pi x}{\lambda}=k\pi \qquad x=k\frac{\lambda}{2}(k\text{ 为整数})$$

3）当 $|\cos(2\pi x/\lambda)|=0$ 时，振幅达最小值 0，这些位置称为波节。因此有

$$\frac{2\pi x}{\lambda}=(2k+1)\frac{\pi}{2} \qquad x=(2k+1)\frac{\lambda}{4}(k\text{ 为整数})$$

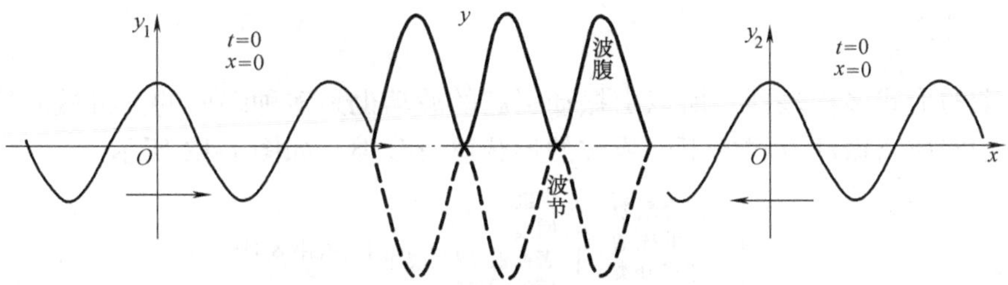

图 1-11　驻波的形成

可见，驻波的波腹和波节位置总是固定不变的，驻波的相位也不随位置变化，故驻波的波形是强弱相间的，并且不随时间而变化，好像永驻不动似的，人们正是根据它的这个特点称其为驻波。

驻波是分段的振动，相邻段振动的相位相反。相邻波腹或波节的距离为 $\lambda/2$，相邻波腹与波节的距离为 $\lambda/4$。

在超声检测中，入射到缺陷的超声波与从缺陷反射回来的超声波互相叠加就会形成驻波。形成驻波时，在界面处产生波节还是波腹，与两侧介质的疏密程度有关。当波从波疏介质垂直入射到波密介质，又从波密介质反射回波疏介质时，在界面处形成波节；反之，则形成波腹。例如，超声波垂直入射到钢/水界面，就会在钢/水界面处产生波腹；超声波垂直入射到水/钢界面，就会在水/钢界面处产生波节。

生活中应用驻波的例子很多。如各种乐器，包括弦乐器、管乐器和打击乐器，都是由于产生驻波而发声的。为得到最强的驻波，弦线或管内空气柱的长度必须等于半波长的整数倍。设计超声波探头时，为了在晶片中形成驻波，须将晶片厚度设计成 $\lambda/2$。

【课后习题】

1. 超声波传播过程中，遇到尺寸与波长相当的障碍物时，将（　　）。

A. 只绕射，无反射　　B. 既反射，又绕射

C. 只反射，无绕射　　D. 以上都有可能

2. 什么叫惠更斯原理？它有什么作用？

3. 何谓绕射（衍射）？绕射现象的发生与哪些因素有关？

模块三　机械波的类型

知识目标

※　熟悉机械波的分类。

※　重点掌握纵波、横波和表面波以及平面波、柱面波和球面波的含义及传播特点。

由于振动的形式多种多样，所以由振动引起的波动也是多种多样的。机械波的分类方法很多，通常按照质点振动方式的不同或波的形状进行分类，如图 1-12 所示。

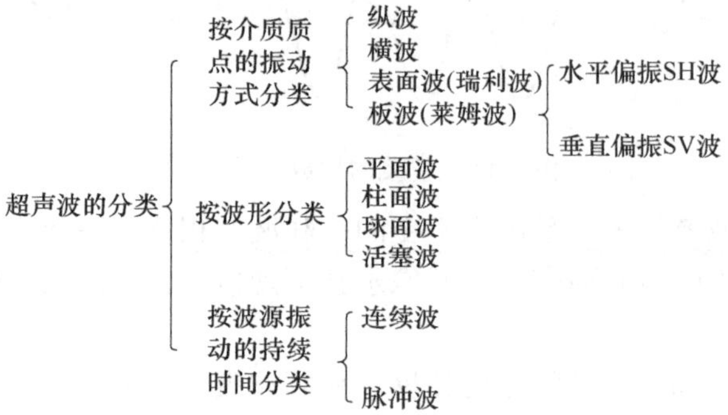

图 1-12　超声波的分类

一、按照介质质点的振动方式分类

根据波动传播时介质质点的振动方向与波传播方向间的关系，波动分为纵波、横波、表面波和板波等。

1. 纵波

介质质点的振动方向与波的传播方向相互平行的波，称为纵波，如空气中传播的声波等。纵波用符号 L 表示，如图 1-13 所示。

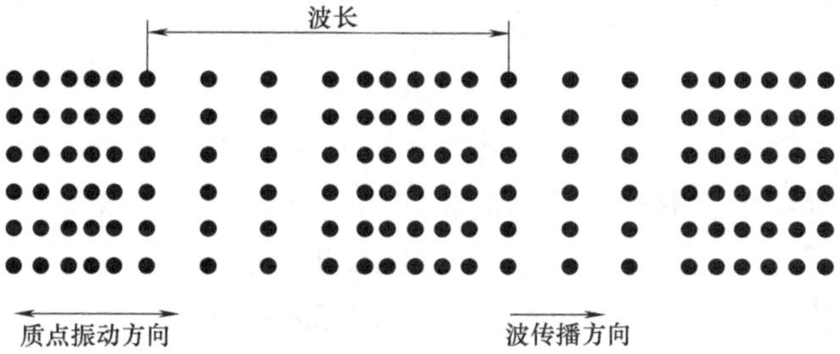

图 1-13　纵波

弹性介质质点间的弹性力可以有正应力和剪应力。当介质质点受到交变的拉压作用时，质点便产生机械振动，使质点的分布呈现疏密相间排列状态，从而形成纵波，也称压缩波或疏密波。

凡是能承受拉伸或压缩应力的介质都能传播纵波。显然，固体介质中是可以传播纵波的。液体和气体虽然不能承受拉伸应力，但是能承受压应力而产生体积变化，因此液体和气体介质中也可以传播纵波。

2. 横波

介质质点的振动方向与波的传播方向相互垂直的波，称为横波。横波用符号 S 表示。

当介质质点受到交变的剪应力作用时，介质产生切变形变，从而形成横波，故横波也称为切变波。根据形成横波时质点振动平面与超声波传播方向的关系，横波又分为垂直偏振横波（SV 波）和水平偏振横波（SH 波，也称为 Love Wave——乐甫波），如图 1-14、图 1-15 所示。目前，垂直偏振横波在工业超声检测中应用较多。水平偏振横波实际上是地震波的振动模式，只发生在介质表面非常薄的一层内，沿着介质表面传播，在工业超声检测中应用较少。

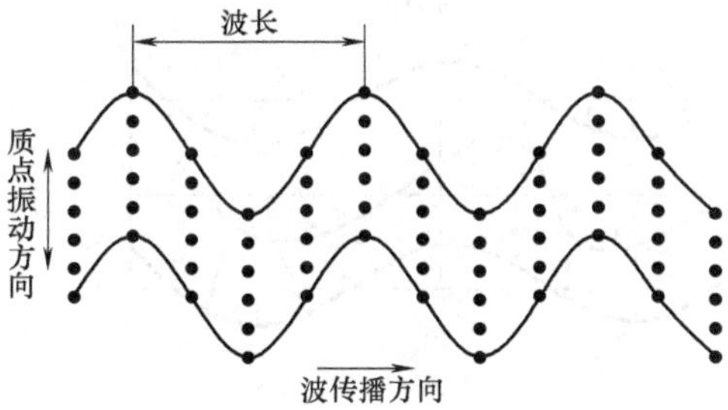

图 1-14　SV 波

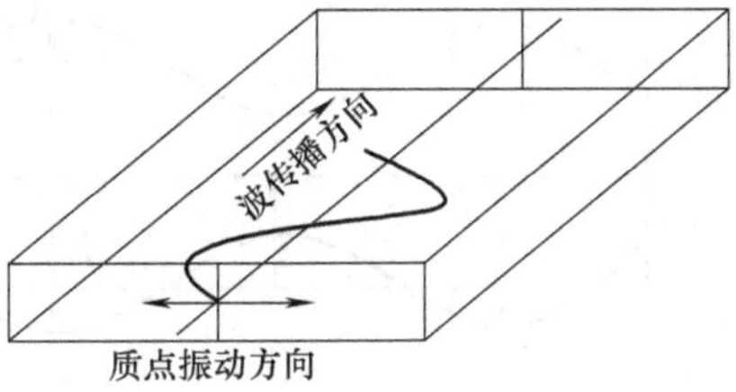

图 1-15　SH 波

显然只有固体介质才能承受剪应力，液体和气体介质不能承受剪应力，因此横波只能在固体介质中传播，不能在液体和气体介质中传播。

想一想

用手拿着平铺在地上的绳子的一端，并上下抖动（振动）绳子，这时形成的水平向前传播的波是哪种类型的波？

如把一根长而软的螺旋弹簧竖直提起来，手有规律地上下振动，可以看到弹簧上有一列疏密相间的波自上而下传播开去，这是哪种类型的波呢？

3. 表面波

交变的应力作用于介质的表面，产生沿介质表面传播的波，称为表面波。表面波用符号 R 表示。表面波最先是瑞利于 1887 年进行数学分析时发现的，所以又叫瑞利波。

如图 1-16 所示，当介质表面传播表面波时，介质质点同时产生纵向振动和横向振动，合成绕其平衡位置振动的椭圆轨迹。其椭圆的长轴垂直于波的传播方向，短轴平行于波的传播方向，因此表面波可以看作纵波和横波的合成。所以表面波同横波一样只能在固体介质中传播，不能在液体和气体介质中传播。

理论和实践都证明，表面波的能量随传播深度的增加而迅速减弱。当传播深度超过波长的2倍时，质点的振幅已经很小了。因此，在实际的检测中，认为表面波只能发现距工件表面2倍波长深度范围内的缺陷。它一般用来检测工件表面裂纹、渗碳层和覆盖层质量等。

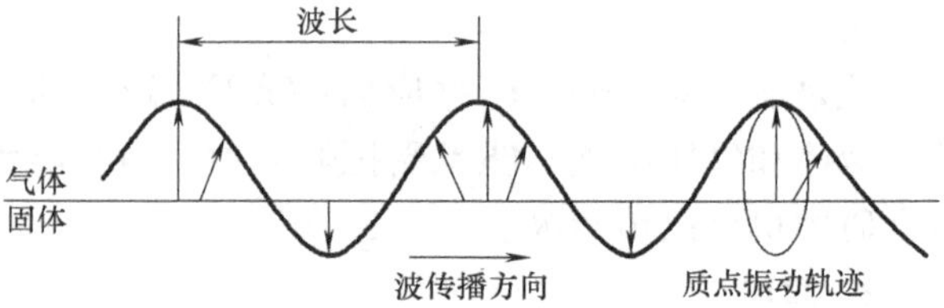

图1-16　表面波

4. 板波

当板厚、频率和波速之间满足一定的关系时，将在一个板厚与波长相当的薄板中产生另一种波动形式，那就是板波。板波是1916年由莱姆首先从理论上发现的，故又称莱姆波。

莱姆波在传播过程中，介质质点的振动充满整个板厚，沿板厚方向上大致可分为三层振动状态。根据这三层振动状态的不同，莱姆波又分为对称型（S）和非对称型（A）两类，如图1-17所示。

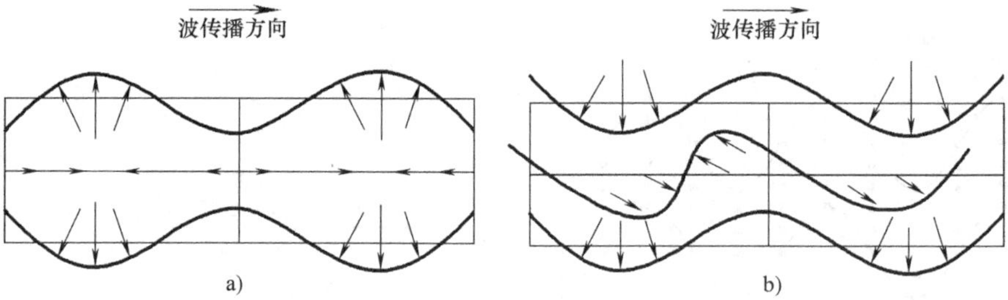

图1-17　莱姆波

a）对称型（S）　b）非对称型（A）

对称型的莱姆波在薄板介质中传播时，薄板中心的质点作纵向振动（类似于纵波），上、下表面的质点作椭圆运动，相位相反且对称于中心，如图1-17a所示。

非对称型的莱姆波在薄板介质中传播时，薄板中心的质点作横向振动（类似于横波），上、下表面的质点作椭圆运动，相位相同、不对称，如图1-17b所示。

在细棒和薄壁管中也能激发出莱姆波，此时称为扭曲波、膨胀波等。除了上述四种主要的应用波形外，现在已经发展应用的还有头波（Head Wave）和爬波（Creeping Longitudinal Wave，又称为爬行纵波），后者能够以纵波的速度在介质表面下传递，适用于表面特别粗糙，或者表面存在不锈钢堆焊层等情况下的近表层缺陷的检测。

小知识

日常生活中，我们很容易将水波看作横波，实际上并非如此。在平衡情况下，水的表面是水平的，水面发生扰动时，要使水面恢复水平的回复力有两个，一个是重力，另一个是表面张力。

在水波的形成过程中，当水面上某一质点由于外力作用而下降，形成水窝时，水面下的水就挤到旁边去了，随后周围水的质点在重力作用下，开始向低处流动，填充水窝的凹部，继而使其凸起，并在它的周围形成新的凹部。这样水的质点下降时，除了向下运动外，还要向波源方向运动；在上升时，除了向上运动外，还要向远离波源的方向运动。因此水面上的各个质点并不是上下振动，而是沿近似圆的轨道上下前后地作周期性运动。因此，水波中每个质点的运动都是由纵向运动（波的传播方向）和横向运动（与波的传播方向垂直的竖直方向）合成的。

如果水深远小于波长，则这种波叫做浅水波，它的传播速度与水深的平方根成正比而与波长无关。如果水深远大于波长，就得到深水波，它的传播速度只与波长的平方根成正比。

在深水波传播时，水中的质点不断地作匀速圆周运动，它的周期跟波的周期相同；它的运动方向，在圆周顶部与波的传播方向一致，在圆周底部与波的传播方向相反。

在水面，波的振幅等于各个质点作圆周运动的半径；在水面下方，振幅按指数律递减。在水深等于半波长处，振幅减至水面上的1/23；在水深等于1个波长处，振幅是水面上的1/535。所以，尽管水面上波涛汹涌，在水下是却相当平静的。

对于浅水波，水质点的竖直运动随水深的增加而线性地减小，在水底变为零。

在水波中，对水面提供的回复力，在波长很短（小于1.73cm）的时候，表面张力的作用是主要的，这种波叫表面张力波。但对于波长更长的波，表面张力的作用可以忽略，波动主要是重力作用的结果，这种波叫重力波。

对于浅水波，底部摩擦问题也是不可忽略的。在波峰处，水向前行进比较容易，在波谷处，水向后行进会与底部发生摩擦，结果是水质点在波峰处向前运动的距离比在波谷处向后运动的距离要远，因而产生水的净移动。这就是海滨的波浪总是带着水一块走的原因。

二、按照波的形状分类

波的形状是指波阵面的形状，简称波形。波动由波源发出后，在无限大且各向同性的弹性介质中传播时，在同一时刻，介质中振动相位相同的所有质点连接成的面称为波阵面。处于最前面的波阵面称为波前。沿波的传播方向假想的一条射线称为波线。显然，任意时刻的波前只有一个，而波阵面有很多，波线恒垂直于波阵面和波前。

1. 平面波

波阵面为一系列相互平行的平面的波称为平面波。**平面波的波源为一平面**，如图1-18所示。

理想的平面波是不存在的，尺寸远大于波长的刚性平面波源在各向同性的均匀介质中辐射的波可近似地看作指向一个方向的平面波。

平面波的波动方程为

$$y = A\cos\omega\left(t - \frac{x}{c}\right) \tag{1-9}$$

由上述可知，平面波波束不扩散，平面波中各质点的振幅为一个常数，不随距离的变化而变化。

2. 柱面波

波阵面为一系列同轴圆柱面的波称为柱面波。**柱面波的波源为一条线**，如图 1-19 所示。

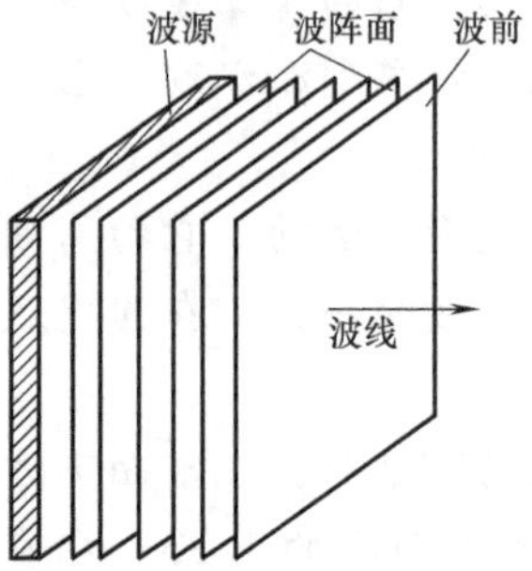

图 1-18　平面波

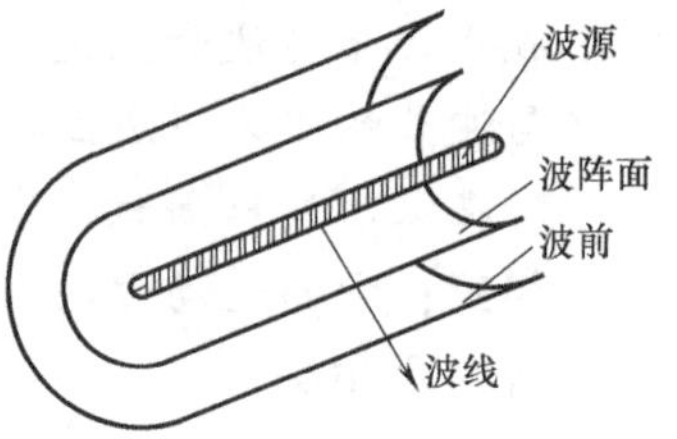

图 1-19　柱面波

理想的柱面波是不存在的，在波源的长度远大于波长，其径向尺寸远小于波长的情况下，此波源在各向同性的均匀介质中辐射的波可近似地认为是柱面波。

柱面波的波动方程为

$$y = \frac{A}{\sqrt{x}}\cos\omega\left(t - \frac{x}{c}\right) \tag{1-10}$$

由上述可知，柱面波波束向四周扩散，柱面波中各质点的振幅与距离的平方根成反比。

3. 球面波

波阵面为一系列同心球面的波称为球面波。**球面波的波源为一点**，如图 1-20 所示。

当一个点波源的尺寸远小于波长，其振动在无限大、各向同性的均匀介质中传播时，波动从中心向各个方向同样地传播，形成的波近似为球面波。

球面波的波动方程为

$$y = \frac{A}{x}\cos\omega\left(t - \frac{x}{c}\right) \tag{1-11}$$

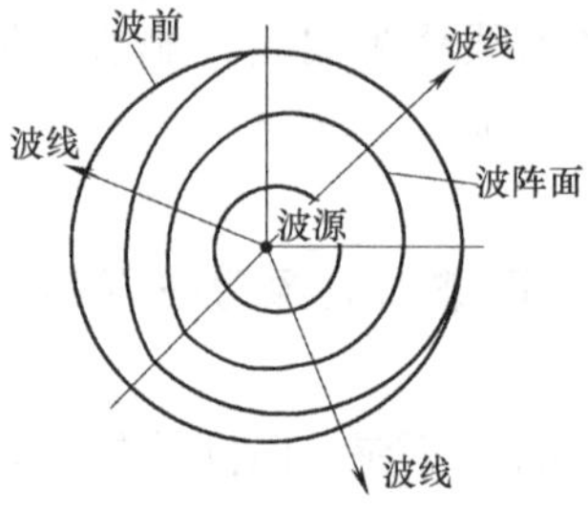

图 1-20　球面波

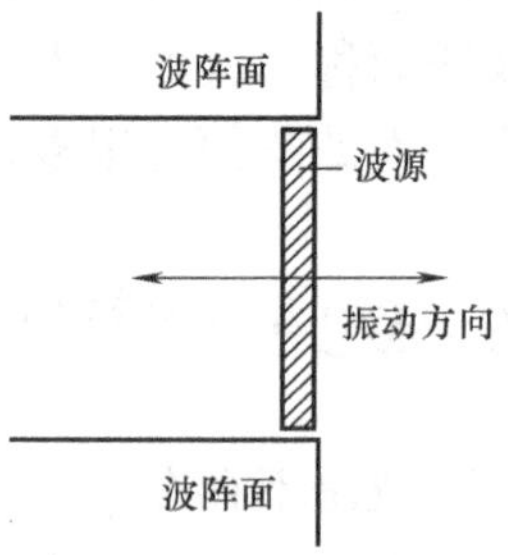

图 1-21　活塞波

由上述可知，球面波波束向四面八方扩散，球面波中各质点的振幅与距离成反比。

4. 活塞波

当一个小的片状波源沿着刚性壁作简谐振动，如图 1-21 所示，且其表面各质点具有相同的振动相位和振幅时，则在无限大、各向同性的弹性介质中辐射的波称为活塞波。**当距离波源足够远时，活塞波类似于球面波。**

三、按照波源振动的持续时间分类

1. 连续波

波源持续不断地振动所辐射的波称为连续波，如图 1-22 所示。连续波通常用于穿透法超声检测。

2. 脉冲波

波源间歇性振动，振动持续时间通常是微秒数量级，在介质中间歇性辐射的波称为脉冲波，如图 1-23 所示。脉冲波通常用于反射法超声检测。

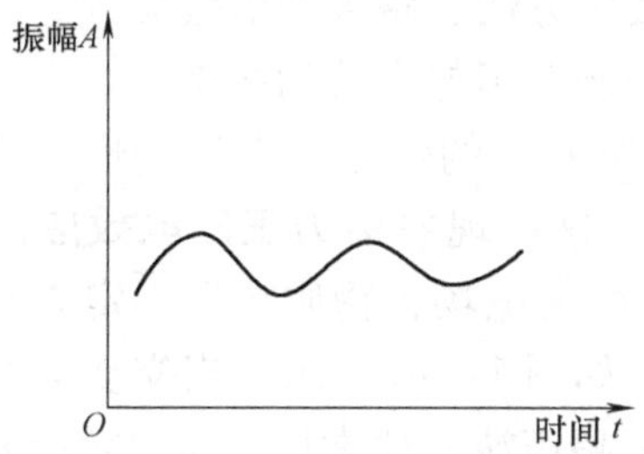

图 1-22　连续波

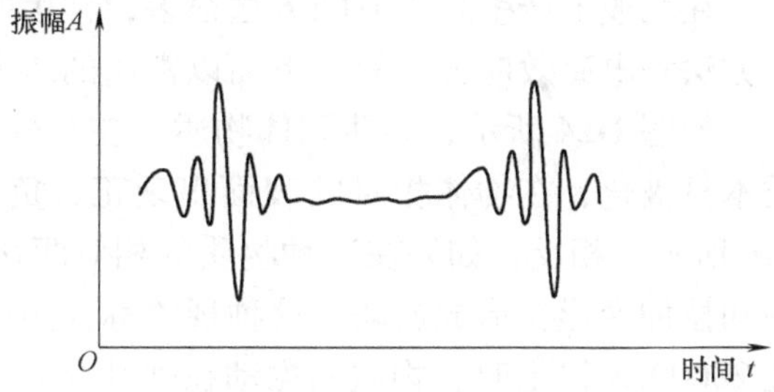

图 1-23　脉冲波

>>> **小提示**　连续波的波源持续不断地振动，频率一定；脉冲波的波源间歇振动，频率为一个范围。描述脉冲波还有一个频率——脉冲重复频率，它是指在单位时间内发生重复振动的次数。

【课后习题】

1. 什么是平面波、柱面波和球面波？它们各有何特点？

2. 学习机械波的分类（图 1-12），查阅资料并分析实际应用的超声波探头发出的波属于哪类波？

模块四 超声波的产生

知识目标

※ 掌握超声波的产生方式，理解压电效应。

※ 熟悉超声波的特点。

不同机械振动在不同的弹性介质中有着不同的表现形式，当振动通过空气等弹性介质传播到人或动物的耳膜时，将引起耳膜振动，便形成了声波。但是人对声波的感觉有一定频率范围，只有频率为 20～20000Hz 的振动才能引起听觉。如果物体振动频率低于 20Hz 或高于 20000Hz，人耳就听不到了。通常把频率低于 20Hz 的声波叫做次声波，而频率高于 20000Hz 的声波叫做超声波。那么怎样才能获得超声波呢？

在工业上产生超声波的方法很多，常用的有压电效应方法、磁致伸缩效应方法、静电效应方法和电磁效应方法等。下面以常用的压电效应法为例介绍超声波的产生。

如图 1-24 所示，某些固体物质，在交变压力（或拉力）的作用下产生变形，从而使物质本身极化，在物体相对的表面出现正、负束缚电荷，这一现象称为**正压电效应**，如图 1-24a 所示。相反，如果在这种物质的相对两端加上高频交变电场，物质将沿一定方向发生压缩和拉伸变形，形成振动，这种现象称为**逆压电效应**，如图 1-24b 所示。当交变电场的频率在 20000Hz 以上时，物质的振动在弹性介质中便形成了超声波。通常把正压电效应和逆压电效应统称为压电效应，能够产生压电效应的物质称为压电晶体。

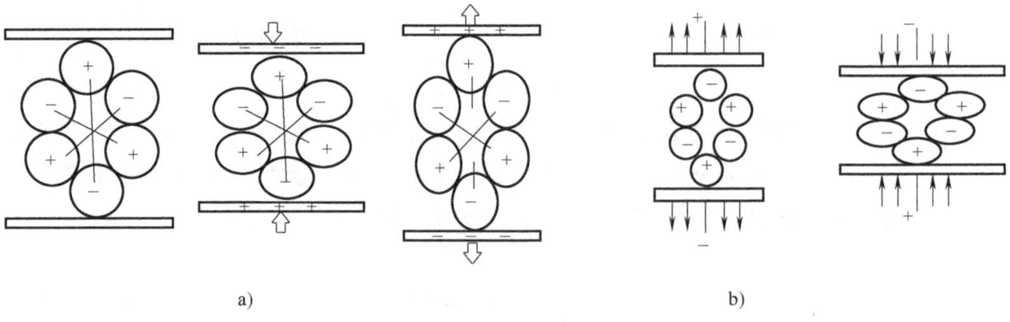

图 1-24 压电效应

a）正压电效应 b）逆压电效应

在超声检测中，利用压电晶体制成的探头就是一个超声波换能器。超声波的发生是利用逆压电效应的原理，而超声波的接收是利用正压电效应的原理。

从能量的角度分析，产生超声波的过程，实际上就是不同形式能量之间的转换过程。通常把能够实现超声波能量与其他形式能量相互转换的器件称为超声波换能器。一般情况下，超声波换能器既能用于发射超声波又能用于接收超声波。

超声波之所以在无损检测方面得到了广泛的应用，是由于它具有以下特点。

1. 超声波的方向性好

超声波声束能集中在特定的方向上，像光波一样在介质中沿直线传播，具有良好的指向性，有利于检测时发现并准确定位缺陷。

2. 超声波的能量高

理论研究表明，在振幅相同的情况下，一个物体振动的能量与振动频率的平方成正比。因此超声波的能量远远大于普通声波的能量。如 1MHz 超声波的能量相当于 1kHz 声波能量的 100 万倍。

3. 超声波的穿透力强

超声波的频率很高，波长较短，在固体介质中的传输时损失很小，这决定了其不仅能量大而且穿透力很强，在一些金属材料中，其穿透力可达数米。这是其他无损检测手段所无法比拟的。常见金属材料中超声波的穿透距离见表 1-1。

表 1-1　常见金属材料中超声波的穿透距离　　（单位：m）

材料		试验频率/MHz				备注
		0.5	1	2.25	5	
钢	锭料	1~2	0.6~1.2	0.3~0.6	0~0.3	穿透距离与材料加工情况、制造工序有关。内部组织细小的材料透声性好
	钢坯	1.5~4	2~2.3	1~1.2	0~0.6	
	压延件	7~8	7~8	3~8	1.5~2.5	
	冷拉件	7~8	7~8	5~6	2~3	
	锻造件	7~8	7~8	7~8	7~8	
	工具钢	7~8	7~8	7~8	7~8	
	弹簧钢	7~8	7~8	7~8	7~8	
	不锈钢	7~8	7~8	7~8	7~8	
铸钢	低碳钢	5~6	5~6	3~5	2~3	低碳钢透声性好
	中碳钢	5~6	4~5.5	2~4	1.5~2.5	
	高碳钢	4~5	4~5	2~3	1~2	
	低合金钢	5~6	5~6	4~5	2~3	
	高合金钢	5~6	5~6	4~5	2~3	
铸铁	灰铸铁	0.3~0.6	0.2~0.3	0.05~0.1	—	多孔材料透声性差
	可锻铸铁	2~3	2~3	1~1.5	0.15~0.3	
铝	铸铝	1.5~3	0.3~1.5	0~0.3	0~0.3	粗晶铝或多孔材料透声性差
	冲压件	7~8	7~8	7~8	7~8	
	加工件	7~8	7~8	7~8	7~8	

4. 超声波能在界面上反射、折射和转换波形

一切波都能发生反射、折射等现象，超声波也不例外。当超声波在传播中遇到异质界面时，能在界面上产生反射、折射和波形转换。因此在超声波检测中，利用工件中反射回来的回波信号特征可以判定缺陷的位置和大小。根据超声波的折射和波形转换规律制成斜探头，实现了焊缝及其他可达性较差位置的超声检测。

【课后习题】

1. 简述利用压电效应法产生与接收超声波的过程。
2. 超声波在无损检测方面得到广泛应用的原因是什么？

模块五 超声场的特征

知识目标

※ 掌握超声场三个特征值的含义及应用场合。
※ 熟悉声压和声强的运算方法。
※ 掌握近场区和半扩散角的含义及运算方法。

在弹性介质中充满超声波能量的空间称为超声场。超声场具有一定的空间大小和形状，不同的超声振源和传播条件将形成不同能量分布的超声场。描述超声场的特征值（物理性能指标）主要有声压、声阻抗和声强。

一、超声场的特征值

1. 声压

超声波在弹性介质中传播时，波源对临近的介质质点会产生作用力并使其发生振动，由于质点间弹性力的作用，这种振动便由近及远传播开来。在超声场中某一位置的质点由于超声波的传播而受到的附加压强，称为该处的声压，用符号 P 表示。其公式为

$$P = P_1 - P_0$$

式中 P_1——当有超声波通过时，介质质点承受的压强；
P_0——当没有超声波通过时，介质质点承受的压强。

声压的常用单位有帕斯卡（Pa）和微帕斯卡（μPa）。

$$1\text{Pa} = 1\text{N/m}^2 = 10^6\mu\text{Pa}$$

对于平面余弦波，由其波动方程 $y = A\cos\omega\left(t - \frac{x}{c}\right)$ 可得

$$P = -\rho c A\omega\sin\omega\left(t - \frac{x}{c}\right) = -P_m\sin\omega\left(t - \frac{x}{c}\right) \tag{1-12}$$

式中 P_m——声压的幅值，$P_m = \rho c A\omega = 2\pi\rho c A f$。
ρ——介质的密度。

由上式可知，超声场中某一点的声压随时间和该点至波源的距离按正弦函数规律变化。声压的幅值与介质的密度、波速、频率成正比。在实际应用中，超声波的频率远大于一般可闻声波，因此超声波的声压也远大于可闻声波的声压。

在超声检测中，判定工件中有无缺陷和缺陷大小的主要依据是显示屏上的波高，它被设

计成与探头接收到的超声波声压成正比，因而声压是一个很重要的物理量。

2. 声阻抗

声阻抗是超声场中某一点的声压 P 与该处质点的振动速度 v 之比，用符号 Z_a 表示。

$$Z_a = \frac{P}{v} = \frac{\rho c A\omega}{v} = \frac{\rho c v}{v} = \rho c \tag{1-13}$$

声阻抗的单位是克/(厘米^2·秒)[g/(cm^2·s)]或千克/(米^2·秒)[kg/(m^2·s)]。

由上式可知，声阻抗的大小等于介质的密度与波速的乘积。在一定的声压下，声阻抗增加，质点的振动速度减小。因此，声阻抗是反映介质对质点振动的阻碍作用的物理量，而并非介质对超声波通过介质能力的阻碍。

由于大多数材料的密度和声速随着温度的升高而降低，因此，材料的声阻抗也将受到温度的影响。

声阻抗是表征材料声学特性的重要物理量。当超声波从一种介质进入另一种介质以及在界面上的反射、折射和透射情况，都与两种介质的声阻抗密切相关。

3. 声强

声波传播时也伴随着能量的传播，声波能量的强弱即为声强。通常声强被定义为单位时间、单位面积上垂直通过的声波能量，用符号 I 表示。声强的单位是瓦/平方米（W/m^2）或瓦/平方厘米（W/cm^2）。

对于平面余弦波，经推导介质中某点的平均声强为

$$I = \frac{1}{2}\rho c A^2\omega^2 = \frac{1}{2}Z_a v^2 = \frac{P^2}{2Z_a} \tag{1-14}$$

由上式可知，在同一介质中声强的大小与声速成正比，与声波的频率的平方、振幅的平方、声压的平方成正比。超声波的频率远大于一般可闻声波，因此超声波的声强也远大于可闻声波的声强。

例如，大炮的声强为 10^{-4}W/cm^2，震耳欲聋，而超声波的声强可达 10^5W/cm^2，等于大炮声强的 10^9 倍。

超声波的应用

1. 超声除垢

金属零件、玻璃和陶瓷制品的除垢是件麻烦事。如果在放有这些物品的清洗液中通入超声波，清洗液的剧烈振动冲击物品上的污垢，能够很快将其清洗干净。

2. 超声加湿

在我国北方干燥的冬季，如果把超声波通入水罐中，剧烈的振动会使罐中的水破碎成许多小雾滴，再用小风扇把雾滴吹入室内，就可以增加室内空气的湿度，这就是超声波加湿器的原理。此外利用加湿器的原理，把药液雾化，让患者吸入，能够增进疗效。利用超声波的巨大能量还可以把人体内的结石击碎。

3. B 超

人体各个内脏的表面对超声波的反射能力是不同的，健康内脏和病变内脏的反射能力也不一样。据此制成的“B 超”就是根据内脏反射的超声波进行造影，帮助医生分析体内病变的。

4. 超声空化作用

由于超声波所具有的能量很大，有可能使物质分子产生巨大的声压作用。例如，当水中通过一般强度的超声波时，产生的附加压力可以达到好几个大气压力。在此压力的作用下，液体分子产生周期性压缩和膨胀，液体中会产生许多气泡状的小空腔，这种空腔存在的时间很短，一瞬时就会闭合起来。空腔闭合的时候会产生很大的瞬时压力，一般可以达到几千甚至几万个大气压力。液体在这种强大的瞬时压力作用下，温度会骤然增高。气泡破裂时引起的巨大瞬时压力，可以使悬浮在液体中的固体表面受到急剧破坏。这就是常说的超声波的空化作用。

5. 超声测厚

目前，超声测厚方法通常有以下三种：

(1) 共振法　共振法超声测厚采用连续波，其原理为：当工件的厚度为超声波波长的1/2或其整数倍时，入射波与反射波同相，在工件中产生驻波，引起共振。记下两个相邻的共振频率，即可求出工件的厚度。

(2) 兰姆波测厚　兰姆波测厚的原理为：当超声波频率及入射角度与工件厚度成一定关系时，方能产生兰姆波。利用兰姆波的频率、入射角度和工件厚度之间的关系便可测厚。这种方法主要用于测量薄板，特别是测量小直径薄壁管的厚度。

(3) 脉冲反射式超声测厚　脉冲反射式超声测厚的原理为：超声波在工件中的传播时间与工件厚度成正比。当将超声波在工件中传播的时间以不同的方式换算出来之后，即可得到工件的厚度。

从前面的叙述中可以看出，声压和声强都反映了声波的强弱。但是声压或声强的绝对值范围往往很大，如引起听觉的声强范围为 $10^{-16} \sim 10^{-4}\text{W/cm}^2$，最大值与最小值之间相差12个数量级。为了度量简便，常常对其比值取对数来计算和描述声波强弱的级别。声波强弱的级别用符号 L 表示，常用单位为贝尔（BeL）、分贝（dB）和奈培（NP）。

(1) 声强级

$$L_\text{I} = \lg(I/I_0) \quad (\text{BeL})$$

$$L_\text{I} = 10\lg(I/I_0) \quad (\text{dB}) \tag{1-15}$$

式中　L_I——声强级；

I——声强；

I_0——基准声强，$I_0 = 10^{-12}\text{W/m}^2$，即能引起人听觉的最低声强。

(2) 声压级

$$L_\text{P} = 20\lg(P/P_0) \quad (\text{dB}) \tag{1-16}$$

对于垂直线性较好的超声检测仪，显示屏上的波高与声压成正比，因此

$$L_\text{P} = 20\lg(H/H_0) \quad (\text{dB}) \tag{1-17}$$

式中　L_P——声压级；

P——声压；

P_0——基准声压，为 $2\times10^{-5}\text{Pa}$，即能引起人听觉的最低声压；

H——显示屏上的波高；

H_0——基准波高。

如果对 P/P_0 取自然对数，则计算结果单位为奈培（NP），即

$$L_P = \ln(P/P_0) = \ln(H/H_0) \quad (NP) \tag{1-18}$$

由上述易得：1NP = 8.68dB；1dB = 0.115NP。

常用声压比（波高比）对应的分贝值见表1-2。

表1-2 常用声压比（波高比）对应的分贝值

P/P_0 或 H/H_0	10	4	2	1	1/2	1/4	1/10
dB	20	12	6	0	-6	-12	-20

分贝的应用

分贝在用于比较两个相差较大的物理量时显得极为方便，在电学和声学领域得到了广泛的应用，尤其是在超声检测中应用更为普遍。

例1-1 已知超声检测仪器显示屏上有A、B两个波，其中A波高80mm，B波高为50mm。问A波比B波高多少dB？

解：根据式（1-17）得

$$L_P = 20\lg(H_A/H_B) = 20\lg\frac{80}{50}\text{dB} = 4\text{dB}$$

答：A波比B波高4dB。

例1-2 超声检测仪器显示屏上有A、B两个波，其中A波比B波高3dB，已知B波高50mm。问A波高多少mm？

解：根据式（1-17）得

$$L_P = 20\lg(H_A/H_B) = 20\lg\frac{H_A}{50} = 3\text{dB}$$

所以 $H_A = 10^{0.15} \times 50\text{mm} = 70.6\text{mm}$

答：A波高为70.6mm。

二、圆盘声源辐射的超声纵波声场

1. 轴线上的声压分布

如图1-25所示，在液体介质中有一圆盘声源，沿其轴向作活塞振动。假设声源表面所有质点都以相同振幅和相位振动，超声波在液体介质中也不发生能量衰减，则圆盘声源上某一点波源ds辐射的球面波在波源轴线上的某点Q引起的声压为

$$dP = \frac{P_0 ds}{\lambda r}\sin(\omega t - kr)$$

式中 dP——点波源ds在Q点引起的声压；

P_0——波源的起始声压；

ds——点波源的面积；

r——点波源至Q点的距离；

k——波数，$k = \omega/c = 2\pi/\lambda$；

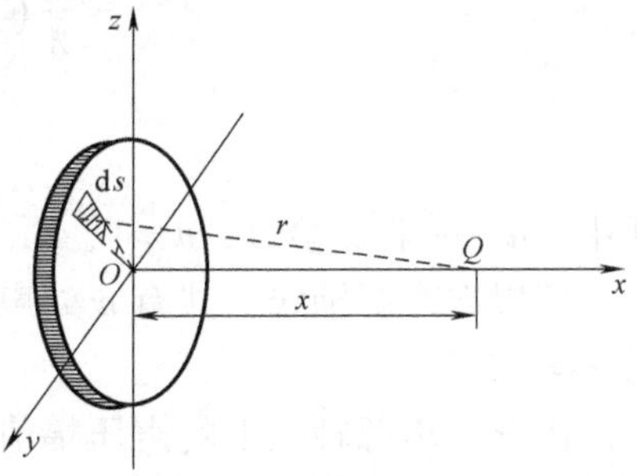

图1-25 圆盘声源轴线上的声压幅值分布

t——时间。

圆盘声源辐射的波在 Q 点的声压可以看作由无数个点波源 ds 对应的声压在该位置的线性叠加，所以 Q 点总的声压为

$$P = \iint_s \mathrm{d}P = 2P_0 \sin\left[\frac{\pi}{\lambda}\left(\sqrt{R_0^2 + x^2} - x\right)\right]\sin(\omega t - kx)$$

式中　R_0——圆盘声源半径；

x——声场轴线上 Q 点至声源的距离。

由上式可知，声压随时间周期性变化。因为超声波检测仪显示屏上回波信号幅度与声压幅值成正比，因此下面仅讨论声压幅值。

声压幅值为

$$P = 2P_0 \sin\left[\frac{\pi}{\lambda}\left(\sqrt{R_0^2 + x^2} - x\right)\right] \tag{1-19}$$

由上式可知，活塞波声源轴线上某点的声压幅值是距离 x 的正弦函数，其声压最大值 $P_{max} = 2P_0$，最小值 $P_{min} = 0$。

当 $\sin\left[\frac{\pi}{\lambda}\left(\sqrt{R_0^2 + x^2} - x\right)\right] = 1$ 时，声压为极大值，这时

$$\frac{\pi}{\lambda}\left(\sqrt{R_0^2 + x^2} - x\right) = (2n + 1)\frac{\pi}{2}$$

$$x = \frac{D_0^2 - \lambda^2(2n + 1)^2}{4\lambda(2n + 1)}$$

式中　D_0——圆盘声源的直径，$D_0 = 2R_0$；

n——非负整数，$n = 0$，1，2，3，…，$n < (D_0 - \lambda)/2\lambda$。

所以在声源轴线上共有（$n+1$）处声压极大值。当 $n = 0$ 时，声压刚好为最后一个极大值，这时

$$x = N = \frac{D_0^2 - \lambda^2}{4\lambda} \approx \frac{D_0^2}{4\lambda} = \frac{R_0^2}{\lambda} = \frac{F_0}{\pi\lambda} \tag{1-20}$$

式中　N——近场区长度，等于声源轴线上最后一个声压极大值点至声源的距离。

当 $\sin\left[\frac{\pi}{\lambda}\left(\sqrt{R_0^2 + x^2} - x\right)\right] = 0$ 时，声压为极小值，这时

$$\frac{\pi}{\lambda}\left(\sqrt{R_0^2 + x^2} - x\right) = (2n + 1)\pi$$

$$x = \frac{D_0^2 - (2n\lambda)^2}{8n\lambda}$$

式中　n——非负整数，$n = 1$，2，3，…，$n < D_0/2\lambda$。

所以在声源轴线上共有 n 处声压极小值。当 $n = 1$ 时，声压刚好为最后一个极小值，这时 $x \approx 0.5N$。

因此，声源轴线上的声压幅值随距离变化的规律如图 1-26 所示。从图中可以看出，声源轴线上的声压分布分为两个区域——近场区和远场区。

（1）近场区　在图 1-26 中，N 点以前的声源附近出现一系列声压极大值和极小值的区域称为近场区，又叫菲涅耳（Fresnel）区。

在超声检测中，位于声压极小值处的较大缺陷反射回来的信号可能较弱，显示屏上的回波高度较低；而位于声压极大值处的较小缺陷反射回来的信号可能较强，显示屏上的回波高度较高。这样就容易引起误判，甚至漏检，因此应尽可能避免在近场区检测。

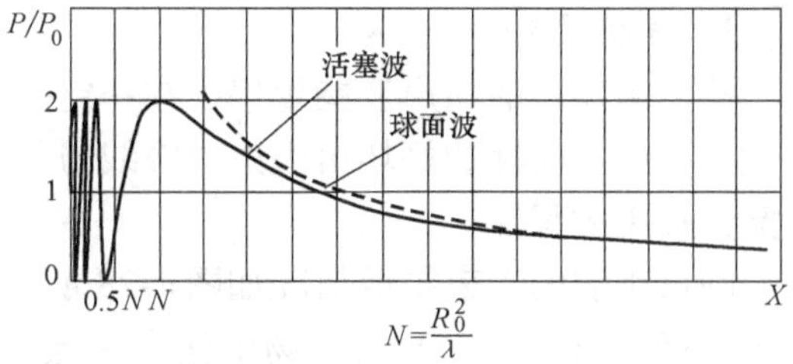

图 1-26 圆盘声源轴线上的声压幅值随距离变化的规律

值得注意的是，有时超声波近场区会同时处于两种介质中。如在水浸法检测中，超声波先通过一段距离的水层，再进入被检测的工件，如图 1-27 所示。这时，第二种介质（工件）中的近场区长度为

$$N = N_2 - L\frac{c_1}{c_2} = \frac{D_0^2}{4\lambda_2} - L\frac{c_1}{c_2} \tag{1-21}$$

式中 N_2——只有第二种介质时的近场区长度；

L——超声波穿过第一种介质的距离；

c_1——第一种介质中的声速；

c_2——第二种介质中的声速；

λ_2——第二种介质中的波长；

D_0——声源的直径。

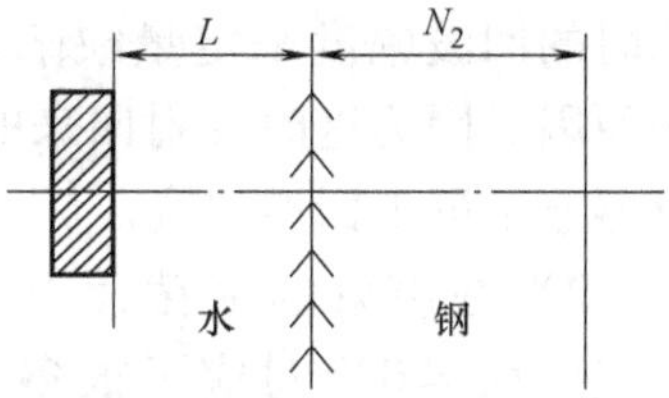

图 1-27 近场区在两种介质中的分布

例 1-3 用直探头水浸法检测某一钢制工件，已知探头直径 $D_0=20\text{mm}$、超声波频率 $f=2.5\text{MHz}$、水层厚度 $L=20\text{mm}$、钢中 $c_2=5900\text{m/s}$、水中 $c_1=1480\text{m/s}$，求钢中近场区长度 N。

解： 钢中的波长 $\lambda_2=\frac{c}{f}=\frac{5.9\times10^6\text{mm/s}}{2.5\times10^6\text{Hz}}=2.36\text{mm}$

钢中的近场区长度为

$$N = N_2 - L\frac{c_1}{c_2} = \frac{D_0^2}{4\lambda_2} - L\frac{c_1}{c_2} = \left(\frac{20^2}{4\times2.36} - 20\times\frac{1480}{5900}\right)\text{mm}$$

$$\approx(42.4-5)\text{mm} = 37.4\text{mm}$$

答： 钢中近场区长度为 37.4mm。

（2）远场区 在图 1-26 中，N 点以后的区域称为远场区，又叫富兰赫费尔（Franhofer）区。在远场区，声源轴线上的声压随距离的增加单调减小。当距离大于近场区长度的 3 倍时，声压与距离成反比，近似球面波的规律。经计算，当距离 $x=3N$ 时，活塞波与球面波的声压差小于 5%；当距离 $x=6N$ 时，活塞波与球面波的声压差只有 1% 左右。为了简便，当 $x>3N$ 时，轴线上活塞波的声压实际上可以用球面波的声压公式来近似计算。

由于式（1-19）比较复杂，在实际应用时很不方便，通常作如下简化：

当 $x\geqslant 2R_0=D_0$ 时 $\qquad P\approx 2P_0\sin\left(\frac{\pi D_0^2}{8\lambda x}\right)$

当 $x\geqslant 3N=3\times\frac{D_0^2}{4\lambda}$ 时 $\qquad P\approx\frac{P_0\pi D_0^2}{4\lambda x}=\frac{P_0F_0}{\lambda x}$ （1-22）

式中 F_0——圆盘声源的面积。

2. 声束指向性

从声源发出的超声波能量集中在一定区域内，以束状向前传播，这种现象称为声束的指向性。声束指向性的好坏由声束边缘线与其中心线之间的夹角 θ 来反映，θ 的大小反映了声束能量集中的程度。

圆盘声源的声束扩散情况如图 1-28 所示。图中纵坐标 $y = kR_0\sin\theta_0$（k 为波数，R_0 为声源的半径），横坐标 D_c 为声场中任意一点的声压与声源轴线上同距离处的声压之比，即指向性系数。

由图 1-28 可以看出：

1）在声源轴线上，至声源的距离 $x > N$ 的同一横截面上各点的声压是不同的，以声源轴线上的声压最高。在实际超声检测中，要求以声束轴线垂直于缺陷时的回波幅度来定量缺陷就是由于这个原因。因为这时反射回来的信号最强，仪器显示屏上回波最高。

2）在声束的横截面上，声压的零值点（$D_c = 0$）对应了很多个半扩散角 θ_0。说明在纵波的声场中存在一系列声压为零的圆锥面。

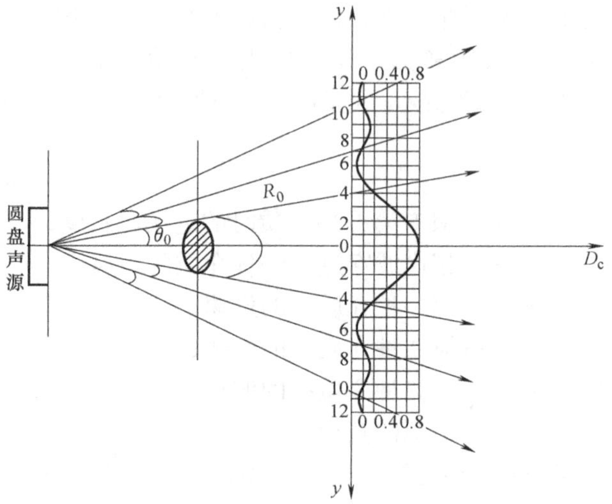

图 1-28　圆盘声源声束扩散情况

3）当 $y > 3.83$，即 $\theta > \theta_0$ 时，$|D_c| < 0.15$。这说明 θ_0 以外的声压很低，超声波的能量主要集中在 $2\theta_0$ 范围内。因此常取 $y = 3.83$ 时的 θ_0 作为声束的边缘界限，称 θ_0 为声束的半扩散角或指向角，也称为第一零值发散角。在 $2\theta_0$ 角度范围内的声束称为主声束，在 $2\theta_0$ 角度以外出现的多个且一个比一个峰值小的声束称为副声束。

经理论推导得

$$\begin{aligned} \theta_0 &= \arcsin(1.22\lambda/D_0) \quad (\text{rad}) \\ \theta_0 &\approx 70\lambda/D_0 \quad (^\circ) \end{aligned} \tag{1-23}$$

固体介质中的声束指向性与液体介质中类似，如图 1-29 所示。从图中可以看出，固体介质中理论声束指向性曲线更加尖锐，说明声束更为集中。当 θ 角小于 20°时，两种介质中的理论计算数值非常接近，通常可以直接引用液体介质的半扩散角公式。另外，在固体声场中除有纵波之外，还存在横波成分。随着声源直径与波长之比的增大，横波成分相对减小。因此在超声纵波检测中，对于有可能产生横波的那些场合，应具体问题具体分析，否则会造成定位的误差。

指向角对实际的超声检测影响很大，一般指向角越小，超声波能量越集中，检测灵敏度越高。同时声束方向性好有利于准确定位缺陷。为此，可以增大声源的直径、提高波的频率，从而减小声束的半扩散角，以改善波的指向性。但是增大声源的直径、提高波的频率将使近场区长度增加，对检测不利。另外，在实际超声检测中，影响声场指向性的因素还很多，如声源材质的不均匀性、探测面的表面粗糙度、工件的组织状况、耦合剂性能和厚度、探头接触压力大小等。因此，应综合各种因素对声束指向性和近场区的影响，合理地进行选

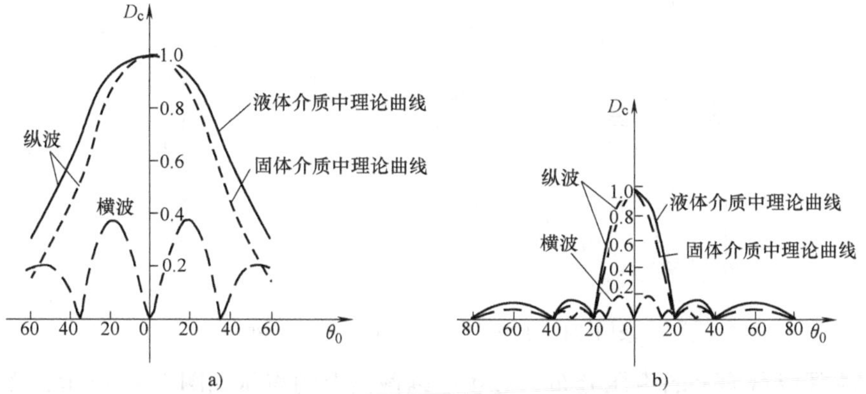

图 1-29　固体和液体介质中声束指向性比较（$c_L=5900\text{m/s}$，$c_S=3230\text{m/s}$）

a）$f=0.5\text{MHz}$，$D_0=20\text{mm}$　b）$f=1\text{MHz}$，$D_0=20\text{mm}$

择。一般是在保证检测灵敏度的前提下尽量减小近场区长度。

圆盘声源辐射的纵波在常用介质中的指向角 θ_0 见表 1-3。

表 1-3　圆盘声源辐射的纵波在常用介质中的指向角 θ_0　［单位：(°)］

频率/MHz	1.25		2.5		5	
直径/mm	φ14	φ20	φ14	φ20	φ14	φ20
铝	25.0	17.5	12.5	9.0	6.3	4.4
钢	23.6	16.5	11.8	8.6	5.9	4.1
有机玻璃	10.9	7.6	5.5	3.8	2.7	1.9
水	5.9	4.1	2.9	2.1	1.5	1.0

3. 声束未扩散区和扩散区

超声波是以一定的角度向外扩散出去的，但是在距离声源较近的范围内由于存在很多副声束，声场整体形状像一个与声源同直径的圆柱，即未扩散区。当距离声源较远时只有一个主声束，其整体形状是以声束指向角为扩散角的圆锥，即扩散区。

当 $D_0 \geqslant \lambda$ 时，理想化的声场形状如图 1-30 所示。

在直角三角形 OAB 中

$$\sin\theta_0 = \frac{D_0/2}{\sqrt{b^2+(D_0/2)^2}} = \frac{1.22\lambda}{D_0}$$

$$b \approx \frac{D_0^2}{2.44\lambda} \approx 1.64N \quad (1\text{-}24)$$

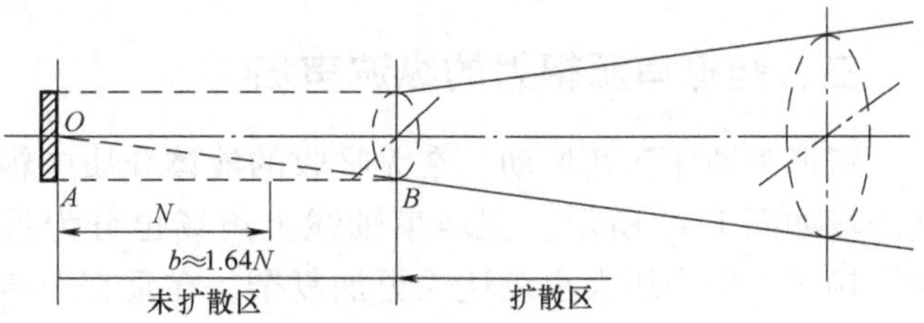

图 1-30　圆盘声源辐射的理想化声场形状

4. 声束截面上的声压分布

（1）超声场横截面上的声压分布

如图 1-31 所示，在 $x \leqslant N$ 的近场区内，声压除了存在很多极大值和极小值点外，声束轴线上还存在着声压值为零的截面，如 $x=0.5N$ 的截面。在 $x \geqslant N$ 的远场区内，各截面总是中心声压最高，偏离中心轴线的声压逐渐降低。在实际检测中测定探头声束偏离和斜探头的 K 值时，规定距离应大于 $2N$ 就是这个原因。

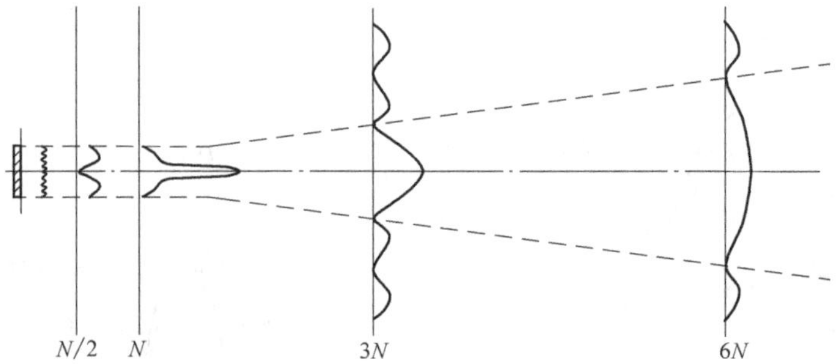

图 1-31　超声场横截面上的声压分布

（2）超声场纵截面上的声压分布　近场区纵截面上的声压如图 1-32 所示，图中 R_0 为声源半径、k 为波数、x 为至声源的距离。图中各曲线为等压线，数字为 P/P_0 的比值。由图可知，声源附近纵截面上的声压分布非常复杂，而且 kR_0 越大越复杂。

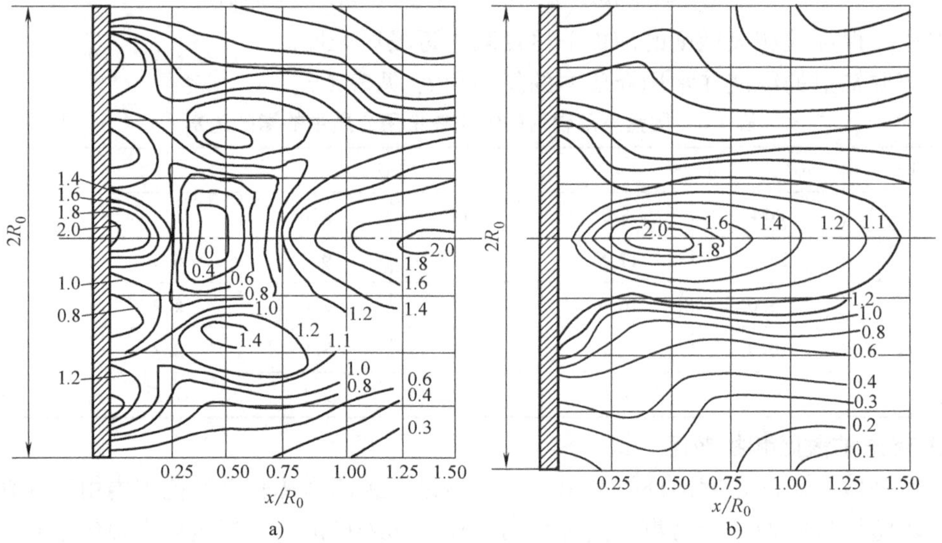

图 1-32　超声场纵截面上的声压分布

a）$kR_0=10$　b）$kR_0=6$

三、矩形声源辐射的纵波声场

矩形声源作活塞振动，在无吸收的液体介质中辐射纵波声场如图 1-33 所示。在声束轴线上声场也分为近场区和远场区，但声压大小表达式更加复杂。在垂直于声束轴线的横截面上，声场的形状为矩形。因此，矩形声源的声束指向性在不同截面上是不同的。

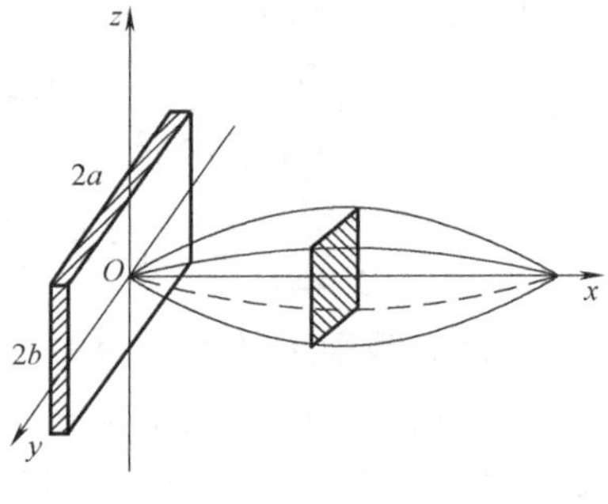

图 1-33　矩形声源声束

在 zOx 平面内，声束半扩散角为

$$\theta_0 = \arcsin\frac{\lambda}{2b} \approx 57\frac{\lambda}{2b} \qquad (1\text{-}25)$$

在 yOx 平面内，声束半扩散角为

$$\theta_0 = \arcsin\frac{\lambda}{2a} \approx 57\frac{\lambda}{2a} \tag{1-26}$$

矩形声源声场的近场区长度为

$$N = \frac{F_0}{\pi\lambda} \tag{1-27}$$

四、横波声场

在实际超声检测中，横波是通过纵波在检测面上转换而来的，如图 1-34 所示。这时，超声场是一个在界面处折断的声场，在第一种介质中为纵波声场，在第二种介质中为横波声场。为了讨论方便，通常将实际的波源向横波声束方向投射，得到一假想波源。这样，工件中传播的横波好似直接从假想波源直接产生，并由此得到了横波声场的一些近似规律。

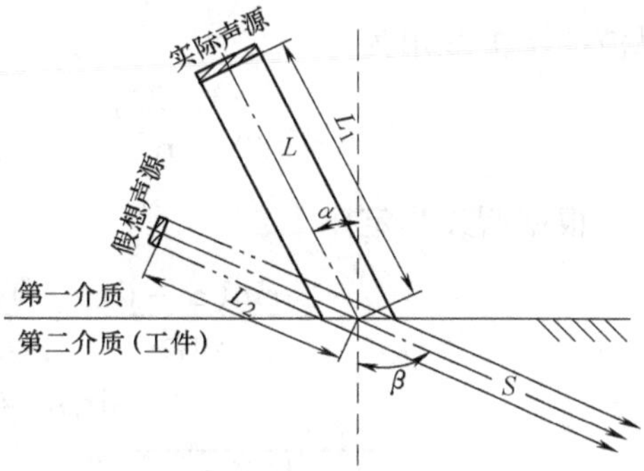

图 1-34　横波声场

1. 假想声源到入射点的距离

$$L_2 = L_1\frac{\tan\alpha}{\tan\beta} \tag{1-28}$$

式中　L_2——假想声源到入射点的距离；

L_1——实际声源到入射点的距离；

α——纵波声束与界面法线的夹角；

β——横波声束与界面法线的夹角。

2. 近场区长度

横波声场同纵波声场一样，由于波的干涉而存在近场区和远场区。近场区的长度为

$$N = \frac{F_e\cos\beta}{\pi\lambda_{S_2}\cos\alpha} \tag{1-29}$$

式中　F_e——假想波源的面积，$F_e = F_0\frac{\cos\beta}{\cos\alpha}$；

F_0——实际声源的面积；

λ_{S_2}——第二介质中横波的波长。

由此可见，横波声场的近场区与实际长度声源面积成正比，与波长成反比。

式（1-29）的近场区长度是从假想声源算起的，在两种介质中都存在。显然，第二介质中的近场区长度应为 $N_2 = N - L_2$。

3. 声束轴线上的声压

在横波声场中，近场区声束轴线上的声压变化非常复杂，尚无精确的实用理论公式。在 3N 以外的远场区，声束轴线上的声压为

$$P = \frac{kP_0F_e}{\lambda_{S_2}x_e} \tag{1-30}$$

式中　k——系数；

x_e——横波声束轴线上某点到假想声源的距离。

可见，在3N以外的远场区，横波声束轴线上的声压与纵波声场规律类似，与声源的面积成正比，与波长和距离成反比。当声源面积和波长一定时，轴线上声压变化符合球面波规律。

4. 指向性和半扩散角

如图1-35所示，纵波经波形转换而来的横波声束同样具有良好的指向性，可以在被检材料中定向辐射，不过横波声束并非关于轴线对称。

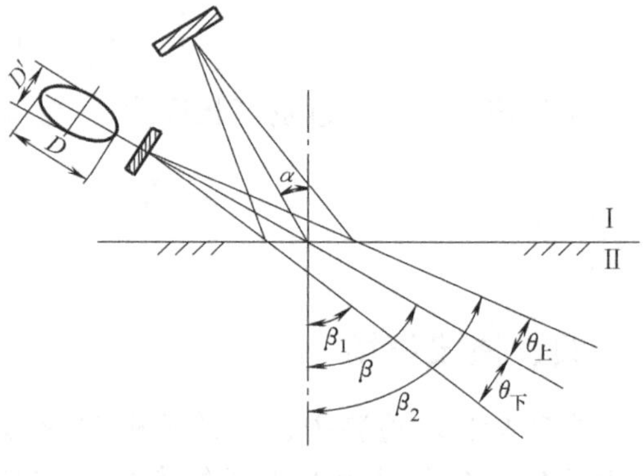

图1-35　横波声场的半扩散角

（1）在声束轴线与界面法线组成的平面内　纵波的半扩散角为

$$\theta = \arcsin \frac{1.22\lambda_{L_1}}{D_0}$$

根据斯聂耳定律

$$\frac{\sin(\alpha+\theta)}{\sin\beta_2} = \frac{c_{L_1}}{c_{S_2}}, \frac{\sin(\alpha-\theta)}{\sin\beta_1} = \frac{c_{L_1}}{c_{S_2}}, \frac{\sin\alpha}{\sin\beta} = \frac{c_{L_1}}{c_{S_2}}$$

$$\sin\beta_1 = a - b, \sin\beta_2 = a + b \tag{1-31}$$

式中　$a = \sin\beta\sqrt{1-\left(\frac{1.22\lambda_{L_1}}{D_0}\right)^2}$；

$b = \frac{1.22\lambda_{L_1} c_{S_2}}{D_0 c_{L_1}}\cos\alpha$

因此，第二介质中横波的半扩散角为

$$\theta_{上} = \beta_2 - \beta$$
$$\theta_{下} = \beta - \beta_1$$

（2）在声束轴线与入射平面垂直的平面内　此时，声束对称于轴线，半扩散角同纵波声场。

对于圆盘声源

$$\theta_0 = \arcsin(1.22\lambda_{S_2}/D_0) \approx 70\frac{\lambda_{S_2}}{D_0}$$

对于矩形声源

$$\theta_0 = \arcsin(1.22\lambda_{S_2}/a) \approx 57\frac{\lambda_{S_2}}{a}(a\text{ 为矩形的边长})$$

下面举例说明横波声场半扩散角的计算方法。

例1-4　用5.0MHz、ϕ12mm、K2.5横波斜探头探伤钢制工件，已知探头中有机玻璃纵波声速c_{L_1}=2730m/s，钢中横波声速c_{S_2}=3230m/s，求钢中横波声场的半扩散角。

解： 1）有机玻璃中纵波波长

$$\lambda_{L_1} = \frac{c_{L_1}}{f} = \frac{2.73}{5.0}\text{mm} = 0.546\text{mm}$$

2）钢中横波波长

$$\lambda_{S_2} = \frac{c_{S_2}}{f} = \frac{3.23}{5.0}\text{mm} = 0.646\text{mm}$$

3）纵波半扩散角

$$\theta = \arcsin(1.22\lambda_{L_2}/D_0) \approx 70\frac{\lambda_{L_2}}{D_0} = 70 \times \frac{0.546}{12} = 3.185°$$

4）在声束轴线与界面法线组成的平面内，根据斯聂耳定律

$$\tan\beta = 2, \beta = 68.2°$$

$$\frac{\sin\alpha}{\sin\beta} = \frac{c_{L_1}}{c_{S_2}}, \alpha = \arcsin\frac{2730 \times \sin 68.2°}{3230} = 51.7°$$

$$\frac{\sin(\alpha - \theta)}{\sin\beta_1} = \frac{c_{L_1}}{c_{S_2}}, \beta_1 = \arcsin\frac{3230 \times \sin(51.7° - 3.185°)}{2730} = 62.4°$$

$$\frac{\sin(\alpha + \theta)}{\sin\beta_2} = \frac{c_{L_1}}{c_{S_2}}, \beta_2 = \arcsin\frac{3230 \times \sin(51.7° + 3.185°)}{2730} = 75.4°$$

$$\theta_{上} = \beta_2 - \beta = 75.4° - 68.2° = 7.2°$$

$$\theta_{下} = \beta - \beta_1 = 68.2° - 62.4° = 5.8°$$

5）在通过声束轴线与入射平面垂直的平面内

$$\theta = \arcsin(1.22\lambda_{S_2}/D_0) \approx 70\frac{\lambda_{S_2}}{D_0} = 70 \times \frac{0.646}{12} = 3.768°$$

从上述例子可以看出，在由声束轴线与界面法线组成的平面内，横波声束的上扩散角 $\theta_{上}$ 大于下扩散角 $\theta_{下}$，并非对称分布。在实际超声检测中，有时横波声束上边缘或下边缘碰到某一反射体，在仪器显示屏上会出现一些干扰回波，这时应根据角度 β_2 或 β_1 计算该反射体在工件中的位置，从而判定其是否为缺陷波。因此，当检测到缺陷时，应通过移动探头使显示屏上回波最高，保证声束轴线垂直缺陷表面，否则可能导致误判。

例 1-5 用 5.0MHz、ϕ12mm 纵波直探头探伤钢制工件，钢中纵波声速 c_{L_1} = 5900m/s，求其半扩散角。

解：

$$\lambda_{L1} = \frac{c_{L1}}{f} = \frac{5.9}{5.0}\text{mm} = 1.18\text{mm}$$

$$\theta \approx 70\frac{\lambda_{L1}}{D_0} = 70 \times \frac{1.18}{12} = 6.88°$$

由上述两个例子可知，在其他条件相同时，横波的声束指向性比纵波好，能量更加集中。

五、实际声场与理想声场

声源在均匀、各向同性的媒介中连续辐射声波，且媒介边界的影响可以忽略不计的声场称为自由声场。在自由声场中，声波按声源的辐射特性向各个方向不受阻碍和干扰地传播。前面讨论的在均匀无吸收的液体介质中，声源作连续活塞振动时，产生的超声波声场就是一种理想声场。但是实际超声检测中往往采用脉冲波，且多数为固体介质，辐射的是脉冲波，称为实际声场。实际声场与理想声场轴线上的声压比较如图 1-36 所示。

由图 1-36 可见，在近场区内，实际声场与理想声场存在明显区别。理想声场轴线上的

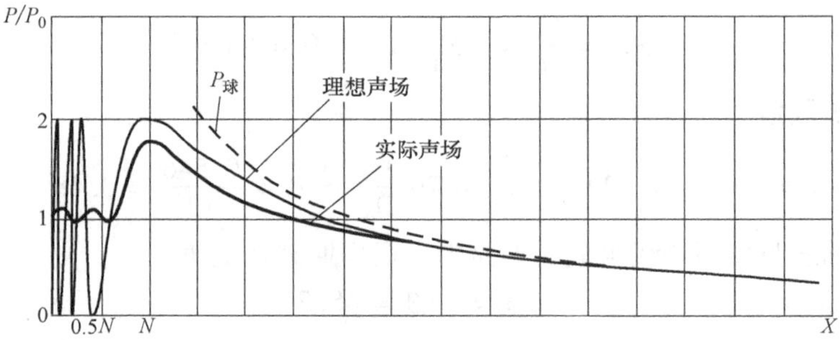

图 1-36 实际声场与理想声场轴线上的声压比较

声压存在一系列极大值和极小值，且最大值为 $2P_0$，极小值为零。实际声场轴线上的声压虽然也存在很多极大值和极小值，但是声压的波动幅度小，极大值远小于 $2P_0$，极小值远大于零。在远场区，实际声场与理想声场轴线上的声压分布基本一致。可以从以下几方面来分析其原因。

1）近场区内声压极值点是由波的干涉造成的。理想声场是连续波，声源各点辐射的声波在声场某点产生完全干涉。实际声场是脉冲波，波源振动持续时间很短，波源各点辐射的超声波在声场中某点产生不完全干涉或不产生干涉。从而使实际近场区轴线上的声压变化幅度小于理想声场，极值点减少。

2）根据傅里叶级数，脉冲波可以看作由许多频率不同的正弦波和余弦波的合成，每一种频率的超声波决定一个声场，因此总声场是各个不同频率的声场的叠加。由公式 $P=2P_0\sin\left[\frac{\pi}{\lambda}\left(\sqrt{R_0^2+x^2}-x\right)\right]$ 可知，波源轴线上的声压极值点位置随波长而变化，不同频率的声场极值点不同，它们互相叠加后总声场就趋于均匀，使近场区内声压分布不均匀的现象得到改善。

3）实际声源中心振幅最大，边缘振幅最小，这种非均匀激发的实际声源产生的干涉小于均匀激发的理想声源。

4）理想声场是针对液体介质而言的，而实际探伤对象往往是固体介质。在液体介质中，波动向各个方向均匀辐射，介质中某点的声压为声源上各点引起的声压的同方向线性叠加。在固体介质中，干涉主要发生在声束轴线上。显然这种叠加干涉要小于液体介质中的叠加干涉，使得实际声场近场区轴线上的声压比较平缓。

5）在远场区，由于声源各点到声束轴线上某点的声程差较小，使波的干涉大大减弱，甚至不产生干涉。因此在远场区，实际声场与理想声场轴线的上声压基本一致。

【课后习题】

1. ϕ14mm、2.5MHz 直探头在钢中的近场区为（　　）。

A. 27mm　　B. 21mm　　C. 38mm　　D. 以上都不对

2. 探伤工件时为何要避免在近场区进行？

3. 为什么超声检测缺陷时要求找到最高回波？

4. 用2.5MHz、ϕ20mm 的纵波直探头水浸探伤铝板，已知铝中近场区长度为 20mm，铝中 c_L = 6260m/s，水中 c_L = 1480m/s，求水层厚度。

5. 已知钢中 c_L = 5900m/s，水中 c_L = 1480m/s，求 2.5MHz、ϕ20mm 纵波直探头在钢和水中辐射的纵波声场的近场区长度 N、半扩散角 θ_0 和未扩散区长度 b。

6. 用2.5MHz、ϕ20mm 的纵波直探头水浸探伤钢板，已知水层厚度为 20mm，钢中 c_L = 5900m/s，水中 c_L = 1480m/s，求钢中近场区长度。

模块六　超声波在介质中的传播

知识目标

※　熟悉超声波在不同介质中传播的速度。

※　理解不同波形入射平界面的规律。

※　掌握超声波的衰减原因，衰减系数测定。

一、超声波的传播速度

超声波的传播速度通常称为声速。同其他机械波一样，超声波在弹性介质中的传播是依靠介质质点的振动和质点间的弹性力来实现的，因此超声波在介质中的传播速度会受到介质本身物理性能的影响。在不同的介质中，有不同的波速。一般而言，超声波的声速主要与介质的弹性模量和密度有关。此外，超声波的波形不同、传播过程中温度变化时，引起的介质质点振动状态不同，介质的弹性变形形式也不同，声速也不一样。因此，超声波在介质中的声速是表征材料声学特性的重要参数之一。

1. 固体介质中的声速

固体介质中不仅能传播纵波，而且可以传播横波、表面波。在不同形状、尺寸的固体介质中，声速各不相同，下面分别加以讨论。

（1）无限大固体介质中的声速　当固体介质的尺寸远大于超声波波长，从界面上反射的回波可以忽略时，就可以视为无限大介质。在无限大的固体介质中，纵波、横波、表面波的声速分别为

$$c_L = \sqrt{\frac{E}{\rho}}\sqrt{\frac{1-\mu}{(1+\mu)(1-2\mu)}} \tag{1-32}$$

$$c_S = \sqrt{\frac{G}{\rho}} = \sqrt{\frac{E}{\rho}}\sqrt{\frac{1}{2(1+\mu)}} \tag{1-33}$$

$$c_R = \sqrt{\frac{G}{\rho}}\frac{0.87+1.12\mu}{1+\mu} \tag{1-34}$$

式中　c_L——纵波的声速；

c_S——横波的声速；

c_R——表面波的声速；

E——介质的杨氏弹性模量，等于介质所承受的正应力 σ 与相应的线应变 ε 之比，即 $E=\dfrac{\sigma}{\varepsilon}$；

G——介质的切变弹性模量，等于介质所承受的切应力 τ 与相应的线应变 γ 之比，即 $G=\dfrac{\tau}{\gamma}$；

ρ——介质的密度；

μ——介质的泊松比，等于材料承受的纵向应力所引起的横向应变与相应的纵向应变之比的绝对值，即 $\mu=\left|\dfrac{\gamma}{\varepsilon}\right|$。

由以上三式可知：

1）固体介质中的声速与介质的弹性模量和介质的密度等因素有关：介质的弹性模量越大，密度越小，声速越大。

2）声速还与介质中的波形有关，在同一固体介质中，纵波、横波和表面波的声速各不相同，它们之间的关系如下

$$\frac{c_L}{c_S}=\sqrt{\frac{2(1-\mu)}{1-2\mu}}>1,\text{即 }c_L>c_S$$

$$\frac{c_R}{c_S}=\frac{0.87+1.12\mu}{1+\mu}<1(\mu<1),\text{即 }c_S>c_R$$

上述表明：在同一种固体介质中，$c_L>c_S>c_R$。对于钢材，将 $\mu\approx0.28$ 代入计算可得：$c_L\approx1.8c_S$，$c_S\approx1.1c_R$。

（2）细长棒中的纵波声速　在细长棒中（棒径 $d\leqslant\lambda$）轴向传播的纵波声速为

$$c_{L_b}=\sqrt{\frac{E}{\rho}} \tag{1-35}$$

（3）粗长棒中的纵波声速　在粗长棒中（棒径 $d>\lambda$）轴向传播的超声纵波速度同式(1-32)。

实际上超声波在工件中传播时，往往会受到工件轮廓的界面回波的影响，使声速的表达式变得很复杂，这里不再讨论。

常用固体材料在室温下的密度、声速、声阻抗见表1-4。

表1-4　常用固体材料在室温下的密度、声速、声阻抗

种类	ρ /(g/cm^3)	μ	c_L /(m/s)	c_{L_b} /(m/s)	c_S /(m/s)	$Z_a=\rho c_L$ /($\times10^6$g/cm$^2\cdot$s)
铝（Al）	2.7	0.34	6260	5040	3080	1.69
铁（Fe）	7.7	0.28	5850～5900	5180	3230	4.50
铸铁	6.9～7.3		3500～5600		2200～3200	2.5～4.2
钢	7.7	0.28	5880～5950		3230	4.53
铜	8.9	0.35	4700	3710	2260	4.18
铅	11.1	0.42	2170	1200	700	2.46

（续）

种类	ρ /（g/cm³）	μ	c_L /（m/s）	c_{L_b} /（m/s）	c_S /（m/s）	$Z_a=\rho c_L$ /（×10⁶g/cm²·s）
不锈钢	7.67		7390		2990	5.67
X切割石英	2.65		5740			1.52
Y切割石英	2.65		3850			1.02
PZT-4	7.5		4000			3.00
PZT-5	7.75		4348			3.37
钛酸钡	5.56～6.06		5100～5400		2600	2.84～3.27
有机玻璃	1.18	0.324	2730		1460	0.32
聚苯乙烯	1.05	0.341	2340～2350		1150	0.25
聚乙烯	0.92		1900			0.171
环氧树脂	1.1～1.25		2400～2900		1100	0.27～0.36
尼龙	1.1～1.2		1800～2200			0.198～0.264
硬橡胶	1.2		2300			0.28
软橡胶	0.9～0.95		1480～1550			0.11～0.147

（4）影响声速的因素　影响声速的因素有温度、材料组织状态、应力等。

1）温度因素。一般固体中的声速随温度升高而降低。如纯铁中的横波声速与温度的关系如下：

T/℃	26	100	200	300
c_S/（m/s）	3229	3185	3154	3077

介质中的声速与介质的温度相关，这一特性可以用于介质温度的非接触测量，还可进一步用于指示介质的熔点、沸点及相变，测量介质的比热、熔解热、反应热和燃烧热，测量介质的纯度和分子量等。

2）材料组织状态因素。对于同种成分的材料，内部组织结构、组织分布状态等不同，声速也有所差异。如铸铁的表面与中心由于冷却速度不同而具有不同的组织，表面冷却快，晶粒细小，声速较大；中心冷却慢，晶粒粗大，声速较小。此外，铸铁中随着石墨含量和尺寸增加，声速减小。

由于受到材料组织状态的影响，可以据此检测材料的某些物理和力学性能，如利用瑞利波在金属表面淬硬层中的速度变化特性，可以确定金属表面的硬度或硬化层的深度。

3）应力因素。介质的应力状况不同，声速也不一样。一般而言，应力增加，声速增大，但增大速度缓慢。且压应力使声速增大，而拉应力使得声速降低。例如，对于26℃下的纯铁，应力 $P=1000$Pa 时，$c_S=3219$m/s；应力 $P=900$Pa 时，$c_S=3252$m/s。

超声波在材料中的传播速度随外加应力的变化有近似线性的变化（称为超声应力效应），可以利用此特性来测量混凝土预应力构件的强度、金属的强度和残余应力、紧固件（如紧固螺栓）上的拉伸应力等。

2. 液体和气体介质中的声速

在液体和气体介质中只能传播纵波，不能传播横波、表面波。液体和气体介质中纵波的

声速为

$$c = \sqrt{\frac{K}{\rho}} \tag{1-36}$$

式中　K——介质的体积模量，表示产生单位体积变化量所需的压强。

常见液体、气体中的声速见表1-5。

在液体介质中的声速也会受到温度的影响。除了水以外的所有液体，当温度升高时，体积模量减小，声速降低。在水中，当温度在74℃左右时，声速达最大值；当温度低于74℃时，水中声速随温度升高而增大；当温度高于74℃时，水中声速随温度升高而减小。水中声速与温度的关系为

$$c_L = 1557 - 0.0245\ (74 - t)^2 \tag{1-37}$$

式中　t——水的温度（℃）。

表1-5　常见液体、气体中的声速

种类		ρ/（g/cm^3）	c_L/（m/s）	$Z_a=\rho c_L$/[$\times 10^6 g/(cm^2\cdot s)$]
轻油		0.810	1324	0.107
变压器油		0.859	1425	0.122
汽油		0.805	1250	0.101
煤油		0.825	1295	0.106
酒精		0.790	1440	0.114
水（20℃）		0.997	1480	0.148
甘油	100%	1.270	1880	0.238
	33%（容积）水溶液	1.084	1670	0.180
	20%（容积）水溶液	1.050	1600	0.168
	10%（容积）水溶液	1.025	1560	0.158
水玻璃	100%	1.70	2350	0.399
	33%（容积）水溶液	1.26	1720	0.217
	20%（容积）水溶液	1.14	1600	0.182
	10%（容积）水溶液	1.06	1560	0.166
空气		0.0013	344	0.00004

不同温度下水中的声速见表1-6。

表1-6　不同温度下水中的声速

温度 t/℃	10	20	25	30	40	50	60	70	80
声速 c_L/（m/s）	1448	1483	1497	1510	1530	1544	1552	1555	1554

3. 板波声速

板波是在板厚与波长相当的薄板中传播的波。只有在板厚、频率和声速之间满足一定关系时才能产生板波，其在传播时还要受到上、下板面的影响，使得介质质点振动较为复杂，这些因素决定了板波的声速不同于纵波、横波和表面波的声速。板波的声速不仅与波形、介质的性质有关，还与板厚、频率等有关。

（1）相速度　单一频率的声波在介质中的传播速度称为相速度。在均匀且各向同性的

无限大弹性薄板中的板波相速度可由其频率方程给出：

对称型板波(S)
$$\frac{\tan\left(\pi fd\,\dfrac{\sqrt{|c_S^2-c_P^2|}}{c_S c_P}\right)}{\tan\left(\pi fd\,\dfrac{\sqrt{|c_L^2-c_P^2|}}{c_L c_P}\right)}=\frac{4c_S^3\sqrt{(c_L^2-c_P^2)(c_S^2-c_P^2)}}{c_L(2c_S^2-c_P^2)^2}\tag{1-38}$$

非对称型板波(A)
$$\frac{\tan\left(\pi fd\,\dfrac{\sqrt{|c_S^2-c_P^2|}}{c_S c_P}\right)}{\tan\left(\pi fd\,\dfrac{\sqrt{|c_L^2-c_P^2|}}{c_L c_P}\right)}=\frac{c_L(2c_S^2-c_P^2)^2}{4c_S^3\sqrt{(c_L^2-c_P^2)(c_S^2-c_P^2)}}\tag{1-39}$$

式中 c_P——板波相速度；

d——板厚。

由以上两式可知，对于确定的介质，横波速度 c_S、纵波声速 c_L 为定值，因此板波相速度 c_P 仅仅是 fd 的函数。对于某一个 c_P 值对应有无数个 fd 值，这就说明在给定板厚 d 的无限大薄板中可以有无数个板波，这些板波以各自特定的速度在板中传播。

（2）群速度　多个频率相差不多的波在同一介质中传播时互相合成后的包络线的传播速度称为群速度。不同频率和振幅的声波同时在板中传播时，必然会在板中引起相速度不同的板波，板中各个质点的振动应是几个波作用下的合成，合成后的波速与单一的相速度都不相同。为讨论方便，一般把合成后质点的最大振幅对应的波速作为该列波的群速度。因此，群速度也可理解为若干频率的相速度的合成包络线的传播速度，如图 1-37 所示。这样，群速度的规律与相速度一样，取决于 c_S、c_L 和 fd。

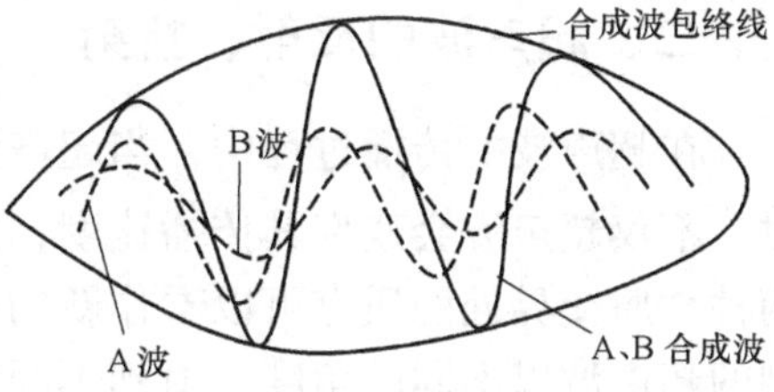

图 1-37　相速度与群速度

在超声检测中，若是单一频率的连续波，那么板波的声速就是相速度；若是脉冲波，那么板波声速就是群速度。但是按数学解析方法求解板波的速度非常困难，尤其是群速度。为

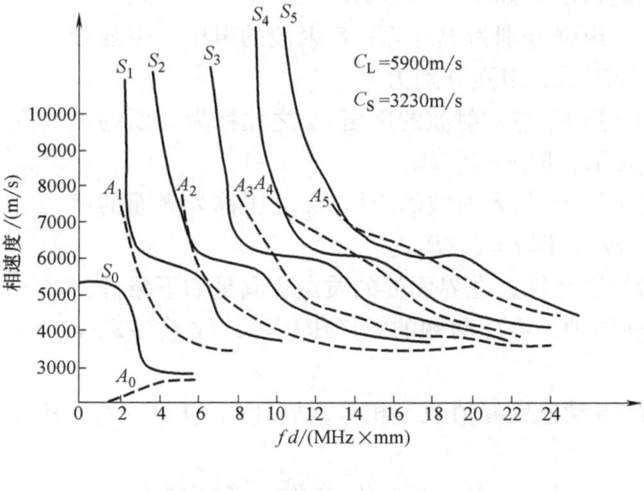

图 1-38　钢板中板波相速度与频率、板厚的关系

方便起见，通常把常用脉冲波中振幅最大的频率及其附近频率成分的群速度作为脉冲波的群速度，并将板波的相、群速度制成速度图，以便于使用，如图1-38和图1-39所示。

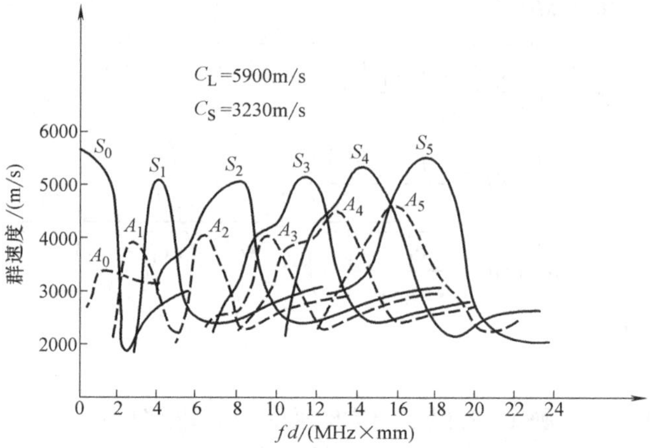

图1-39　钢板中板波群速度与频率、板厚的关系

二、超声波的反射、折射

在超声波的传播过程中，当超声波从声阻抗为 Z_1 的介质进入声阻抗为 Z_2 的另一种介质时，不仅超声波会改变其传播速度，而且会在界面上出现新的超声波。根据惠更斯原理，在两种介质交界处的质点可以看作新的子波源，这些子波源合成后形成了新的超声波。不同类型的超声波以不同的角度入射到不同的界面时，新的超声波的类型、传播方向也不一样。通常将从第一种介质入射到界面处的超声波称为入射波；子波源向第一种介质中辐射的波称为反射波；子波源向第二种介质中辐射的波称为透射波或折射波。

下面对平面波和球面波在不同界面上反射和透射的情况进行简要介绍。

1. 平面波垂直入射到平界面上的规律

当超声波垂直入射到单一的光滑平界面上时，将在界面处形成与入射波反向的反射波和另一与入射波同向的透射波，如图1-40所示。

设入射波的声压、声强分别为 P_0、I_0；反射波的声压、声强分别为 P_r、I_r；透射波的声压、声强分别为 P_t、I_t。

界面上反射波的声压 P_r 与入射波的声压 P_0 之比称为界面的声压反射率，用符号 r 表示，即 $r=P_r/P_0$。

界面上透射波的声压 P_t 与入射波的声压 P_0 之比称为界面的声压透射率，用符号 t 表示，即 $t=P_t/P_0$。

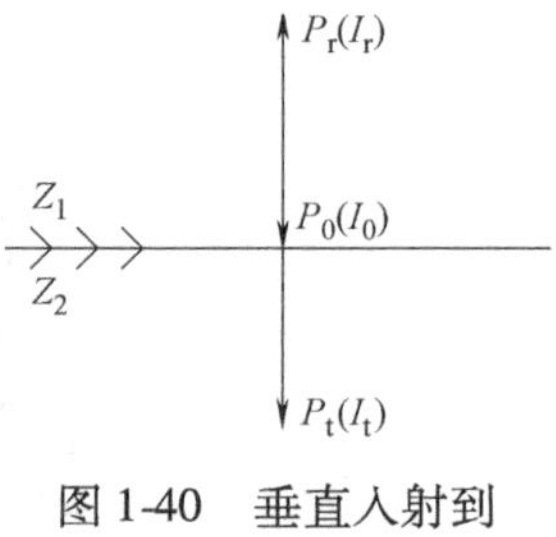

图1-40　垂直入射到单一平界面

根据超声波传播的连续性，在界面处的质点应满足如下条件：

1）根据力的平衡原理，界面两侧的总声压相等，故 $P_0+P_r=P_t$。

2）界面上质点的振动速度幅值也应相等，故（P_0-P_r）$/Z_1=P_t/Z_2$。

由此可得

$$r=\frac{P_r}{P_0}=\frac{Z_2-Z_1}{Z_2+Z_1} \tag{1-40}$$

$$t = \frac{P_t}{P_0} = \frac{2Z_2}{Z_2 + Z_1} \tag{1-41}$$

式中　Z_1、Z_2——第一种介质和第二种介质的声阻抗。

界面上反射波的声强 I_r 与入射波的声强 I_0 之比称为界面的声强反射率，用符号 R 表示。

$$R = \frac{I_r}{I_0} = \frac{\dfrac{P_r^2}{2Z_1}}{\dfrac{P_0^2}{2Z_1}} = \frac{P_r^2}{P_0^2} = r^2 = \left(\frac{Z_2 - Z_1}{Z_2 + Z_1}\right)^2 \tag{1-42}$$

界面上透射波的声强 I_t 与入射波的声强 I_0 之比称为界面的声强透射率，用符号 T 表示。

$$T = \frac{I_t}{I_0} = \frac{\dfrac{P_t^2}{2Z_1}}{\dfrac{P_0^2}{2Z_2}} = \frac{Z_1}{Z_2}t^2 = \frac{4Z_2Z_1}{(Z_2 + Z_1)^2} \tag{1-43}$$

由以上的公式可以看出：

1）$T + R = 1$，说明在界面上超声波的反射和透射符合能量守恒定律。

2）声强的反射率和透射率与超声波从何种介质入射无关。

3）当 $Z_2 > Z_1$ 时，声压反射率 $r > 0$。这时反射波的声压与入射波的声压同相位，合成后的振幅增大，如图 1-41 所示。

$Z_1 = 0.15 \times 10^6 \text{g/(cm}^2 \cdot \text{s)}$，$Z_2 = 4.5 \times 10^6 \text{g/(cm}^2 \cdot \text{s)}$，则

$$r = \frac{P_r}{P_0} = \frac{Z_2 - Z_1}{Z_2 + Z_1} = \frac{4.5 - 0.15}{4.5 + 0.15} = 0.935$$

$$t = \frac{P_t}{P_0} = \frac{2Z_2}{Z_2 + Z_1} = \frac{2 \times 4.5}{4.5 + 0.15} = 1.935$$

$$R = r^2 = 0.935^2 = 0.875$$

$$T = 1 - R = 1 - 0.875 = 0.125$$

需要注意的是，由于声压属于力的范畴，而力只会平衡（$P_0 + P_r = P_t$），所以有时会出现 $P_t > P_0$ 的情况。声强是反映声波能量的单位，因此透射波的声强一定小于入射波的声强，即 $I_t < I_0$。

4）当 $Z_2 < Z_1$ 时，声压反射率 $r < 0$。这时反射波的声压与入射波的声压反相位，合成后的振幅减小，如图 1-42 所示。

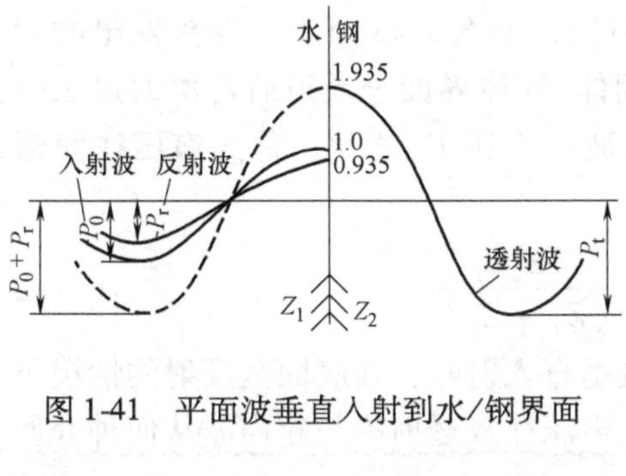

图 1-41　平面波垂直入射到水/钢界面

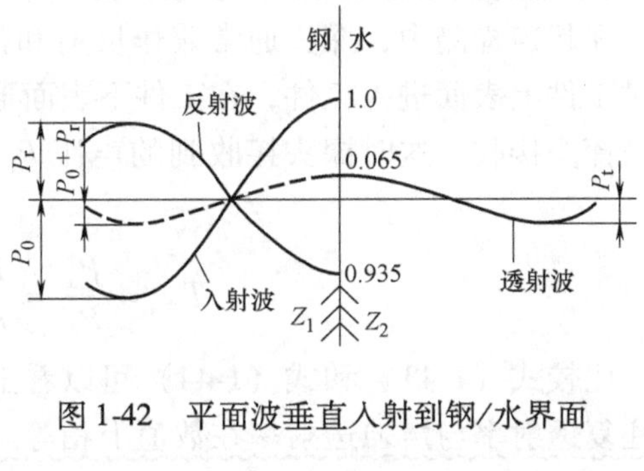

图 1-42　平面波垂直入射到钢/水界面

5）当 $Z_2 \approx Z_1$ 时，声压反射率 $r\approx 0$，$t\approx 1$。这时入射的超声波几乎全部透射，没有反射，好像不存在界面一样。例如，钢中淬火部分与未淬火部分以及普通碳钢焊缝的母材与填充金属之间形成的界面，它们的声阻抗差很小，一般在1%左右。如果界面上没有任何缺陷，是不会出现界面回波的。

6）当 $Z_1 >> Z_2$ 时，$r\approx -1$，$t\approx 0$。这时入射的超声波几乎全部被反射，没有透射。如超声波入射到钢/空气界面时，$Z_1=4.5\times 10^6\mathrm{g/(cm^2\cdot s)}$，$Z_2=0.00004\times 10^6\mathrm{g/(cm^2\cdot s)}$，则

$$r=\frac{P_\mathrm{r}}{P_0}=\frac{Z_2-Z_1}{Z_2+Z_1}=\frac{0.00004-4.5}{0.00004+4.5}\approx -1$$

$$t=\frac{P_\mathrm{t}}{P_0}=\frac{2Z_2}{Z_2+Z_1}=\frac{2\times 0.00004}{0.00004+4.5}\approx 0$$

$$R=r^2=(-1)^2=1$$

$$T=1-R=1-1=0$$

因此在超声检测中，如果探头和工件表面间不施加耦合剂，就会形成固体/气体界面，超声波将很难进入工件。

常用物质界面的纵波声压反射率见表1-7。

表1-7　常用物质界面的纵波声压反射率

种类	声阻抗 $Z/(\times 10^6\mathrm{g/cm^2\cdot s})$	空气（24℃）	酒精	变压器油	水（20℃）	甘油	聚苯乙烯	环氧树脂	有机玻璃	铝	铜	钢
钢	4.53	100	95	94	94	90	88	87	86	45	4	0
铜	4.18	100	95	94	93	89	87	85	85	42	0	
铝	1.69	100	88	86	84	75	72	69	68	0		
有机玻璃	0.33	100	50	44	37	16	8	2	0			
环氧树脂	0.32	100	49	42	36	14	7	0				
聚苯乙烯	0.25	100	44	37	30	8	0					
甘油	0.24	100	37	30	23	0						
水（20℃）	0.15	100	15	7	0							
变压器油	0.13	100	8	0								
酒精	0.11	100	0									
空气（24℃）	0.00004	0										

$$r=\frac{Z_2-Z_1}{Z_2+Z_1}\times 100\%$$

在超声检测中，探头通常兼作反射和接收超声波，如图1-43所示。探头发出的超声波通过工件上表面进入工件，在工件下表面形成的固体/气体界面全反射后再次通过工件上表面被探头接收。这时探头接收到的声压 P_a 与入射波的声压 P_0 之比，称为**声压往复透射率** $T_{往}$

$$T_{往}=\frac{P_\mathrm{a}}{P_0}=\frac{P_\mathrm{t}}{P_0}\frac{P_\mathrm{a}}{P_\mathrm{t}}=\frac{4Z_2Z_1}{(Z_2+Z_1)^2} \tag{1-44}$$

比较式（1-43）和式（1-44）可以看出超声波垂直入射时，在底面全反射的情况下，声压往复透射率与声强透射率在数值上相等。同样，声压往复透射率与超声波从何种介质入射

无关。

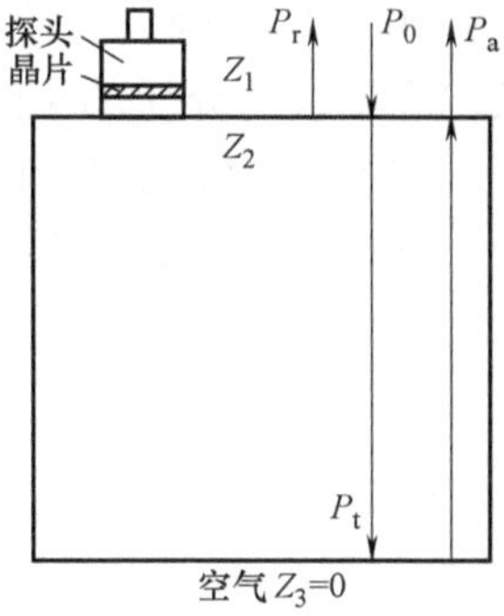

图 1-43　超声波往复透射

设探头中有机玻璃的声阻抗 $Z_1=0.32\times10^6$g/（cm^2·s），钢制工件的声阻抗 $Z_2=4.5\times10^6$g/（cm^2·s），且超声波在工件底面全反射，则其声压往复透射率为

$$T_{往}=\frac{4Z_2Z_1}{(Z_2+Z_1)^2}=\frac{4\times4.5\times0.32}{(4.5+0.32)^2}\approx25\%$$

又如水浸法检测钢制工件时，水中声阻抗 $Z_1=0.15\times10^6$g/（cm^2·s），这时的声压往复透射率为

$$T_{往}=\frac{4Z_2Z_1}{(Z_2+Z_1)^2}=\frac{4\times4.5\times0.15}{(4.5+0.15)^2}\approx12.5\%$$

常用物质界面纵波声压往复透射率见表 1-8。

表 1-8　常用物质界面纵波声压往复透射率 T　　（%）

种类	变压器油	水（20℃）	甘油	PZT-5 晶片	有机玻璃
钢	11	12.5	19	97.8	25
铜	12	13	22	98.8	29
铝	26	28	43	89	55
有机玻璃	80	84	98	31.7	100

声压往复透射率的高低直接影响到超声检测的灵敏度。

以上讨论的是超声纵波垂直入射到单一平界面时的情况，声压、声强的反射率和透射率公式也适用于横波，但必须注意：由于横波只能在固体中传播，因此在固体/液体或固体/气体界面上，横波发生全反射。

2. 薄层界面

在超声检测中，超声波从探头的晶片发射出来后经过有机玻璃层、耦合层再进入工件，在工件中还可能通过缺陷薄层等。在这些薄层中，超声波经过多次的反射和透射，形成一系列的反射波和透射波，如图 1-44 所示。

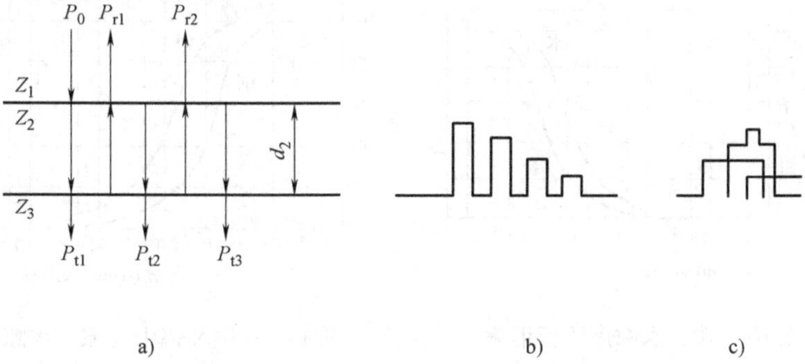

图 1-44　超声波通过薄层界面的反射和透射

a）薄层反射和透射　b）窄脉冲不干涉　c）宽脉冲干涉

当超声波的脉冲宽度相对于薄层厚度较窄时，由于在 Z_2/Z_3 界面上形成反射波时入射波源已停止振动，因此薄层两侧的各次反射波、透射波互不干涉，如图 1-44b 所示。当超声波的脉冲宽度相对于薄层厚度较宽时，薄层两侧的各次反射波、透射波就容易相互叠加产生干

涉，如图1-44c所示。所以超声波通过薄层界面时的声压反射率和透射率的计算就比较复杂，它不仅与介质的声阻抗有关，而且与薄层厚度与波长之比有关。

（1）均匀介质中的薄层　超声波入射到均匀介质中的异质薄层（这时 $Z_1 = Z_3 \neq Z_2$）时，其声压的反射率和透射率为

$$r = \sqrt{\frac{\frac{1}{4}\left(\frac{Z_1}{Z_2}-\frac{Z_2}{Z_1}\right)^2 \sin^2\frac{2\pi d_2}{\lambda_2}}{1+\frac{1}{4}\left(\frac{Z_1}{Z_2}-\frac{Z_2}{Z_1}\right)^2 \sin^2\frac{2\pi d_2}{\lambda_2}}} \tag{1-45}$$

$$t = \sqrt{\frac{1}{1+\frac{1}{4}\left(\frac{Z_1}{Z_2}-\frac{Z_2}{Z_1}\right)^2 \sin^2\frac{2\pi d_2}{\lambda_2}}} \tag{1-46}$$

式中　d_2——薄层的厚度；

λ_2——薄层中的波长。

由以上公式可知：

1）当 $d_2 = n\dfrac{\lambda_2}{2}$（$n$ 为整数）时，$r\approx0$，$t\approx1$。这说明当均匀介质中薄层厚度为其半波长的整数倍时，超声波几乎全透射，不反射，好像不存在该异质薄层一样。通常将这种透声层称为**半波透声层**。

2）当 $d_2 = (2n+1)\dfrac{\lambda_2}{4}$（$n$ 为非负整数）时，声压的透射率最低，而反射率最高。

3）当 $d_2 < \dfrac{\lambda_2}{4}$时，薄层厚度越小，超声波的透射率越高，反射率越低。当 $d_2\to0$ 时，$\sin^2\dfrac{2\pi d_2}{\lambda_2}\approx0$，$r\approx0$，$t\approx1$。这时超声波在薄层界面上几乎全透射，不反射。

常用钢和铝中薄层声压反射率和透射率如图1-45和图1-46所示。

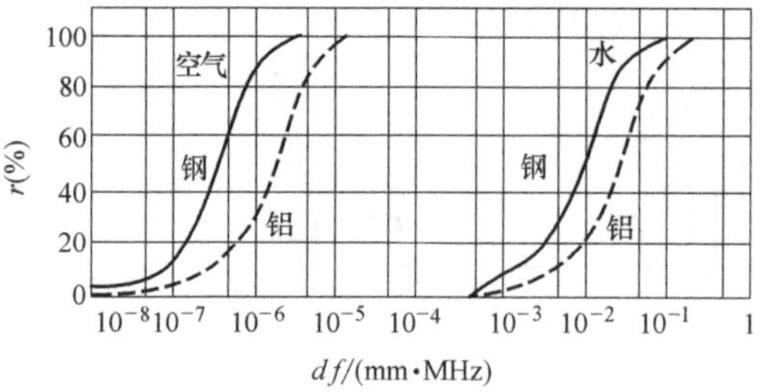

图1-45　钢和铝中气隙、水隙声压反射率

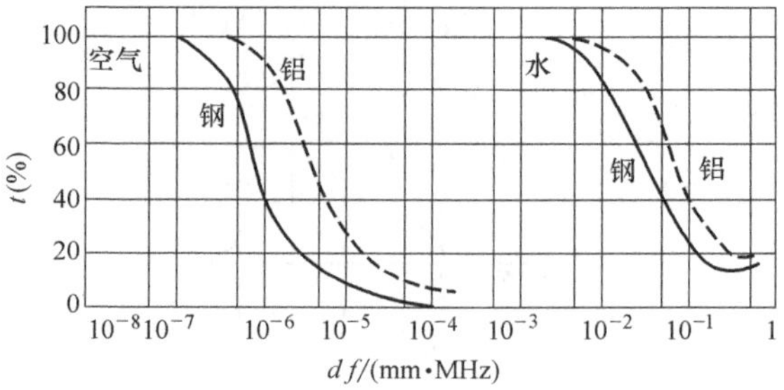

图1-46　钢和铝中气隙、水隙声压透射率

由图1-45和图1-46可知：

1）随着 df 的值增大，声压反射率提高、透射率降低。当材料中气隙或水隙的厚度一定时，频率增加，声压反射率也跟着增大。可见，提高超声波的频率有利于提高检测灵敏度。

2）当 $f=1\text{MHz}$ 时，钢中厚度为 $d=10^{-5}\text{mm}$ 的气隙几乎能100%反射。两块紧贴在一起的十分精密的量块之间也有 10^{-5}mm 的间隙，可见**超声波对探测含有气体介质的裂纹等缺陷**

的灵敏度是很高的。

（2）非均匀介质中的薄层　这时，$Z_1 \neq Z_2 \neq Z_3$，如晶片—保护膜—工件，其声强透射率为

$$T = \frac{4Z_1Z_3}{(Z_1 + Z_3)^2\cos^2\frac{2\pi d_2}{\lambda_2} + \left(Z_2 + \frac{Z_1Z_3}{Z_2}\right)^2\sin^2\frac{2\pi d_2}{\lambda_2}} \tag{1-47}$$

由以上公式可知：

1）当 $d_2 = n\frac{\lambda_2}{2}$（$n$ 为整数），$T = \frac{4Z_1Z_3}{(Z_1+Z_3)^2}$。这说明超声波垂直入射到两侧介质声阻抗不同的薄层时，如果薄层厚度等于半波长的整数倍，则通过薄层的声强透射率与薄层的性质无关，好像不存在薄层一样。

2）当 $d_2 = (2n+1)\frac{\lambda_2}{4}$（$n$ 为非负整数），且 $Z_2 = \sqrt{Z_1Z_3}$时，$T = 1$，超声波全透射。这对于直探头保护膜的设计具有十分重要的意义。

3）当 $d_2 < \frac{\lambda_2}{4}$时，薄层厚度越小，超声波的透射率越高。当 $d_2 \to 0$ 时，$T = \frac{4Z_1Z_3}{(Z_1+Z_3)^2}$，声强透射率也与薄层的性质无关。

3. 平面波倾斜入射到单一的平界面

当超声波倾斜入射到单一的平界面上时，在第一介质、第二介质中除了产生与入射波同类型的反射波和折射波以外，还会产生与入射波不同类型的反射波和折射波，这种现象称为波形转换。由于液体和气体中不能传播横波，因此波形转换只能在固体中产生。

超声波在不同介质构成的界面上的波形转换如图 1-47 所示。

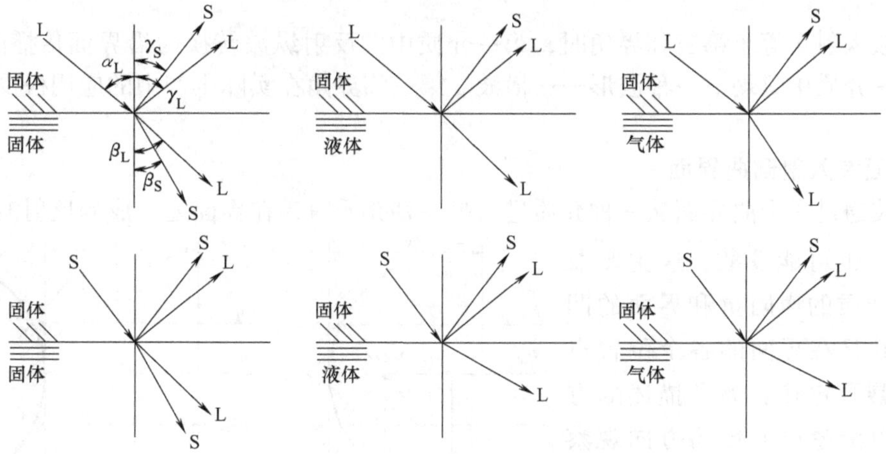

图 1-47　不同界面上的波形转换

超声波在介质中的传播方向用波的传播方向与界面法线间的夹角来描述。入射波、反射波和折射波与法线的夹角分别为入射角 α、反射角 γ 和折射角 β，它们之间的关系由斯聂耳定律确定，即

$$\frac{\sin\alpha_{L_1}}{c_{L_1}}=\frac{\sin\gamma_{L_1}}{c_{L_1}}=\frac{\sin\gamma_{S_1}}{c_{S_1}}=\frac{\sin\beta_{L_2}}{c_{L_2}}=\frac{\sin\beta_{S_2}}{c_{S_2}} \tag{1-48}$$

式中 c_{L_1}——第一介质中纵波声速；

c_{L_2}——第二介质中纵波声速；

c_{S_1}——第一介质中横波声速；

c_{S_2}——第二介质中横波声速。

由斯涅耳定律可知：

1）设入射波为纵波，且 $c_{L_2}>c_{L_1}$，则随着纵波入射角的增大，纵波折射角随之增大，但任何时候，纵波折射角始终大于纵波入射角，即 $\beta_{L_2}>\alpha_{L_1}$。当纵波折射角增大到90°时，对应的纵波入射角称为第一临界角 α_{I}，$\alpha_{\mathrm{I}}=\arcsin\frac{c_{L_1}}{c_{L_2}}$。

当纵波入射角等于第一临界角时，原第二介质中的折射纵波已转换为沿界面传播的表面波，这时，第二介质中只剩下一种波形——横波。此为横波斜探头的设计依据。

2）设入射波为纵波，且 $c_{S_2}>c_{L_1}$，则随着纵波入射角的增大，横波折射角随之增大，但任何时候，横波折射角始终大于纵波入射角，即 $\beta_{S_2}>\alpha_{L_1}$。当横波折射角增大到90°时，对应的纵波入射角称为第二临界角 α_{II}，$\alpha_{\mathrm{II}}=\arcsin\frac{c_{L_1}}{c_{S_2}}$。

当纵波入射角等于第二临界角时，原第二介质中的折射横波也转换为沿界面传播的表面波。此为表面波探头的设计依据。

3）设入射波为横波，则纵波反射角 γ_{L_1} 恒大于横波入射角 α_{S_1}。随着横波入射角的增大，纵波反射角随之增大。当纵波反射角增大到90°时，对应的横波入射角称为第三临界角 α_{III}，$\alpha_{\mathrm{III}}=\arcsin\frac{c_{S_1}}{c_{L_1}}$。

当横波入射角等于第三临界角时，第一介质中的反射纵波转换为沿界面传播的表面波，这时，第一介质中只剩下一种波形——横波。第三临界角在实际生产中的应用极少，仅作为理论探讨。

4. 平面波入射到曲界面

超声波通过一个曲界面从一种介质进入另一种介质时，在界面处形成的反射波和折射波可能聚焦，也可能发散，这主要取决于两种介质的声阻抗和界面的凹凸情况，并且在界面的各个位置点仍符合斯聂耳定律。为了描述的方便，通常以沿超声波传播方向观察到的第二介质的凹凸情况来确定界面属于凹界面或凸界面。

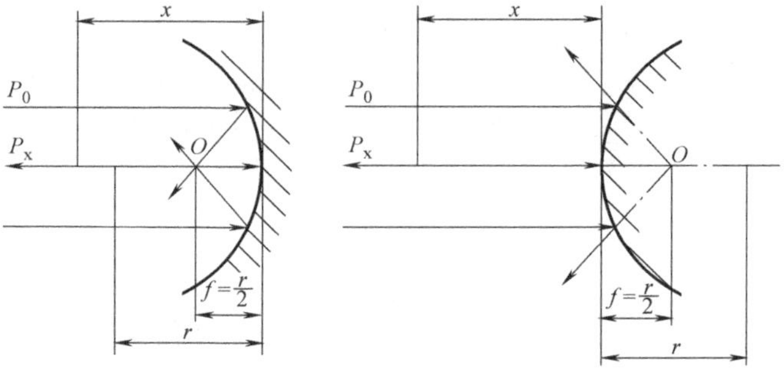

a) b)

图1-48 平面波在曲界面上的反射

a）凹界面 b）凸界面

（1）平面波在曲界面上的反射 分为以下两种情况。

1）在球形曲界面上反射。如

图 1-48 所示，当一束平面波入射到球形曲界面上时，其反射波可视为从焦点发出的球面波。在凹界面上的反射波将会聚焦，凸界面上的反射波则发散。在曲界面轴线上距离曲面顶点 x 处的反射波声压为

$$P_x = P_0 \left| \frac{f}{x \pm f} \right| \tag{1-49}$$

式中　P_0——曲界面顶点处入射波声压；

f——焦距，$f=r/2$（r 为曲界面的曲率半径）；

x——曲面轴线上某点到其顶点的距离；

±——“+”用于发散，“-”用于聚焦。

2）在柱形曲界面上反射。同球形曲界面一样，超声波入射到柱形曲界面上时，反射波也将聚焦或发散。不同的是反射波将聚焦成一条实线或发散为一条虚线，称为焦轴。这时反射波可视为从焦轴发出的柱面波，在曲面轴线上距离曲面顶点 x 处的反射波声压为

$$P_x = P_0 \sqrt{\left| \frac{f}{x \pm f} \right|} \tag{1-50}$$

在实际超声检测中，气孔类缺陷的回波往往较低，这正是由于超声波在凸曲面上发散的缘故。

（2）平面波在曲界面上的折射　如图 1-49 所示，当一束平面波入射到曲界面上时，随界面两侧介质中的声速和界面的凹凸情况，其折射波将产生聚焦或发散。

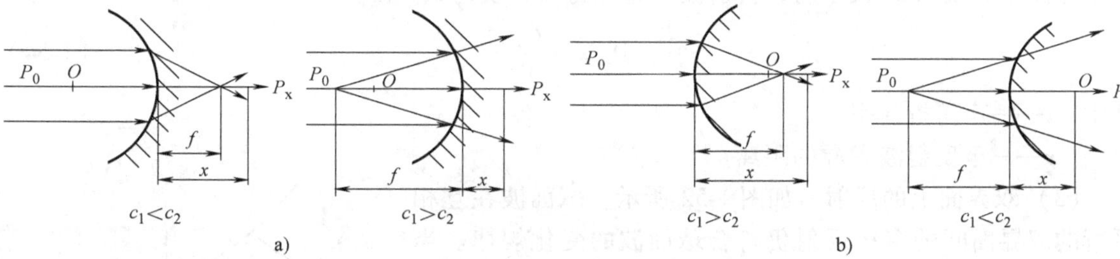

图 1-49　平面波在曲界面上的折射

a）凹界面　b）凸界面

1）在球形曲界面上折射。当平面波入射到凹或凸的球形曲界面上时，其折射波在 $c_1 < c_2$ 或 $c_1 > c_2$ 时将聚焦为一点。相反，折射波将发散，且其反向延长线聚于虚焦点。这时，折射波可视为从焦点发出的球面波，在声束轴线上距离曲面顶点 x 处的折射波声压为

$$P_x = tP_0 \left| \frac{f}{x \pm f} \right| \tag{1-51}$$

式中　t——声压透射率；

±——“+”用于发散，“-”用于聚焦。

2）在柱形曲界面上折射。同球形曲界面类似，当平面波入射到凹或凸的柱形曲界面上时，折射波也会聚焦或发散。不同的是，焦点将变为一条线——焦轴。这时，折射波可视为从焦轴发出的柱面波，在轴线上距离曲顶面 x 处的折射波声压为

$$P_x = tP_0 \sqrt{\frac{f}{x \pm f}} \tag{1-52}$$

第一单元　超声检测的物理基础

5. 球面波入射到平界面

（1）单一的平界面上的反射　如图1-50所示，球面波入射到平界面上时，其反射波仍为球面波，且反射波源与入射波源对称，反射波的声压为

$$P_x = r\frac{P_0}{x} \tag{1-53}$$

式中　r——声压反射率；

x——至反射波虚源的距离。

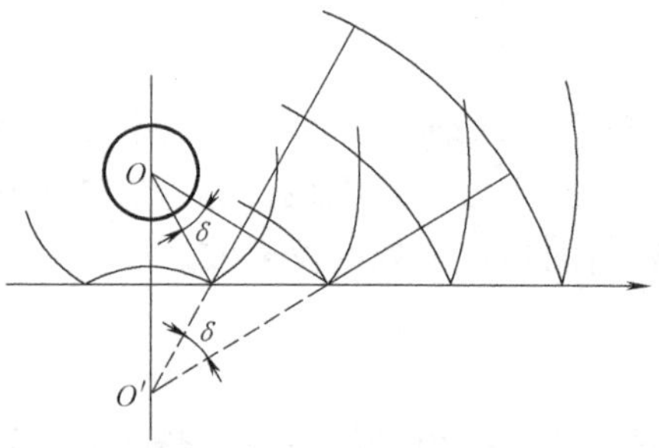

图1-50　球面波在平界面上的反射

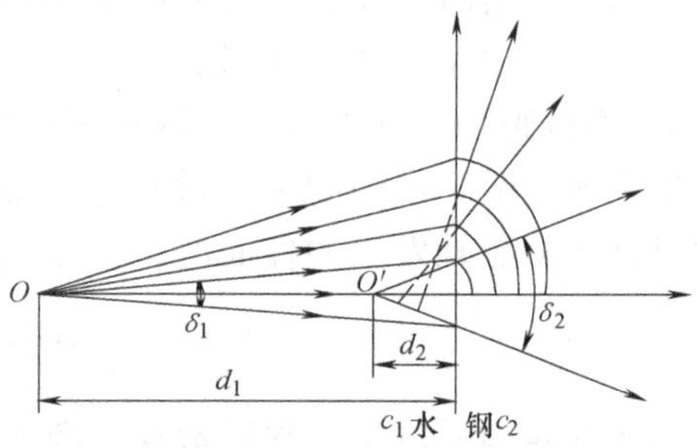

图1-51　球面波在平界面上的折射

（2）单一的平界面上的折射　如图1-51所示，球面波入射到平界面上时，其折射波不再是球面波。仅当δ_1较小时，折射波可近似为球面波，其声压为

$$P_x = t\frac{P_0}{x} \tag{1-54}$$

式中　t——声压折射率；

x——至反射波虚源的距离。

（3）双界面上的反射　如图1-52所示，球面波在互相平行的双界面间的多次反射仍符合球面波的变化规律。当入射角较小，前后壁全反射，且距离d较大时，各反射波不产生干涉，这时

前壁各次反射波声压比为：$1:\frac{1}{2}:\frac{1}{3}\cdots\frac{1}{n}$；

后壁各次反射波声压比为：$1:\frac{1}{3}:\frac{1}{5}\cdots\frac{1}{2n-1}$。

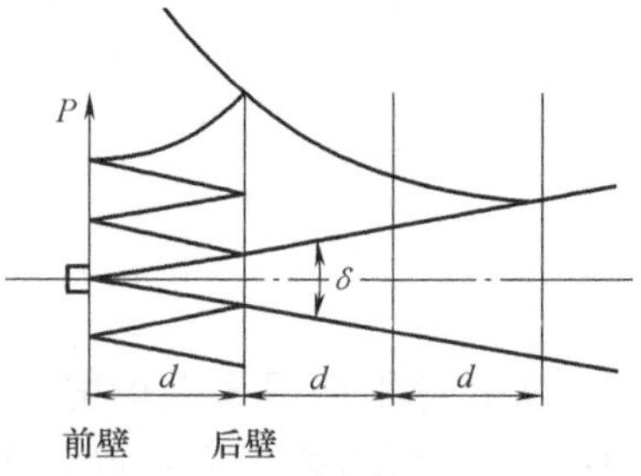

图1-52　球面波在双界面上的反射

6. 球面波入射到曲界面

（1）球面波在曲界面上的反射　当球面波入射到凹曲界面上时，反射波产生聚焦，反之则发散，如图1-53所示。值得注意的是，如果曲界面是球面，反射波将聚焦（或发散）成一实焦点（或虚焦点）；当曲界面是柱面时，焦点将是一条直线，即焦轴。

在球曲面上反射波的声压为

$$P_x = \frac{P_0}{a}\left|\frac{f}{x \pm f\left(1+\frac{x}{a}\right)}\right| \tag{1-55}$$

在柱曲面上反射波的声压为

$$P_x = \frac{P_0}{a}\sqrt{\left|\frac{f}{(1+x/a)[x \pm f(1+x/a)]}\right|} \qquad (1\text{-}56)$$

式中　P_0/a——曲面顶点处入射波声压；

f——焦距，$f=r/2$；

a——曲面顶点至波源的距离；

±——“+”用于发散，“-”用于聚焦。

（2）球面波在曲界面上的折射　球面波入射到曲界面上时，其折射波同样会产生聚焦或发散。只不过它不仅取决于界面的凹凸情况，还与界面两侧介质中的声速有关，如图 1-54 所示。

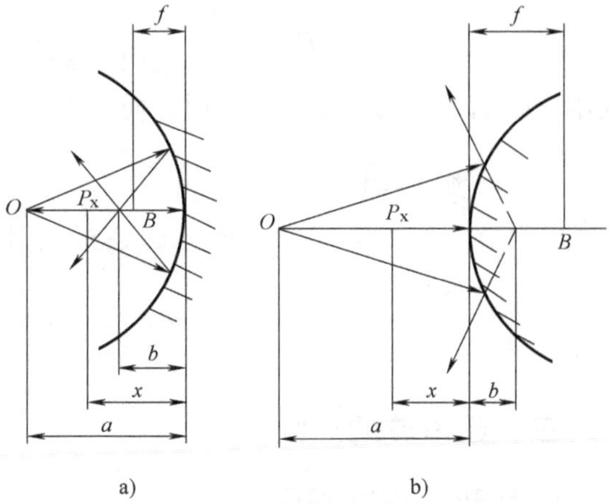

图 1-53　球面波在曲界面上的反射

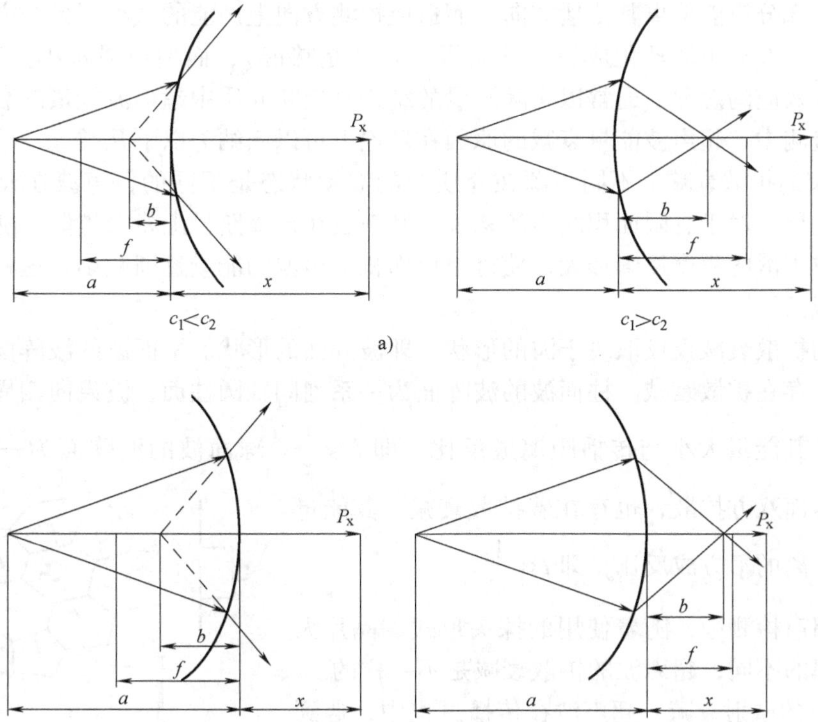

图 1-54　球面波在曲界面上的折射

在球曲界面上折射波的声压为

$$P_x = t\frac{P_0}{a}\frac{f}{x \pm f(1 + xc_2/ac_1)} \qquad (1\text{-}57)$$

在柱曲界面上折射波的声压为

$$P_r = t\frac{P_0}{a}\sqrt{\frac{f}{(1+xc_2/ac_1)[x+f(1+xc_2/ac_1)]}} \quad (1\text{-}58)$$

式中 c_2/c_1——透射介质与入射介质中声速比。

想一想

超声直探头检测圆柱形钢件时，检测灵敏度有何变化？应如何选择探头？

三、超声波的衰减

1. 超声波衰减的原因

超声波在介质中传播时，其声能随着传播距离的增加而逐渐减弱的现象称为超声波的能量衰减，简称衰减。衰减的原因主要有两个方面：一方面是超声波在其传播过程中由于反射和散射，使一部分声能偏离其传播方向，而造成探测方向上声能的减小；另一方面是介质的吸收作用，将一部分声能转化成另一种能量（往往是热能），而使声强减小。衰减为反射、散射及吸收等效应的总和。通常以实际测量的结果来反映介质中超声波能量的衰减程度。

在超声检测中，超声波能量衰减的原因在理论上可以归纳为以下几类。

（1）声束的扩散衰减　不同声源在介质中的波动状态是不同的，声波在介质中的传播情况也有所差异。对于有限面积的声源来说，其声波在传播路径上将会扩散。随着传播距离的增加，声波扩散的程度逐渐加大，使得单位面积上声波的能量逐渐减小，这种现象称为声束的扩散衰减。

超声波的扩散衰减仅仅取决于波的形状，即波阵面的形状。平面波的波阵面为平面，波束不扩散，不存在扩散衰减。柱面波的波阵面为一系列同轴圆柱面，波束向四周扩散，存在着扩散衰减，其能量大小与传播距离成反比，即 $I\propto\frac{1}{x}$。球面波的波阵面为一系列同心球面，波束向四面八方扩散，也存在着扩散衰减，其能量大小与传播距离的平方成反比，即 $I\propto\frac{1}{x^2}$。

在实际超声检测中，随着使用的探头形式、晶片大小、声波频率的不同，超声波的扩散衰减是不一样的。

（2）声波的散射衰减　超声波在传播过程中，遇到声阻抗不同的介质界面时产生散乱反射引起超声波能量衰减的现象，称为散射衰减。当材质晶粒粗大时，超声波在晶界上将出现较多的散乱反射、折射，被散射的超声波将沿着复杂的路径传播到探头，在显示屏上出现**林状回波**，使信噪比降低，缺陷波难以分辨，如图1-55所示。

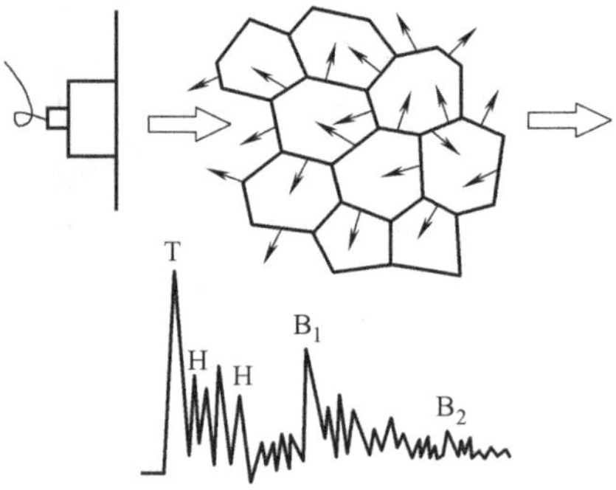

图1-55　林状回波

（3）介质的吸收衰减　超声波在介质中传播时，将引起介质质点的振动。由介质质点振动导致的内摩擦（即粘滞性）和热传导引起的超声波能量衰减称为吸收衰减或粘滞衰减。

除了以上三种衰减外，还有位错引起的衰减、磁畴引起的衰减和残余应力引起的衰减等。通常所说的衰减主要指介质对超声波的衰减，即吸收衰减和散射衰减，不包括扩散衰减。

2. 衰减系数和衰减方程

（1）衰减系数　超声波衰减的强弱用衰减系数 α 表示，其单位为 dB/mm，即经过 1mm 距离超声能量减小的分贝数。对于金属材料等固体介质而言，介质衰减系数 α 等于散射衰减系数 α_s 和吸收衰减系数 α_a 之和

$$\alpha = \alpha_s + \alpha_a$$

$$\alpha_a = c_1 f \tag{1-59}$$

$$\alpha_s = \begin{cases} c_2 F d^3 f^4 & (d < \lambda) \\ c_3 F d f^2 & (d \approx \lambda) \\ c_4 F/d & (d > \lambda) \end{cases} \tag{1-60}$$

式中　f——超声波的频率；

d——介质的晶粒直径；

F——材料各向异性系数；

λ——超声波的波长；

c_1、c_2、c_3、c_4——系数。

由以上公式可知：

1）介质的吸收衰减与超声波的频率成正比。

2）介质的散射衰减与 f、d、F 有关，受频率 f 的影响很大。在实际超声检测中，若材料的晶粒较大，采用过高的频率，就会引起严重的衰减。这就是超声检测晶粒较大的奥氏体钢和一些铸件的困难所在。

对于液体介质而言，介质的衰减主要是吸收衰减。

$$\alpha = \alpha_a = \frac{8\pi^2 f^2 \eta}{2\rho c^3} \tag{1-61}$$

式中　η——介质的粘滞系数；

ρ——介质的密度；

c——波速。

由上式可知，液体介质的衰减系数与介质的粘滞系数和声波频率的平方成正比，与介质的密度和波速的立方成反比。

由于 η、ρ、c 都与温度有关，因此 α 也与温度有关。一般地，α 随温度的升高而降低，有利于超声波的传播。

通过以上分析可以看出，介质对超声波的衰减程度与介质本身的性质密切相关，因此在实际工作中，有时可据此来衡量材料的晶粒度大小、石墨含量等。

（2）衰减方程　不同波形的衰减方程有所不同。

1）平面波的衰减方程。平面波不存在扩散衰减，只存在介质衰减，其声压衰减方程为

$$P_x = P_0 e^{-\alpha x} \tag{1-62}$$

式中　P_0——波源处的起始声压；

P_x——距离波源为 x 处的声压；

x——至波源的距离；

α——介质衰减系数（dB/mm）；

e——自然对数的底数（e＝2.718…）。

2）球面波的衰减方程。球面波的波束向周围扩散，既存在扩散衰减，又存在介质衰减，其声压衰减方程为

$$P_x = \frac{P_0}{x} e^{-\alpha x} \tag{1-63}$$

3）柱面波的衰减方程。柱面波的波束向四周扩散，既存在扩散衰减，又存在介质衰减，其声压衰减方程为

$$P_x = \frac{P_0}{\sqrt{x}} e^{-\alpha x} \tag{1-64}$$

3. 衰减系数的测定

（1）薄板工件衰减系数的测定　对于厚度较小、上下底面平行、表面光洁的薄板工件，可将直探头放在工件表面，利用超声波在工件上、下表面多次反射形成的回波来测定，如图1-56所示。介质的衰减系数为

$$\alpha = \frac{20\lg \frac{B_m}{B_n} - (n-m)\delta}{2(n-m)x} \tag{1-65}$$

式中　m、n——底波的反射次数；

B_m、B_n——第m、n次底波高度；

δ——一次反射的反射损失；

x——薄板的厚度。

当超声波的传播距离超过其未扩散区长度时，式（1-65）还应考虑扩散衰减量$20\lg \frac{n}{m}$。

（2）厚板工件衰减系数的测定　如图1-57所示，厚板的衰减系数通常根据第一、二次波的高度来测定，其衰减系数为

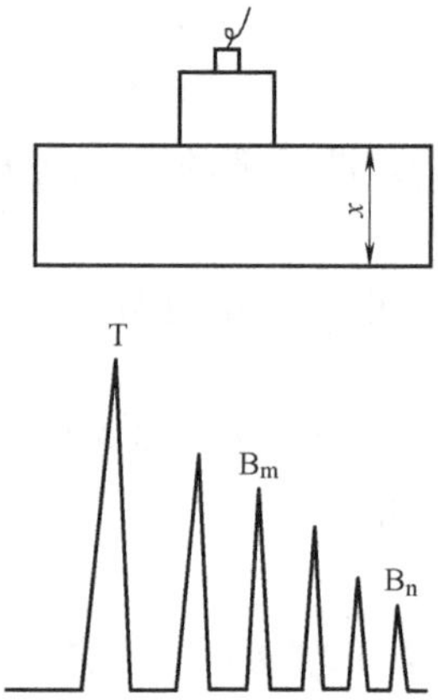

图1-56　薄板工件衰减系数测定

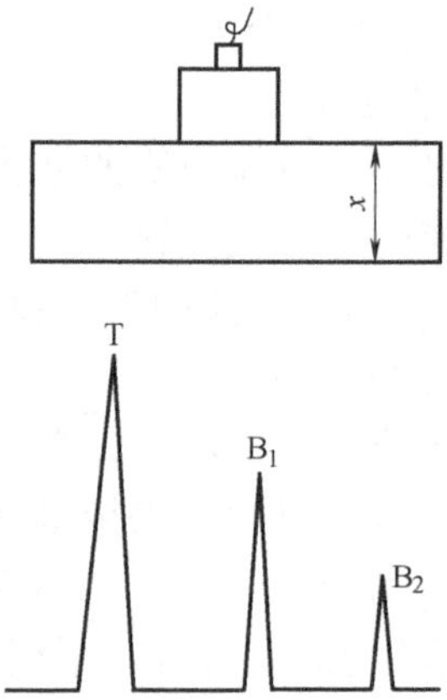

图1-57　厚板工件衰减系数测定

$$\alpha = \frac{20\lg\frac{B_1}{B_2} - 6 - \delta}{2x} \tag{1-66}$$

式中　B_1、B_2——第一、二次底波高度；

6——声束扩散引起的衰减量；

δ——一次反射的反射损失；

x——工件的厚度。

例 1-6　某工件厚度 $x=400$mm，测得 $B_1=70\%$，$B_2=20\%$，反射损失 $\delta=0.5$dB。求工件的衰减系数 α。

解：$\alpha = \dfrac{20\lg\frac{B_1}{B_2} - 6 - \delta}{2x} = \dfrac{20\lg\frac{70}{20} - 6 - 0.5}{2\times 400}$dB/mm $= 0.0055$dB/mm

【课后习题】

1. 超声波倾斜入射至异质界面时，其传播方向的改变主要取决于（　　）。

A. 界面两侧介质的声阻抗　　B. 界面两侧介质的声速

C. 界面两侧介质的衰减系数　　D. 以上全部

2. 纵波以 20°入射角自水入射至钢中，图 1-58 中（　　）声束路径是正确的。

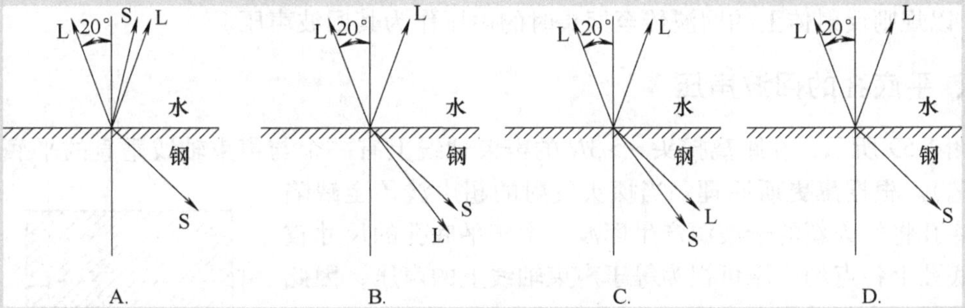

图　1-58

3. 简述平面波入射到凹、凸界面上的折射规律（何时发散，何时聚焦）。

4. 在检测奥氏体钢材时，应选用大频率还是小频率的探头？为什么？

5. 某种耐磨尼龙材料的声速 $c_L=2200$m/s，如用该材料做斜探头楔块检验钢焊缝（$c_L=5900$m/s，$c_S=3200$ m/s），试计算第一、第二临界角各为多少度。

6. 不锈钢与碳素钢的声阻抗约差 1%，试计算超声波由不锈钢进入碳素钢时，复合界面上的声压反射率。

7. 用 2MHz、ϕ14mm 的直探头探测厚度为 400mm 的饼形锻件，当一次底波高度为 100%，二次底波高度为 10% 时，已知底面反射损失为 2dB，求该材料的衰减系数。

模块七 规则反射体的回波声压

知识目标

※ 掌握常用规则反射体的回波声压规律及其计算方法。

在超声检测中，常常采用反射法来确定工件中缺陷的大小，即根据缺陷反射回来的超声波的声压高低判定缺陷的大小。但是，工件中缺陷的类型、取向和表面状况各不相同，其反射回波变得非常复杂。仅仅依靠反射回波声压高低很难精确确定缺陷的真实大小，有时回波声压相同的缺陷实际大小可能相差很大。为此，特引用当量法解决这一问题。当量法是指在相同的检测条件下，如果工件中的缺陷回波与人工反射体的回波完全相同，则认为该人工反射体的尺寸即为工件中缺陷的大小。采用当量法确定的缺陷大小称为缺陷的**当量尺寸**。由于人工反射体的反射面较光滑，反射波的方向比较固定，因此缺陷的当量尺寸往往小于缺陷的实际尺寸。

常用的规则反射体有平底孔、长横孔、短横孔、球孔和大平底等，在讨论它们的回波声压时，通常假定：

1）超声波在工件中的衰减为零。

2）超声波在规则反射体上的反射损失为零。

3）工件的尺寸足够大，超声波的传播不会受到工件侧面的影响。

4）以规则反射体上的回波传至探头时的声压作为其回波声压。

一、平底孔的回波声压

如图 1-59 所示，在距离探头 $x>3N$ 的声束轴线上有一个与声束轴线垂直的平底孔（圆片形缺陷）。根据惠更斯原理，当探头发射的超声波传至缺陷时，平底孔将作为新的子波源产生回波。由于平底孔的尺寸较小，平底孔上各点的声压可视为等于声束轴线上的声压，因此平底孔就是一个新的圆盘声源。

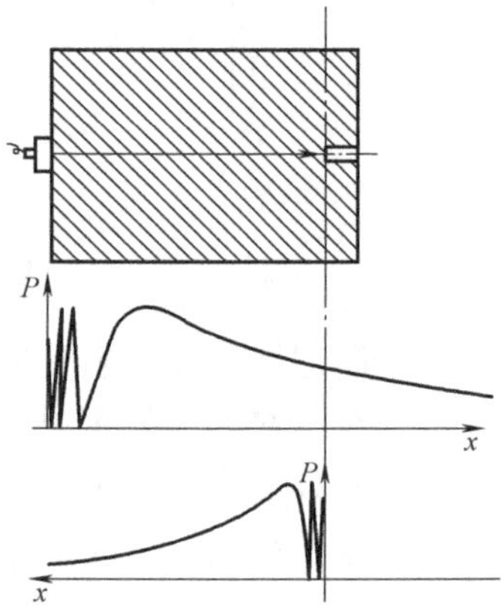

图 1-59 平底孔的回波声压

由圆盘声源轴线上的声压公式可得平底孔处的声压（这就是新波源的起始声压）为

$$P_x = \frac{P_0 F_0}{\lambda x}$$

$$P_\phi = \frac{P_x F_\phi}{\lambda x} = \frac{P_0 F_0 F_\phi}{\lambda^2 x^2} \quad (1\text{-}67)$$

式中 P_0——晶片处的起始声压；

P_ϕ——回波声压；

F_0——晶片的面积；

F_ϕ——平底孔的面积，$F_\phi = \frac{\pi\phi^2}{4}$；

ϕ——平底孔的直径；

λ——波长；

x——平底孔至波源的距离。

对于垂直线性良好的超声检测仪器，显示屏上的波高与对应的平底孔回波声压成正比，即

$$\frac{H_{\phi_1}}{H_{\phi_2}} = \frac{P_{\phi_1}}{P_{\phi_2}} = \frac{\phi_1^2 x_2^2}{\phi_2^2 x_1^2}$$

则平底孔 ϕ_1 和 ϕ_2 的回波高度的分贝差为

$$\Delta = [\phi_1] - [\phi_2] = 20\lg\frac{H_{\phi_1}}{H_{\phi_2}} = 20\lg\frac{P_{\phi_1}}{P_{\phi_2}} = 40\lg\frac{\phi_1 x_2}{\phi_2 x_1} \tag{1-68}$$

式中 $[\phi_1]$——平底孔 ϕ_1 回波达基准波高（某一规定的高度）时，超声检测仪衰减器的分贝读数值；

$[\phi_2]$——平底孔 ϕ_2 回波达基准波高（某一规定的高度）时，超声检测仪衰减器的分贝读数值。

由式（1-68）可知：

1）当 $\phi_1 = \phi_2$，$x_2 = 2x_1$ 时

$$\Delta = [\phi_1] - [\phi_2] = 40\lg\frac{x_2}{x_1} = 40\lg 2 = 12\text{dB}$$

2）当 $x_2 = x_1$，$\phi_1 = 2\phi_2$ 时

$$\Delta = [\phi_1] - [\phi_2] = 40\lg\frac{\phi_1}{\phi_2} = 40\lg 2 = 12\text{dB}$$

以上表明，在其他条件不变时，当缺陷的大小或声程相差一倍时，其回波高度差为12dB。

在直探头的超声检测中，通常将一些点状缺陷的回波信号视为平底孔反射来处理，这样得到的缺陷尺寸称为缺陷的当量平底孔尺寸。

例1-7 用型号为2.5P20Z的直探头检测某工件，在200mm处和300mm处分别发现一个 ϕ5mm 和一个 ϕ2mm 的缺陷，试求它们的回波高度的分贝差。

解：根据题意知：$x_1 = 200\text{mm}$，$x_2 = 300\text{mm}$，$\phi_1 = 5\text{mm}$，$\phi_2 = 2\text{mm}$。由式（1-68）得两缺陷的回波高度分贝差为

$$\Delta = [\phi_1] - [\phi_2] = 20\lg\frac{H_{\phi_1}}{H_{\phi_2}} = 20\lg\frac{P_{\phi_1}}{P_{\phi_2}} = 40\lg\frac{\phi_1 x_2}{\phi_2 x_1} = 40\lg\frac{5\times 300}{2\times 200} = 23\text{dB}$$

例1-8 在超声检测中，发现200mm处 ϕ5mm 的缺陷回波高为40dB，另一350mm处的缺陷回波高为30dB，试求该缺陷的当量大小。

解：由题意知：$x_1 = 200\text{mm}$，$\phi_1 = 5\text{mm}$，$x_2 = 350\text{mm}$。设未知缺陷的当量大小为 ϕ_2，则

$$\Delta = [\phi_1] - [\phi_2] = 40 - 30 = 40\lg\frac{\phi_1 x_2}{\phi_2 x_1} = 40\lg\frac{5\times 350}{\phi_2\times 200} = 10$$

$$\phi_2 = 4.92\text{mm}$$

二、长横孔的回波声压

如图1-60所示，在距离探头 $x > 3N$ 的声束轴线上有一个与声束轴线垂直、长度大于声

束宽度的长横孔，设超声波在长横孔表面全反射，其回波的声压为

$$P_{\phi} = \frac{P_0 F_0}{\lambda x}\sqrt{\frac{\phi}{8x}} \tag{1-69}$$

式中 ϕ——长横孔的直径；

x——长横孔至波源的距离。

由上式可知，任意两个距离为 x_1 和 x_2、直径不同的长横孔 ϕ_1 和 ϕ_2 的回波分贝差为

$$\Delta = [\phi_1] - [\phi_2] = 20\lg\frac{P_{\phi_1}}{P_{\phi_2}} = 10\lg\frac{\phi_1 x_2^3}{\phi_2 x_1^3} \tag{1-70}$$

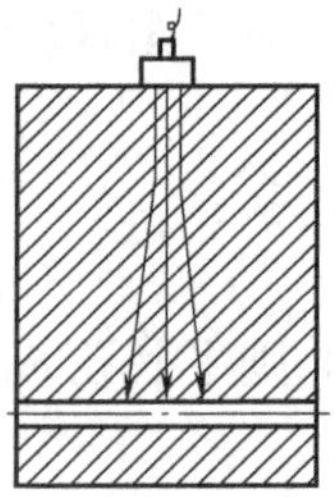

图 1-60 长横孔的回波声压

1）当 $\phi_1 = \phi_2$，$x_2 = 2x_1$ 时

$$\Delta = 20\lg\frac{P_{\phi_1}}{P_{\phi_2}} = 30\lg\frac{x_2}{x_1} = 30\lg 2 = 9\text{dB}$$

这说明长横孔直径一定，距离增加一倍时，其回波高下降 9dB。

2）当 $x_1 = x_2$，$\phi_1 = 2\phi_2$ 时

$$\Delta = 20\lg\frac{P_{\phi_1}}{P_{\phi_2}} = 10\lg\frac{\phi_1}{\phi_2} = 10\lg 2 = 3\text{dB}$$

这说明长横孔距离一定，直径增加一倍时，其回波高上升 3dB。

三、短横孔的回波声压

如图 1-60 所示，当横孔的长度明显小于波束横截面尺寸时，便称为短横孔，这时的回波声压为

$$P_{\phi} = \frac{P_0 F_0}{\lambda x}\frac{l}{2x}\sqrt{\frac{\phi}{\lambda}} \tag{1-71}$$

式中 l——短横孔的长度。

由上式可知，任意两个距离为 x_1 和 x_2、长度分别为 l_1 和 l_2、直径为 ϕ_1 和 ϕ_2 长横孔的回波分贝差为

$$\Delta = [\phi_1] - [\phi_2] = 20\lg\frac{P_{\phi_1}}{P_{\phi_2}} = 10\lg\left(\frac{l_1^2}{l_2^2}\frac{x_2^4}{x_1^4}\frac{\phi_1}{\phi_2}\right) \tag{1-72}$$

1）当 $l_1 = l_2$，$\phi_1 = \phi_2$，$x_2 = 2x_1$ 时

$$\Delta = [\phi_1] - [\phi_2] = 20\lg\frac{P_{\phi_1}}{P_{\phi_2}} = 10\lg\frac{x_2^4}{x_1^4} = 40\lg 2 = 12\text{dB}$$

这说明短横孔的尺寸不变，距离增加一倍时，其回波高降低 12dB。

2）当 $l_1 = l_2$，$\phi_2 = 2\phi_1$，$x_2 = x_1$ 时

$$\Delta = [\phi_1] - [\phi_2] = 20\lg\frac{P_{\phi_1}}{P_{\phi_2}} = 10\lg\frac{\phi_1}{\phi_2} = -10\lg 2 = -3\text{dB}$$

这说明短横孔的长度和距离不变，直径增加一倍时，其波高升高 3dB。

3）当 $l_2 = 2l_1$，$\phi_1 = \phi_2$，$x_2 = x_1$ 时

$$\Delta = [\phi_1] - [\phi_2] = 20\lg\frac{P_{\phi_1}}{P_{\phi_2}} = 10\lg\frac{l_1^2}{l_2^2} = -20\lg 2 = -6\text{dB}$$

这说明短横孔的直径和距离不变，长度增加一倍时，其回波高升高 6dB。

四、球孔的回波声压

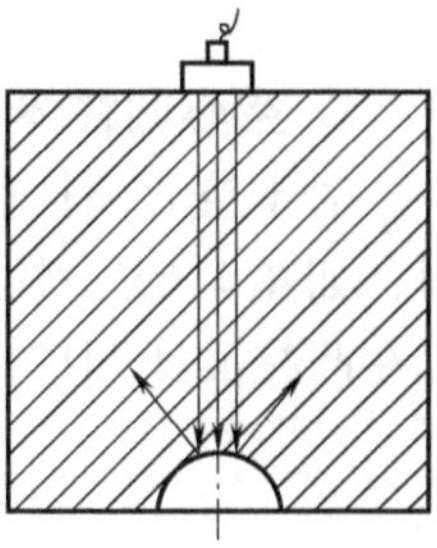

图 1-61 球孔的回波声压

如图 1-61 所示，在距离探头 $x>3N$ 的声束轴线上有一球形孔洞缺陷（类似于工件中的气孔等缺陷），设其直径为 ϕ，且超声波在球孔表面全反射，则其回波声压为

$$P_{\phi}=\frac{P_0F_0}{\lambda x}\frac{\phi}{4x} \tag{1-73}$$

由上式可知，任意两个距离为 x_1 和 x_2、直径为 ϕ_1 和 ϕ_2 球孔的回波分贝差为

$$\Delta=[\phi_1]-[\phi_2]=20\lg\frac{P_{\phi_1}}{P_{\phi_2}}=20\lg\left(\frac{x_2^2}{x_1^2}\frac{\phi_1}{\phi_2}\right) \tag{1-74}$$

1）当 $2\phi_1=\phi_2$，$x_2=x_1$ 时

$$\Delta=[\phi_1]-[\phi_2]=20\lg\frac{P_{\phi_1}}{P_{\phi_2}}=20\lg\frac{\phi_1}{\phi_2}=-20\lg2=-6\text{dB}$$

这表明距离相同而直径增加一倍时，球孔的回波高升高 6dB。

2）当 $\phi_1=\phi_2$，$x_2=2x_1$ 时

$$\Delta=[\phi_1]-[\phi_2]=20\lg\frac{P_{\phi_1}}{P_{\phi_2}}=40\lg\frac{x_2}{x_1}=40\lg2=12\text{dB}$$

这表明直径相同而距离增加一倍时，球孔的回波高降低 12dB。

五、大平底的回波声压

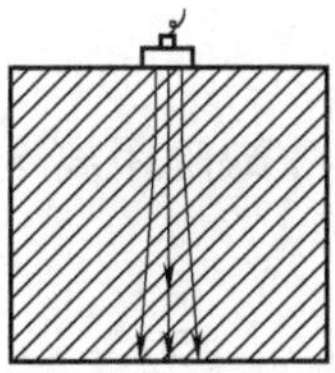

图 1-62 大平底的回波声压

如图 1-62 所示，超声波入射到距离 $x>3N$、宽度远大于声束横截面的一平底面上，设超声波在该平底面上全反射，则其回波声压为

$$P_{B}=\frac{P_0F_0}{2\lambda x} \tag{1-75}$$

不同距离的大平底回波声压分贝差为

$$\Delta=[B_1]-[B_2]=20\lg\frac{P_{B_1}}{P_{B_2}}=20\lg\frac{x_2}{x_1} \tag{1-76}$$

由上式可知，当 $x_2=2x_1$ 时

$$\Delta=[B_1]-[B_2]=20\lg\frac{P_{B_1}}{P_{B_2}}=20\lg\frac{x_2}{x_1}=20\lg2=6\text{dB}$$

这表明，大平底的回波声压与声程成反比，当声压增加一倍时，其回波高降低 6dB。在超声检测中，超声波在与检测面平行的工件底面或试块底面的反射均可看作大平底的反射。

六、圆柱形曲底面的回波声压

1. 实心圆柱体

超声波沿径向入射到一实心圆柱体曲底面时，若距离 $x\geqslant3N$，则类似于柱面超声波在凹柱面上的反射，其回波声压为

$$P_{\mathrm{B}} = \frac{P_0 F_0}{2\lambda x} \tag{1-77}$$

2. 空心圆柱体

对于空心圆柱体，探头可以从空心圆柱体的外圆面或内圆面检测，如图1-63中的位置A和B所示。当距离$x \geqslant 3N$时，类似于球面波在凸柱面或凹柱面上的反射，其回波声压为

$$P_{\mathrm{B}} = \frac{P_0 F_0}{2\lambda x}\left(\frac{d}{D}\right)^{\pm\frac{1}{2}} \tag{1-78}$$

式中　±——从外圆面检测时，取“+”号，反之取“-”号。

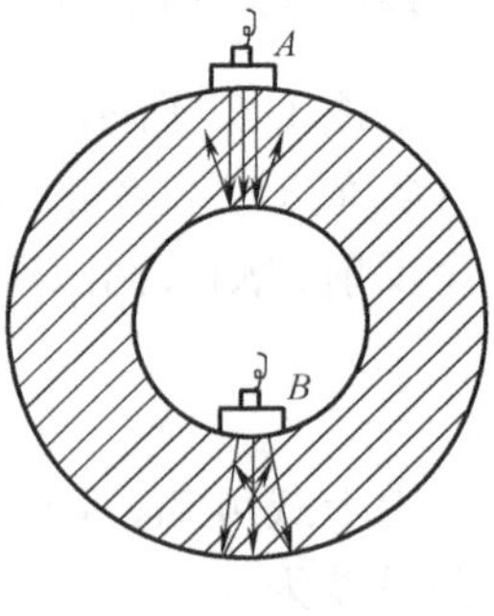

图1-63　圆柱形曲底面的回波声压

从以上的公式可以看出，当探头从外圆面检测时，由于超声波在凸柱面上发散，其回波声压小于同距离的大平底回波声压。相反，当探头从内圆面检测时，由于超声波在凹柱面上聚焦，其回波声压大于同距离的大平底回波声压。

如果考虑检测介质对超声波的衰减，以上各规则反射体的回波声压均应乘以衰减因子$\mathrm{e}^{-\frac{2\alpha x}{8.68}}$。

例1-9　用2.5P20Z探头探伤锻件，在100mm厚的大平底试块上，底波高$B = 50\mathrm{dB}$。已知：$c_{\mathrm{L}} = 5900\mathrm{m/s}$，锻件中$\alpha = 0.01\mathrm{dB/mm}$，试块中$\alpha = 0.005\mathrm{dB/mm}$，二者表面耦合损失差为8dB，探伤时在150mm处发现一缺陷，其波高为15dB，求此缺陷的当量大小。

解：$\lambda = \dfrac{\nu}{f} = \dfrac{5900}{2.5 \times 10^6}\mathrm{m} = 0.00236\mathrm{m} = 2.36\mathrm{mm}$

$$N = \frac{D^2}{4\lambda} = \frac{20^2}{4 \times 2.36}\mathrm{mm} = 42.4\mathrm{mm}$$

缺陷距离$>3N$，所以可以采用计算法。

$$(50 - 15 - 8)\mathrm{dB} = 20\lg\frac{P_{\mathrm{B}}}{P_{\phi}} = 20\lg\frac{\dfrac{P_0 F}{2\lambda\chi_{\mathrm{B}}}e^{-\frac{2\alpha_{\mathrm{B}}\chi_{\mathrm{B}}}{8.68}}}{\dfrac{P_0 F F_{\phi}}{\lambda^2\chi_{\phi}^2}e^{-\frac{2\alpha_{\phi}\chi_{\phi}}{8.68}}}$$

$$= 20\lg\frac{2.36 \times 150^2 \times 4}{2 \times 100 \times \pi \times \phi^2} + 2 \times (0.01 \times 150 - 0.005 \times 100)\mathrm{dB}$$

$$27\mathrm{dB} = 20\lg\frac{338.21656}{\phi^2} + 2\mathrm{dB}$$

$$\phi = 4.36\mathrm{mm}$$

答：此缺陷的当量大小为4.36mm。

【课后习题】

1. 在讨论规则反射体的回波声压时，通常作怎样的假设？

2. 用2.5MHz、ϕ20mm的直探头测定钢中不同类型反射体的回波高。已知钢中$c_{\mathrm{L}} = 5900\mathrm{m/s}$，400mm处$\phi$2mm平底孔的回波高为12dB。

（1）求 400mm 处 ϕ2mm 长横孔和球孔的回波高各为多少。

（2）求 400mm 处大平底的底波高为多少。

【综合训练】

一、名词解释

1. 声波与电磁波 2. 可闻声波与超声波 3. 连续波与脉冲波 4. 纵波与横波 5. 瑞利波与脉冲波 6. 波长与声速 7. 声压与声强 8. 平面波与球面波 9. 波的叠加与干涉 10. 反射与折射 11. 反射率与透射率 12. 聚焦与发散 13. 近场与远场 14. 散射与衍射

二、选择题

1. 下列材料中声速最低的是（　　）。

A. 空气　　B. 水　　C. 铝　　D. 不锈钢

2. 一般来说，在频率一定的情况下，在给定的材料中，横波探测缺陷要比纵波灵敏，这是因为（　　）。

A. 横波比纵波的波长短　　B. 在材料中横波不易扩散

C. 横波质点振动的方向对缺陷更为灵敏　　D. 横波比纵波的波长长

3. 应用 $2P20\times20A60°$ 的探头探测钢时，钢材中超声波的波长是（　　）。

A. 1.43mm　　B. 1.6mm　　C. 2.95mm　　D. 2.34mm

4. 可在固体中传播的超声波波形是（　　）。

A. 纵波　　B. 横波　　C. 表面波　　D. 板波

E. 以上都可以

5. 介质中质点振动方向和传播方向垂直时，此波称为（　　）。

A. 纵波　　B. 横波　　C. 表面波　　D. 板波

E. 爬波

6. 传播速度略小于横波，不向材料内部传播的超声波是（　　）。

A. 表面波　　B. 板波　　C. 莱姆波　　D. 纵波

7. 超声波投射到界面上，在同一介质中改变其传播方向的现象叫做（　　）。

A. 发散　　B. 扩散　　C. 角度调整　　D. 反射

8. 超声波从一种介质进入另一种不同介质而改变传播方向的现象叫做（　　）。

A. 折射　　B. 扩散　　C. 角度调整　　D. 反射

9. 同一介质中，超声波反射角（　　）入射角。

A. 等于　　B. 大于

C. 小于　　D. 同一波形的情况下相等

10. 使一种波产生 90°折射的入射角叫做（　　）。

A. 垂直入射角　　B. 临界角　　C. 最小反射角

11. 一般地说，在远场区，同一深度的平底孔直径增大 1 倍，其回波高度提高（　　）。

A. 1 倍　　B. 9dB　　C. 12dB　　D. 24dB

12. 纵波又称为（　　）。

A. 压缩波　　B. 疏密波　　C. L 波　　D. 以上都是

13. 超声波通过一定厚度的薄层介质时，若介质两侧的物质声阻抗相等，则薄层厚度为（　　）时，将有最大的声压透过率。

A. 1/2 波长的整数倍　　B. 1/4 波长的奇数倍

C. 1/4 波长的整数倍　　D. 1/8 波长的整数倍

14. 有一个 5MHz20×10 45°的斜探头，有机玻璃楔块内的声速为 2700m/s，被检材料（钢）中的声速为 3230m/s，则求入射角 α 的公式应为（　　）。

A. $\sin\alpha=(3230/2700)\sin45°$　　B. $\tan\alpha=(2700/3230)\sin45°$

C. $\alpha=\arcsin[(2700/3230)\tan45°]$　　D. $\alpha=\arcsin[(2700/3230)\sin45°]$

15. 超声波由 A 介质透入 B 介质时，如果面对入射方向的界面为一个凹面，并且声速 $c_A>c_B$，则该曲面将对透过波（　　）。

A. 起聚焦作用　　B. 起发散作用

C. 不起作用　　D. 有时聚焦，有时发散

16. 用入射角度为 52°的斜探头探测方钢，图 1-64 中（　　）声束路径是正确的（斜楔为有机玻璃）。

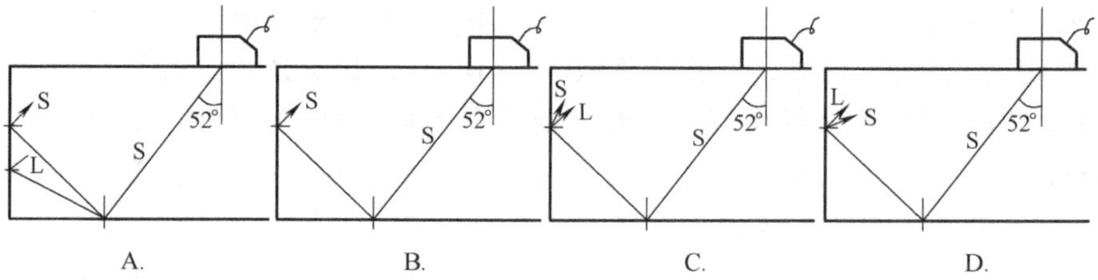

图　1-64

17. 声压反射率为负号，表示反射波相位与入射波相位（　　）。

A. 相同　　B. 相反　　C. 无关　　D. 以上都不对

18. 一般地说，如果频率相同，则在粗晶材料中，穿透力强的波形是（　　）。

A. 纵波　　B. 切变波　　C. 横波　　D. 瑞利波

19. 为减小超声波通过介质时的衰减和避免林状回波，宜采用（　　）进行探伤。

A. 高频率、横波　　B. 较低频率、横波

C. 高频率、纵波　　D. 较低频率、纵波

20. 在固体表面能沿圆滑过渡的边角传播的超声波称为（　　）。

A. 横波　　B. 表面波　　C. 纵波

三、判断题（正确的打“✓”，错误的打“×”）

1. 质点完成五次全振动所需要的时间，可以使超声波在介质中传播五个波长的距离。（　　）

2. 在同一固体介质中，纵波的传播速度为常数。（　　）

3. 超声波表面波不能在液体表面传播。（　　）

4. 在同一固体材料中，传播纵、横波时的声阻抗相同。（　　）

5. 声阻抗是衡量介质声学特性的重要参数，温度变化对材料的声阻抗也会有影响。（　　）

1 UNIT

6. 第二介质中折射的横波，其折射角达到90°时的纵波入射角为第一临界角。 ( )

7. 有机玻璃声透镜水浸聚焦探头，透镜曲率半径越小，焦距越大。 ( )

8. 为了在试件中得到纯横波，斜探头透声斜楔材料的纵波速度应大于被检试件中的纵波速度。 ( )

9. 声源面积不变时，超声波频率越高，超声场的近场长度越长。 ( )

10. 物体在振动过程中，当外力的频率等于振动系统的固有频率时，物体的振幅达到最大值，这种现象称为谐振。 ( )

11. 当钢中的气隙（如裂纹）厚度一定时，超声波频率增加，反射波高将随之降低。 ( )

四、问答与计算

1. 在什么样的异质薄层界面上声压的往复透射率最高?

2. 什么叫波形转换?波形转换与哪些因素有关?

3. 什么叫超声波的衰减?衰减的原因和类型有哪些?

4. 什么叫声束的指向性?超声波声束的指向性与哪些因素有关?

5. 实际固体介质中的脉冲声场与理想液体介质中的连续声场有何异同?

6. 什么叫当量尺寸?在超声检测中为什么要引进当量尺寸的概念?

7. 在铝中超声纵波的声速为6300m/s，横波的声速为3100m/s，试计算2MHz的声波在铝中的纵波和横波的波长是多少。

8. 已知超声波检测仪显示屏上有A、B、C三个波，其中A波高为满刻度的80%，B波高为满刻度的50%，C波高为满刻度的20%。

1）以A波高为基准（设为0dB），那么B、C波高分别为多少?

2）以B波高为基准（设为8dB），那么A、C波高分别为多少?

3）以C波高为基准（设为−5dB），那么A、B波高分别为多少?

9. 在超声波检测仪显示屏上有一波高为满屏的80%，另一波高比它低12dB，求该波高为多少?

10. 超声波垂直入射到水/钢界面，已知水中的声速 $c_{L_1}=1500\text{m/s}$，钢中的声速 $c_{L_2}=5900\text{m/s}$，钢的密度 $\rho_2=7800\text{kg/m}^3$，试求在界面处的声强透射率?

11. 从钢材一侧检测钢/钛复合板，已知钢的声阻抗 $Z_1=46\times10^6\text{kg/(m}^2\cdot\text{s)}$，水的声阻抗 $Z_2=1.5\times10^6\text{kg/(m}^2\cdot\text{s)}$，钛的声阻抗 $Z_3=27.4\times10^6\text{kg/(m}^2\cdot\text{s)}$。求：

1）在钢/钛界面处的声压反射率。

2）在底面的声压反射率。

3）界面回波与底面回波的高度分贝差。

4）如将钛底面浸在水中，此时的界面回波与底面回波的高度差为多少分贝?

12. 用5MHz、ϕ20mm的探头测定厚度为15mm的钢板的介质衰减系数。已知 $B_1=80\%$，$B_4=50\%$，每次反射损失为1dB，不计扩散衰减损失，求此钢板的介质衰减系数为多少。

13. 用斜探头检测某工件，已知：有机玻璃中纵波声速为2730m/s，工件中纵波的声速为5900m/s，横波的声速为3230m/s。试求：

1）当入射角 $\alpha=30°$ 时，折射纵波的折射角为多少?

2）当入射角 $\alpha=45°$时，折射横波的折射角为多少？

3）当工件中横波折射角为70°时，入射角为多少？

4）当入射角 $\alpha=20°$时，在钢中能否产生折射纵波？如果有试求其折射角；如果没有，请说明原因。

14. 用型号为2.5*P*20*Z*的直探头检测工件，已知工件中纵波声速为5850m/s，试求超声波的近场区长度和指向角。

第二单元　超声检测设备和器材

内容导入

超声检测系统必须具有超声检测仪、探头（电声转换器）和对比试块。了解这些设备的原理、构造和作用及性能的测试方法是正确选择探伤设备进行有效检测的保证。

在超声检测中，超声检测仪器的主要功能是产生、接收和处理高频电信号，并以某种方式显示出最终处理结果。探头的主要功能是实现电能和机械能间的相互转换，故它是一个换能传感器。试块主要用来确定超声检测的灵敏度和判定缺陷大小等。超声检测仪、探头和试块就是最基本的超声波检测设备和器材。

根据超声波信号产生的机理不同，可以将其分为主动式和被动式两类。

所谓主动式检测，是指被检测对象本身就具有声发射源，即由被检测对象“主动”发出声信号，仅仅利用超声接收技术去检出“源”所发出的声信号，并加以分析处理，来确定声源的方位和性质，通常用于对在役设备的安全监测。在工业无损检测技术中，它与断裂力学理论相联系，构成专门的声发射技术，现主要用于压力容器和核电产品的安全评价工作中。以这种原理为基础的仪器，称为**声发射仪**。一般不归入超声检测仪的范畴。

所谓被动式检测，是指利用超声换能器向被检测对象辐射超声信号，再由接收器检出被检测对象中的声场特性，如声压分布、声速、声衰减、声传播时间、声波频率或频谱的变化等声学参数，以检测和评价被检测对象的性能和质量。以这种原理为基础的仪器，就是通常所指的**超声检测仪器**。

模块一　超声检测仪器

知识目标

※熟悉超声波检测仪的分类。

※熟悉模拟式及数字式超声波检测仪的构造、工作原理。

※掌握超声波检测仪的使用方法及基本维护知识。

用于探伤的超声检测仪，通常称为超声探伤仪。超声探伤仪利用超声检测原理，还可做成多种用途的其他仪器，如用于厚度、声速、声衰减、应力测量；用于液体的浓度、成分、密度、粘度、流速、流量测量；用于温度、硬度、料位、液位测量；用于地层断裂、空洞测量；用于岩体空隙率、含水量、风化程度测量等，它们均属于超声工业测量技术的范畴。

一、超声探伤仪的分类

超声探伤仪可按以下方法进行分类。

1. 按声波特征分类

（1）脉冲波超声探伤仪 利用脉冲波进行超声检测的仪器称为脉冲波超声探伤仪，其产生的脉冲超声波波形如图2-1所示，这是目前使用最广泛的探伤仪。

在检测时，脉冲波超声探伤仪发射一持续时间很短的电脉冲，激励探头发射脉冲超声波传入工件，并通过探头接收从工件反射回来的脉冲波信号（回波），利用超声波信号的传播时间和回波幅度判断缺陷的位置和大小。

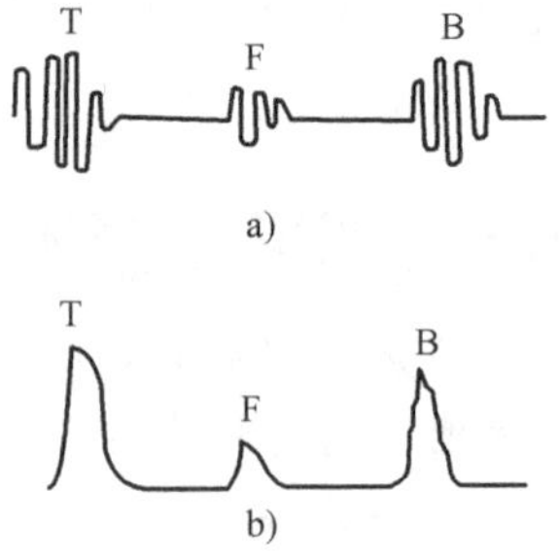

图2-1 脉冲超声波波形
a）检波前波形 b）检波后波形

（2）连续波超声探伤仪 这种仪器通过探头向工件中发射连续且频率不变（或在小范围内周期性变化）的超声波，根据透过工件的超声波强度变化判断工件中有无缺陷及缺陷大小。这种仪器的灵敏度低，且不能确定缺陷位置，正逐步被脉冲波探伤仪所代替，主要用于超声显像及超声共振测厚等方面。

（3）调频波超声探伤仪 这种仪器通过探头向工件中发射连续的周期性变化的超声波，根据发射波与反射波的差频变化情况判断工件中有无缺陷，以往的调频式路轨探伤仪便采用这种原理。但由于只适宜检查与探测面平行的缺陷，所以这种仪器也大多被脉冲波超声探伤仪所代替。

2. 按缺陷显示方式分类

（1）A型显示超声波探伤仪 它的显示方式是目前脉冲反射式超声波探伤仪中最基本的一种，在荧光屏上以纵坐标代表反射波的幅度，以横坐标代表声波的传播时间。如果超声波在均质材料中传播，声速是恒定的，则传播时间可转变为传播距离。因此，从A型显示方式中可以得到反射面距声入射面的距离（纵波垂直入射检验时显示缺陷的深度），以及回波幅度的大小（用来判定缺陷的当量尺寸）。从图2-2中可以看到脉冲反射法检验的典型A型显示波形，左侧幅度很高的脉冲T称为始脉冲或始波，是发射脉冲直接进入接收电路后，在屏幕上的起始位置显示出来的脉冲信号；右侧的高回波B称为底波或底面回波，是超声波传播到与入射面相对的试件底面产生的反射波；中间的回波F则为缺陷的反射回波。

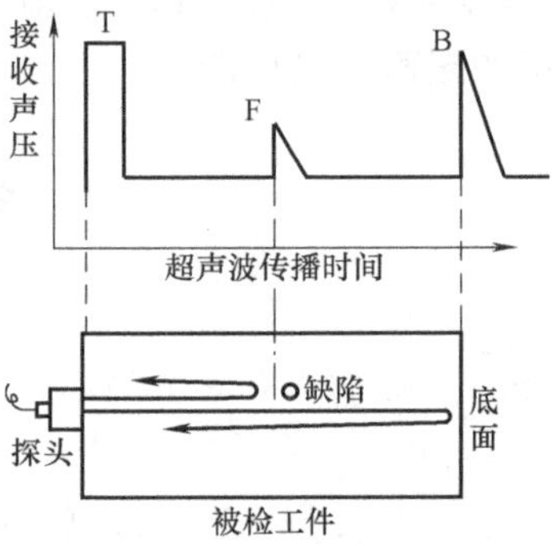

图2-2 A型显示原理图

（2）B型显示超声波探伤仪 B型显示是一种图像显示方式，探伤仪荧光屏上的横坐标是靠机械扫描来代表探头的扫查轨迹，纵坐标是靠电子扫描来代表声波的传播时间（或距离），因而可直观地显示出被探工件任一纵截面上缺陷的分布及缺陷的深度，如图2-3所示。

所以，B型显示方式中可以得到的信息有缺陷在该截面的位置、取向与深度。由信号的亮度（或颜色）可以获得缺陷信号幅度的信息。

（3）C型显示超声波探伤仪 C型显示是试件的一个平面投影图，探头在试件表面作二

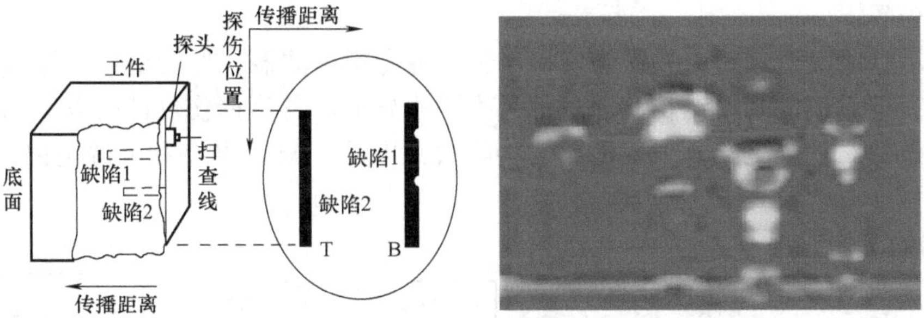

图 2-3　B 型显示原理

维扫查，显示屏的二维坐标对应探头的扫查位置。在每一探头移动位置，将某一深度范围的信号幅度用电子门选出，用亮度或颜色代表信号的幅度大小，显示在对应的探头位置上，可得到内部缺陷的二维形状与分布（图 2-4）。若以各点的亮度代表回波传播时间，又可得到缺陷深度分布，称为 TOF（Time of Flight）图。

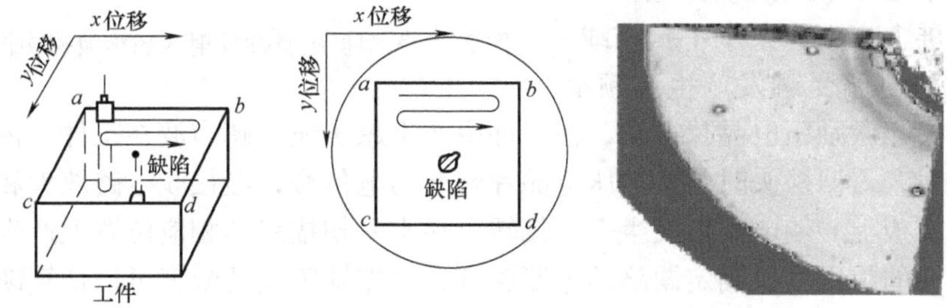

图 2-4　C 型显示原理

C 型显示中可以得到的信息有缺陷的平面位置和取向。由信号的亮度（或颜色）可以获得缺陷信号幅度的信息。

B 型和 C 型显示是在 A 型显示的基础上实现的，在 A 型显示图上，确定好需采集的信号范围，采用电子门提取出所需信号。目前，B 型和 C 型显示多采用计算机将信号经 A/D 转换处理后，显示在计算机屏幕上的图像与数据可以存储，可进一步用软件对缺陷进行分析评价。

3. 按仪器的通道数目分类

（1）单通道探伤仪　这种仪器由一个或一对探头单独工作，是目前超声波探伤中应用最广泛的仪器。

（2）多通道探伤仪　这种仪器由多个或多对探头交替工作，每一通道相当于一台单通道探伤仪，适用于自动化探伤。

目前，探伤中广泛使用的超声波探伤仪，如 CTS-22 型 、CTS-26 型等都是 A 型显示脉冲反射式探伤仪。

二、A 型显示脉冲反射式超声波探伤仪的工作原理

1. 仪器电路框图

仪器电路框图是把仪器每一部分用一方框来表示，各方框之间用线条连接起来，表示各部分之间的关系。框图只能说明仪器的大致结构和工作原理，看不出电路的详细连接方法和

元件的具体位置。

A 型显示脉冲反射式超声波探伤仪相当于一种专用示波器，尽管型号、外形、体积和功能各不相同，但它们的基本结构和原理都是大同小异的。各种探伤仪都由以下几个主要部分组成：同步电路、扫描电路、发射电路、接收放大电路、显示电路和电源电路等，如图 2-5 所示。

2. 仪器的工作过程

A 型显示脉冲反射式超声波探伤仪的工作过程可参照图 2-5，简要说明如下。

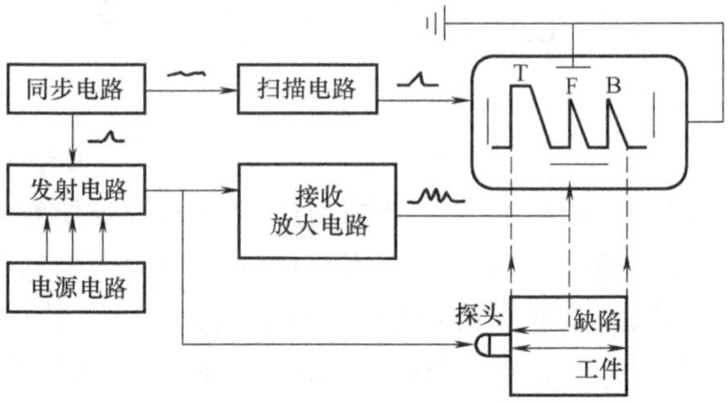

图 2-5　A 型显示脉冲反射式超声波探伤仪电路框图

同步电路产生的触发脉冲同时加至扫描电路和发射电路，扫描电路受触发开始工作，产生锯齿波扫描电压，加至示波管水平偏转板，使电子束发生水平偏转，在荧光屏上产生一条水平扫描线。与此同时，发射电路受触发产生高频窄脉冲，加至探头，激励压电晶片振动，在工件中产生超声波。超声波在工件中传播，遇缺陷或底面发生反射，返回探头时，又被压电晶片转变为电信号，经接收电路放大和检波，加至示波管垂直偏转板上，使电子束发生垂直偏转，在水平扫描线的相应位置上产生缺陷波和底波。根据缺陷波的位置可以确定缺陷的埋藏深度，根据缺陷波的幅度可以估算缺陷当量的大小。

3. 仪器的主要组成

（1）**同步电路**　同步电路又称触发电路，它每秒钟产生数十至数千个脉冲，用来触发探伤仪扫描电路、发射电路等，使之步调一致、有条不紊地工作。因此，同步电路是整个探伤仪的“中枢”，同步电路出了故障，整个探伤仪便无法工作。

（2）**扫描电路**　扫描电路又称时基电路，用来产生锯齿波电压，加在示波管水平偏转板上，使示波管荧光屏上的光点沿水平方向作等速移动，产生一条水平扫描时基线。探伤仪面板上的深度粗调、微调、扫描延迟旋钮都是扫描电路的控制旋钮。探伤时，应根据被探工件的探测深度范围选择适当的深度挡级，并配合微调旋钮进行调整，使刻度板水平轴上每一格代表一定的距离。扫描电路的框图及其波形如图 2-6 所示。

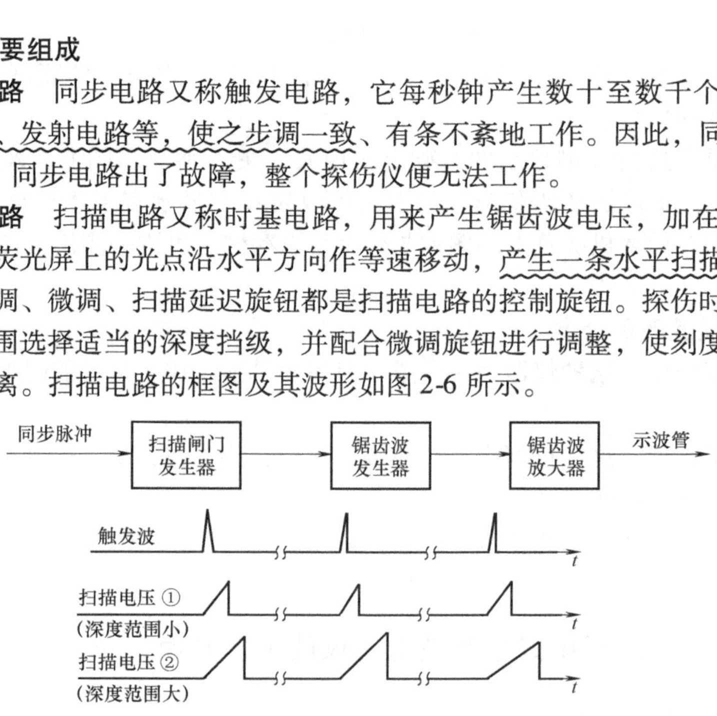

图 2-6　扫描电路框图及其波形

（3）**发射电路**　发射电路利用晶闸管的开关特性，产生几百伏至上千伏的电脉冲。脉冲加于发射探头，激励压电晶片振动，使之发射超声波，晶闸管的典型发射电路如图 2-7 所示。

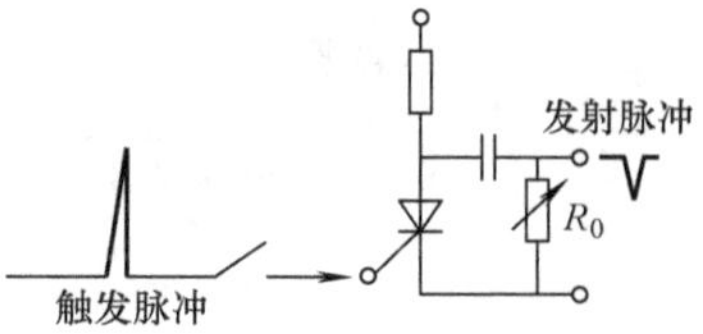

图 2-7　晶闸管的典型发射电路

发射脉冲将被传递到整个检测系统，首先是探头，转换为超声脉冲后进入被检件，之后又回到探头，进入接收电路，最后到达显示器。因此，最终显示在屏幕上的信号可以看作发射脉冲经过一系列过程被处理后的结果。目前的超声检测仪接收电路通常是宽带的，很多常用探头也是宽带的，因此，发射电路的频率特性对最终的 A 型显示图形影响很大。为了使探头的能量转换效率达到最高，并保证发射的超声波具有所要求的频谱，通常要求发射脉冲频带范围要包含探头自身的频带范围。频带越宽，发射脉冲越窄，可能达到的分辨力越好。

发射电路中的电阻 R_0 称为阻尼电阻，用发射强度旋钮可改变 R_0 的阻值。阻值大发射强度高，阻值小发射强度低，因 R_0 与探头并联，改变 R_0 的同时也改变了探头电阻尼的大小，即影响探头的分辨力。通常电压越高、脉冲越宽，则发射能量越大，但同时也增大了盲区，使深度分辨力变差。因此，使用时需根据检测对象的特点加以调节，以适应对穿透能力和分辨力的不同要求。

想一想

1. 发射电脉冲信号的幅度和宽度对探伤有什么影响？它们与探头如何匹配？

2. 同步脉冲的频率是重复频率吗？它和探头的工作频率一致吗？

（4）**接收电路**　接收电路由衰减器、射频放大器、检波器和视频放大器等组成。它将来自探头的电信号进行放大、检波，最后加至示波管的垂直偏转板上，并在荧光屏上显示。由于接收的电信号非常微弱，通常只有数百微伏到数伏，而示波管全调制所需电压为几百伏，所以接收电路必须具有约 10^5 的放大能力。

接收电路的性能对探伤仪的性能影响极大，它直接影响到探伤仪的垂直线性、动态范围、探伤灵敏度、分辨力等重要技术指标。

接收电路框图及其波形如图 2-8 所示。由大小不等的缺陷所产生的回波信号电压约为几百微伏到几伏，为了使变化范围如此大的缺陷回波在放大器内得到正常的放大，并能在示波管荧光屏的有效观察范围内正常显示，可使用衰减器改变输入到某级放大器信号的电压，一般用分贝表示放大器的电压放大倍数

$$K_V = 20\lg\frac{U_{出}}{U_{入}}$$

式中　K_V——电压放大倍数的分贝值（dB）；

$U_{出}$——放大器的输出电压（V）；

$U_{入}$——放大器的输入电压（V）。

一般探伤仪的电压放大倍数可达 $10^4 \sim 10^5$ 倍，相当于 80 ~ 100dB。

探伤仪面板上的增益、衰减器、抑制等旋钮是放大电路的控制旋钮。增益旋钮用来改变

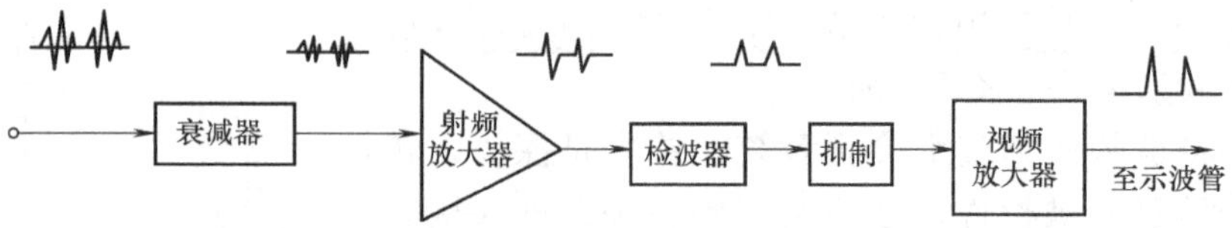

图 2-8 接收电路框图及其波形

放大器的增益，增益数值大，探伤灵敏度高。衰减器旋钮用来改变衰减器的衰减量，一般来说，衰减读数大，灵敏度低。但是，有的探伤仪为了使用时读数方便统一，将衰减器读数按增益方式标出，在这种情况下，衰减读数大，灵敏度高。抑制旋钮的作用是抑制草状杂波。但应注意，使用“抑制”时，仪器的垂直线性和动态范围均会下降。

（5）显示电路　显示电路主要由示波管及外围电路组成。

示波管用来显示探伤图形，由电子枪、偏转系统和荧光屏三部分组成，其基本结构如图 2-9所示。

电子枪发射的聚束电子以很高的速度轰击荧光屏时，使荧光物质发光，在荧光屏上形成亮点。扫描电路的扫描电压和接收电路的信号电压分别加至水平偏转板和垂直偏转板，使电子束发生偏转，因而亮点就在荧光屏上移动，扫描出探伤图形。由于扫描速度非常快，肉眼看上去就好像是静止的图像。

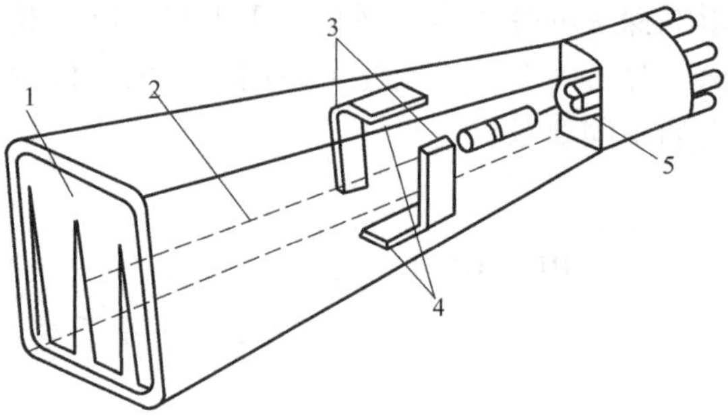

图 2-9 示波管的基本结构

1—荧光屏 2—电子束 3—水平偏转板

4—垂直偏转板 5—电子枪

（6）电源　电源的作用是给探伤仪各部分电路提供适当的电能，使整机电路工作。标准探伤仪一般用 220V 或 110V 交流电，探伤仪内部有供各部分电路使用的变压、整流及稳压电路。携带式探伤仪多用蓄电池供电，用充电器给蓄电池充电。

除上述基本组成部分之外，探伤仪还有各种辅助电路，如延迟电路、DAC 电路、闸门电路等。

4. 仪器主要开关旋钮的作用及调整

探伤仪面板上有许多开关和旋钮，用于调节探伤仪的功能和工作状态。图 2-10 所示是 CTS—22 型超声波探伤仪的面板示意图，下面以这种仪器为例，说明各旋钮的名称及功能，见表 2-1。

表 2-1 超声波检测仪各旋钮的名称及功能

名称		功　能
显示部分	辉度旋钮	用于调节波形的亮度。当波形亮度过高或过低时，可调节辉度旋钮，使亮度适中，但要兼顾聚焦性能。一般辉度调整后应重新调节聚焦和辅助聚焦等旋钮
	聚焦旋钮	调节电子束的聚焦程度，使荧光屏波形清晰
	水平旋钮	使扫描线和扫描线上的回波一起左右移动一段距离，但不改变回波间距。调节探测范围时，用深度粗调和细调旋钮调好回波间距，用水平旋钮进行零位校正
	垂直旋钮	调节扫描线的垂直位置。调节垂直旋钮，可使扫描线上下移动

（续）

名称		功　能
发射部分	工作方式选择旋钮	选择探测方式，即“双探”或“单探”方式。当开关置于位置“ ”时，为双探头一发一收工作状态，可用一个双晶探头或两个单探头探伤，发射探头和接收探头分别连接到发射插座“ ”和接收插座“ ”。当开关置于位置“ ”或“ ”时，为单探头发收工作状态，可用一个单探头探伤，此时发射插座和接收插座从内部连通，探头可插入任一插座
发射部分	发射强度旋钮	改变仪器的发射脉冲功率，从而改变仪器的发射强度。增大发射强度时，可提高仪器灵敏度，但脉冲变宽，分辨力变差。因此，在探伤灵敏度能满足要求的情况下，发射强度旋钮应尽量放在较低的位置
发射部分	重复频率旋钮	调节脉冲重复频率，即改变发射电路每秒钟发射脉冲的次数。重复频率低时，荧光屏图形较暗，仪器灵敏度有所提高；重复频率高时，荧光屏图形较亮，这对露天探伤观察波形是有利的。应该指出，重复频率要视被探工件厚度进行调节，厚度大，应使用较低的重复频率；厚度小，可使用较高的重复频率。但重复频率过高时，易出现幻像波
接收部分	衰减器旋钮	调节探伤灵敏度和测量回波振幅。调节灵敏度时，衰减读数大，灵敏度低；衰减读数小，灵敏度高。测量回波振幅时，衰减读数大，回波幅度高；衰减读数小，回波幅度低。一般探伤仪的衰减器分粗调和细调两种，粗调每挡为 10dB 或 20dB，细调每挡为 2dB 或 1dB，总衰减量为 80～110dB
接收部分	增益微调旋钮	改变接收放大器的放大倍数，进而连续改变探伤仪的灵敏度
接收部分	频率选择旋钮	可选择接收电路的频率响应
接收部分	检波方式旋钮	可选择非检波、全检波、正检波和负检波
接收部分	抑制旋钮	使幅度较小的一部分噪声电信号不在显示屏上显示
时基线部分	深度粗调旋钮	粗调荧光屏扫描线所代表的探测范围。调节深度范围旋钮，可较大幅度地改变时间扫描线的扫描速度，从而使荧光屏上回波间距大幅度地压缩或扩展
时基线部分	深度微调旋钮	精确调整探测范围，调节细调旋钮，可连续改变扫描线的扫描速度，从而使荧光屏上的回波间距在一定范围内连续变化
时基线部分	延迟旋钮	零位调节旋钮，调节水平旋钮，可使扫描线和扫描线上的回波一起左右移动一段距离，但不改变回波间距。调节探测范围时，用深度粗调和细调旋钮调好回波间距，用水平旋钮进行零位校正

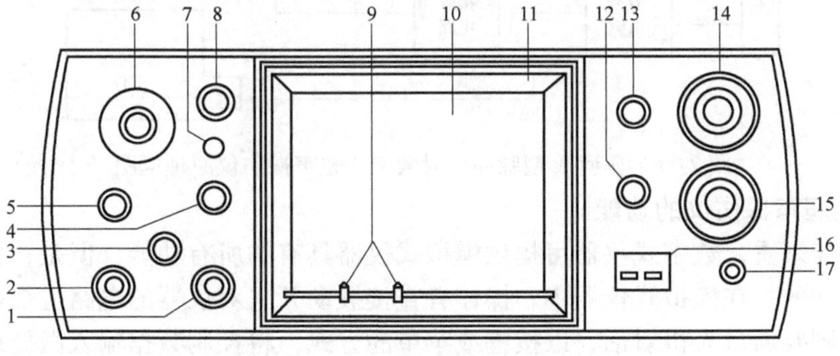

图 2-10　CTS—22 型超声波探伤仪面板示意图

1—发射插座　2—接收插座　3—工作方式选择　4—发射强度　5—粗调衰减器　6—细调衰减器　7—抑制　8—增益　9—定位游标　10—荧光屏　11—遮光罩　12—聚焦　13—深度范围　14—深度细调　15—脉冲移位　16—电源电压指示器　17—电源开关

三、数字式超声探伤仪

随着科学技术的进步和计算机技术的广泛应用，超声波探伤仪的技术性能不断提高，功能不断增加，自动化程度越来越高，技术先进的数字化、智能化仪器不断涌现。这种仪器以高精度的运算、控制和逻辑判断功能来替代大量人的体力和脑力劳动，减少了人为因素造成的误差，提高了检测的可靠性，较好地解决了记录存档问题，具有良好的发展前景。

1. 数字式超声探伤仪与模拟式超声探伤仪的区别

数字式超声探伤仪是计算机技术和超声探伤仪技术相结合的产物。它是在传统的超声探伤仪的基础上，采用计算机技术实现仪器功能的精确和自动控制、信号获取和处理的数字化和自动化、检测结果的可记录性和可再现性。因此，它既具有传统的超声探伤仪的基本功能，又增加了数字化带来的数据测量、显示、存储与输出功能。所谓数字式超声探伤仪，主要是指发射、接收电路的参数控制和接收信号的处理、数字化显示的仪器。不同制造商生产的数字式仪器，可能会采用不同的电路设置，保留的模拟电路部分也不相同，但主要的一点是探头接收周期超声信号，需经模/数转换、数字处理后显示出来。

图2-11所示是典型A型脉冲反射数字式超声探伤仪原理框图。从它的基本构成来看，数字式仪器与模拟式仪器的发射电路是相同的，接收放大电路的前半部分包括衰减器和高频放大器等，与模拟式仪器也是相同的。但信号经放大到一定程度后，则由A/D转换器将其变为数字信号，由微处理器进行处理后，在显示器上显示出来。对于传统仪器上的检波、滤波、抑制等功能，数字式仪器可以通过对数字信号进行数字处理完成，也可在A/D转换前采用模拟电路完成。数字式仪器的显示是二维点阵式的，不再像模拟式仪器由单行扫描线经幅度调节显示波形，而是由微处理器通过程序来控制显示器实现逐点扫描。发射电路和模数转换器的同步控制不再需要同步电路，而是由微处理器通过程序来协调各部分的工作。

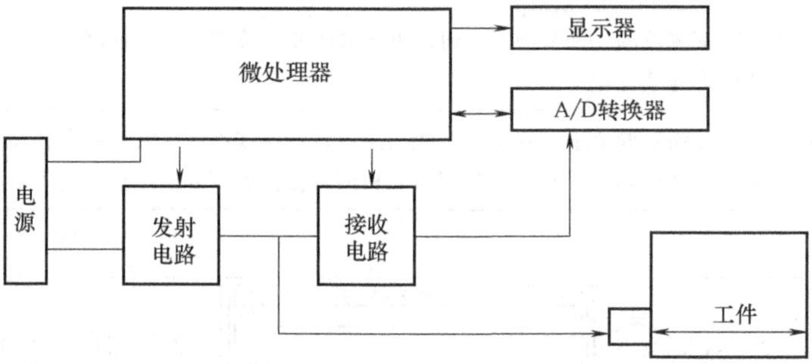

图2-11　典型A型脉冲反射数字式超声探伤仪原理框图

2. 数字式超声探伤仪的功能

从基本功能来看，数字式仪器可提供模拟式仪器具有的所有功能，但是，各部分功能的控制方式是不同的。在模拟式仪器中，操作者直接拨动开关对仪器的电路进行调整，而在数字式仪器中，则要通过人机对话，以按键或菜单的方式，将控制数据输入微处理器，然后由微处理器发出信号，控制各控制电路的工作（图2-12）。微处理器还可按照预先设定的程序，自动对仪器进行调整，这就给自动检测系统提供了极大的方便。数字化控制使得控制参数可以存储，可以自动按存储的参数重新对仪器进行调整，从而方便了检测过程的重复再现。检测波形的数字化使得仪器可进一步提供波形的记录和存储、波形参数的自动计算与显示（波高、距离等）、距离-幅度曲线的自动生成、时基线比例的自动调整以及频谱分析等附加功能。

3. 数字式超声探伤仪的性能

从影响仪器性能的最基本的部分——发射电路和接收电路来看，数字式仪器与模拟式仪器是相同的，因此，数字式仪器的灵敏度、分辨力、放大线性等与模拟仪器差别不大。最主要的差别是数字式仪器中的A/D转换、信号处理和显示部分，这部分的性能决定着显示的信号是否失真。失真严重时，会影响到缺陷的判定，造成漏检、误检。

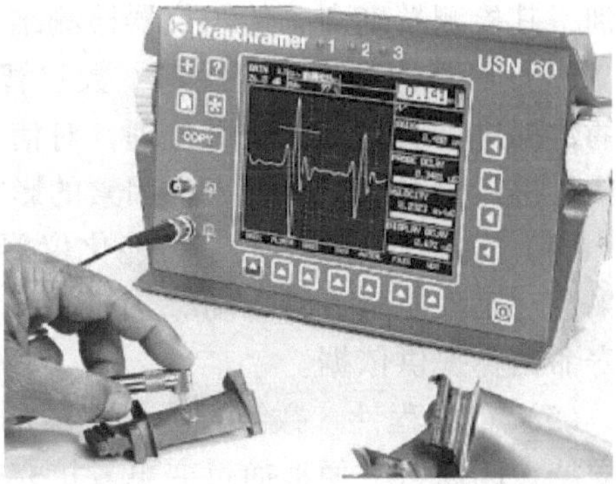

图 2-12　USN60 型数字式超声探伤仪

影响仪器性能的主要参数有模/数转换器（A/D转换器）的模/数转换频率、字长和存储深度，以及显示器的刷新频率。

模/数转换（A/D转换）是通过对连续变化的模拟信号进行高速度、等间隔的采样，将其变换成为一列大小变化的数字量的过程，如图2-13所示。数字量可以进行计算、处理、显示。如果数字的大小为幅度，将这列数字仍按相同的间隔在直角坐标系中描绘出来，则重新构成了一条由分离的点组成的曲线，这就是数字化的波形。可见，若要重建的波形不失真，则需要尽可能地增加采样密度，或者说提高采样频率。模/数转换器的模/数转换频率，也就是每秒钟脉冲的个数是固定的。这个频率决定了可采集的超声波信号的最高频率。若模/数转换频率与超声波频率的比值不够大，则可能采不到最大峰值，严重时可引起漏检。

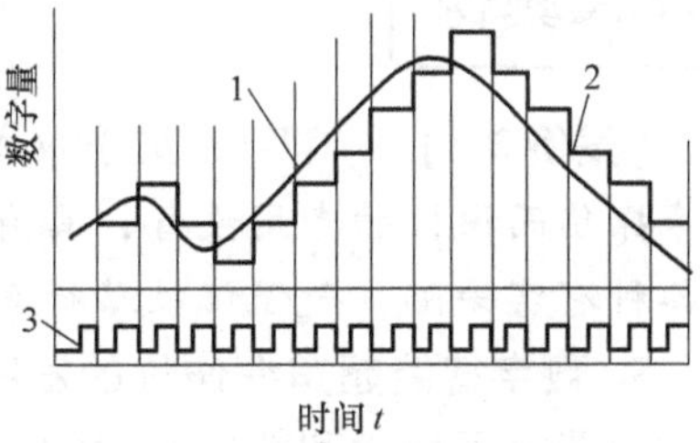

图 2-13　模/数转换示意图

1—模拟信号　2—数字信号　3—式中脉冲

模/数转换器的字长是指一个数字量用几位二进制数来表达，它决定着幅度读数的精度。一个8位的模/数转换器可表达的数字是256，也就是说，可将幅度分为256个等级。采用数字检波后，半波幅度为128级，则理论精度约为1%。但实际上，由于数字化过程的幅度误差，实际精度要比这个数值低一些。

模/数转换器的另一个参数是存储深度，即一个波形可存储的数据点的多少，或称数据长度。这个参数与采样频率一起，决定着检测范围的大小。对于一定的检测范围，采样频率越高，则要求存储深度越大。对于一定的采样频率，存储深度越大，检测范围也越大。

模/数转换后的数据，经计算处理后送到显示器显示，能否实时地把超声信号全部显示出来，与显示器的响应速度，以及数据处理速度有关。显示器的刷新频率应与超声脉冲重复频率相一致，才能保证所有信号得到显示，否则也可能造成缺陷漏检。

4. 数字式超声探伤仪的优点与问题

数字式超声探伤仪有如下优点：

（1）检测速度快　数字式超声检测仪一般都可自动检测、计算、记录，有些仪器还能自动进行深度补偿和自动设置检测灵敏度，因此检测速度快、效率高。

（2）检测精度高　数字式超声检测仪能对模拟信号进行高速数据采集、量化、计算和判别，其检测精度高于传统仪器检测结果。

（3）可靠性高、稳定性好 数字智能化仪器可全面、客观地采集存储数据，并对采集到的数据进行实时处理或后处理，对信号进行时域、频域图像分析，还可通过模式识别对工件质量进行分级，减少了人为因素的影响，提高了检测可靠性和稳定性。

（4）记录与存档 数字智能化仪器的计算机系统可存储和记录检测的原始信号和检测结果，对工件质量进行自动综合评价，对在役设备定期检测结果进行分析处理，为质量评价和寿命估算提供依据。

（5）可编程性 数字智能化仪器的性能和功能的实现，在很大程度上取决于软件系统的支持。因此可方便地通过变更或扩充软件程序来改变或增加仪器的功能。

数字式超声探伤仪也存在着一些问题，因其模/数转换器的采样频率、数据长度、显示器的分辨率、刷新速度等带来的信号失真，可能对检测信号的评价造成影响，在使用数字式仪器时必须加以考虑，以免造成缺陷的漏检、误检等问题。

导入案例

【案例2-1】 GT-1A型手推式铁路钢轨探伤车（图2-14）是为43～75kg/m铁路钢轨的超声探伤而设计的专用设备，具有多路发射接收系统和报警闸门，一次推行中可检出钢轨上的各种有害缺陷，是保证铁路行车安全的重要设备之一。

5. 数字智能超声探伤仪的发展前景

随着电子技术和软件技术的进一步发展，数字智能化超声探伤仪有着广阔的发展前景。在不久的将来，更加先进的新一代数字智能化超声探伤仪将逐步取代传统的模拟探伤仪，以图像显示为主的探伤仪将会在工业检验中得到广泛应用。

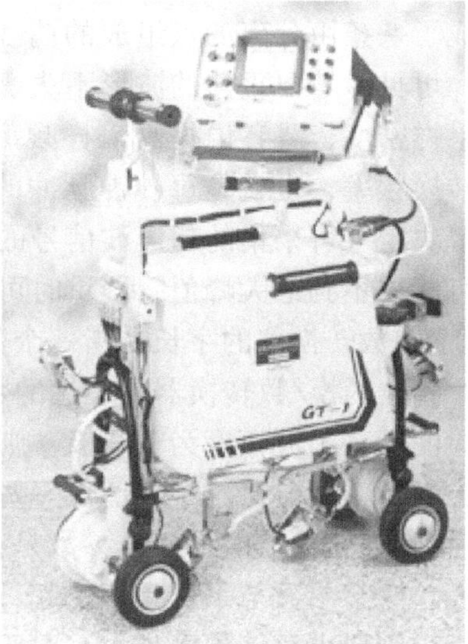
图2-14 GT-1A型手推式铁路钢轨探伤车

（1）成像技术的应用 目前，某些数字式智能化仪器已具有简单的手动B扫描功能，能示意性地显示被检工件的断面图像。随着技术的进步，将会有实用化带有探头位置信息输入的B扫描和C扫描功能，甚至可在便携式仪器上实现相控阵的B扫描和C扫描成像，使探伤结果像医用B超一样直观可见。

（2）缺陷定性 超声探伤缺陷定性历来是一个疑难问题，至今仍主要依赖于探伤人员的经验和分析判断，准确性差。现代人工智能学科的发展为实现仪器自动缺陷定性提供了可能。运用模式识别技术和专家系统，把大量已知缺陷的各种特征量输入样本库，使仪器接受人的经验，并经过学习而具备自动缺陷定性的能力。

四、仪器的维护

超声探伤仪是一种比较精密的电子仪器，人们总是希望所使用的仪器技术性能好，可靠性也要好。所谓可靠性是指在一定的时间内和一定的使用条件下，仪器准确完成所规定职能的能力。使用、维护、修理三者是统一的，“修理”是恢复仪器性能的手段，但这是消极的，切不可以忽视“维护”这一保持仪器可靠性的积极办法，使用或维护不当，都可能使仪器发生故障。检测人员在日常使用仪器时必须加强维护，这样才能避免或减少故障的发生，使仪器经常处于良好的工作状态。

仪器的维护应注意以下几点：

1）使用仪器前，应仔细阅读仪器使用说明书，了解仪器的性能特点，熟悉仪器各控制开关和旋钮的位置、操作方法和注意事项，严格按说明书要求操作。

2）搬动仪器应防止强烈振动，尤其是高空作业时，应采取可靠保护措施，防止仪器摔坏。

3）尽量避免在靠近强磁场、灰尘多、电源波动大、有强烈振动及温度过高或过低的场合使用仪器。

4）仪器工作时应防止雨、雪、水、机油等进入仪器内部，以免损坏线路和元件。

5）连接交流电源时，应仔细核对仪器额定电源电压和市电电压，防止错接电源，烧毁元件。使用蓄电池供电的仪器，应严格按说明书进行充电操作，放电后的蓄电池应及时充电，存放较久的蓄电池也应定期充电，否则会影响蓄电池容量，甚至无法重新充电。

6）转动旋钮时不宜用力过猛，尤其是旋钮在极端位置时更应注意，否则会使旋钮错位，甚至损坏。

7）拔接电源插头或探头插头时，应用手抓住插头壳体操作，不要抓住电缆线拔插。探头线和电源线应理顺，不要弯折扭曲。

8）仪器每次用完后，应及时擦去表面灰尘、油污，放置在干燥地方。

9）在气候潮湿地区或潮湿季节，仪器长期不用，每日要接通电源开机一次，开机时间约半小时，以驱除潮气，防止仪器内部短路或击穿。同时，也给电解电容充了电，以防变质。

10）仪器出现故障，应立即关闭电源，请维修人员检查修理，千万不可随意乱动，以防故障扩大和发生事故。

五、超声检测新技术

1. 自动检测系统

传统的接触法手工扫查超声检测具有简便灵活、成本低等特点，但其检测过程受人为因素影响较大。为了提高检测可靠性，对一定批量生产的具有特定形状规格的材料和零件，越来越多地采用自动扫查、自动记录的超声检测系统。在能使探头相对于试件作快速扫查方面，非接触的水浸或喷水检测方式具有很大的优势，因此，大多数自动检测系统均采用水浸检测。由于超声检测要求扫查到整个试件表面，且在扫查过程中需保持探头相对于入射面的角度和距离不变，因此，需针对不同形状、规格的试件设计专用的机械扫查装置。

一个超声自动检测系统通常由超声检测仪与探头、机械扫查器（带有探头操纵装置）、扫查电气控制、水槽、显示与记录装置等构成。随着计算机技术的发展，目前的检测系统中，检测仪设置、扫查过程的控制和结果的记录与分析，统一由计算机软件协调进行。不同的系统在机械装置、扫查方式和记录方式上可能有很大的不同。很多系统可以同时显示 A 扫描、B 扫描、C 扫描图形。图 2-15 所示是盘环类零件的自动检测系统。

图 2-15　盘环类零件的自动检测系统

2. 超声相控阵检测系统

超声相控阵技术是借鉴相控阵雷达技术的原理而发展起来的。它利用阵列换能器，通过控制各阵元发射声波的相位，实现对超声波声场的控制。与普通超声检测技术相比，相控阵技术在探头和仪器上均有较大的不同，如图 2-16 所示。但利用其发射的超声波进行无损检测的原理与普通超声检测是相同的。

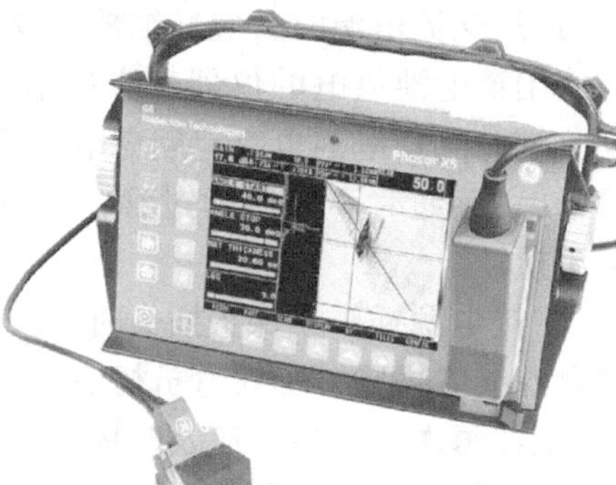

图 2-16　超声相控阵检测系统

相控阵超声检测探头的特点是进行能量转换的压电晶片不再是一个整体，而是由多个压电晶片单元组成的阵列，常见的有成一条直线排列的线阵换能器、由多个同心环形晶片组成的环形阵列换能器，或由多个晶片沿环形或方形二维排列组成的面阵换能器等，如图 2-17 所示。

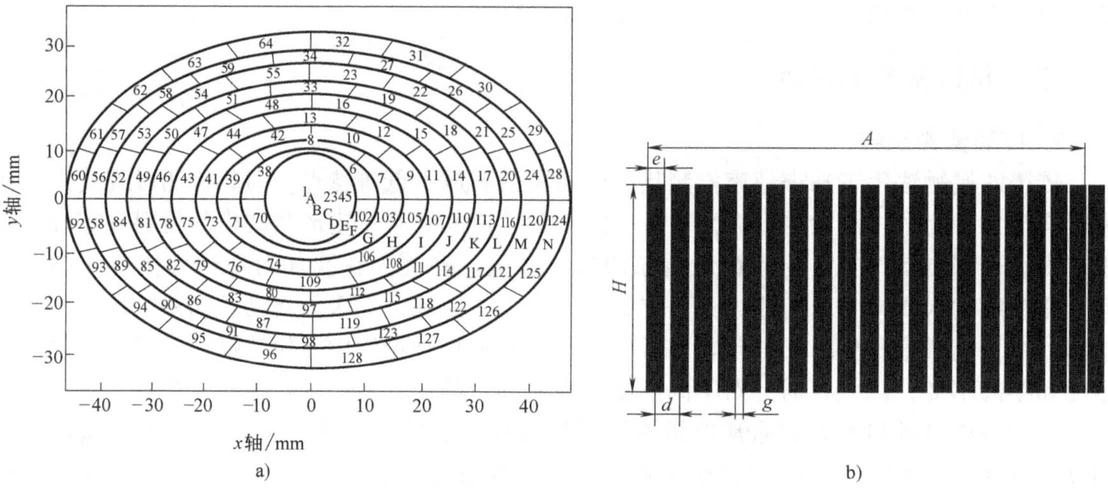

图 2-17　阵列换能器的阵元分布形式

a）二维分段交错环形阵列　b）一维线性阵列

与多元换能器相对应，相控阵仪器中用于发射与接收信号的电路也是多通道的，每一通道连接一个换能器阵元。根据所需发射的声束特征，由计算机软件计算各通道的相位关系并控制发射/接收移相控制器，控制各单元发射与接收脉冲的相位（时间延迟），从而形成所需的声束。

圆盘声源产生的声场，空间中任一点的声压可以看作声源上各个小单元发射的球面波在该点的声压的叠加，因此，若相控阵探头各阵元的发射声压和相位相同，则产生的声场相当于与整个换能器阵列相同尺寸和形状的单晶片探头的声场。

以相控阵声束偏转与相控阵声束聚焦来说明相控阵声束控制的原理，如图 2-18 和图 2-19所示。

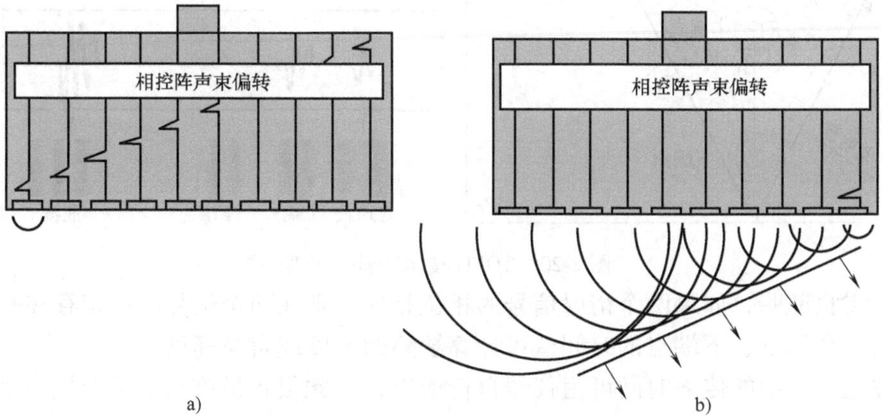

图 2-18　相控阵声束偏转原理

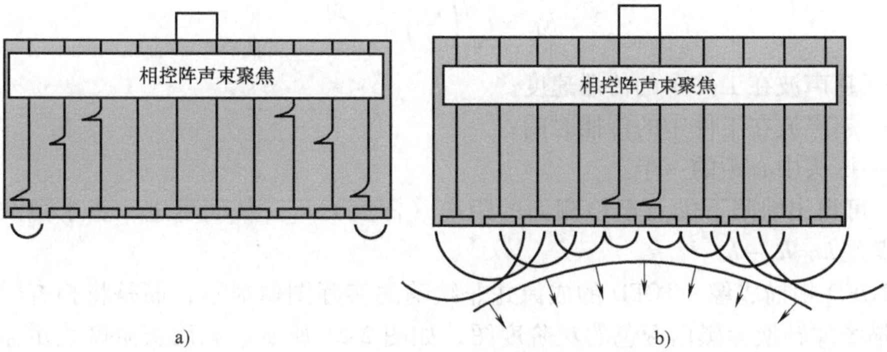

图 2-19　相控声束聚焦原理

为了实现声束的偏转，相当于要使波阵面以一定的角度倾斜，也就是说，要使各单元发出的声波在与探头成一定角度的平面上具有相同的相位，如图 2-18 所示。这时，需要使各单元的激励脉冲从左到右等间隔增加延迟时间，使得合成波阵面具有一个倾角，以实现声束方向的偏转。通过改变延时间隔，可以调整声束角度。

为了实现声束的聚焦，需要使两端阵元先激励，逐渐向中间加大延时，使合成波阵面形成具有一定曲率的圆弧面，声束指向曲面圆心，如图 2-19 所示。通过改变延时时间间隔，可以调整焦距长短。

为了按同样的方向或同样的焦点接收回波，各单元接收的信号也需进行同样的延时，再合成为一个回波信号。

3. TOFD 技术

TOFD（Time of Flight Diffraction Technique）即超声波衍射时差检测技术。它是一种依靠超声波与缺陷端部相互作用发出的衍射波来检出缺陷并对缺陷进行定量的检测技术。

（1）TOFD 技术的基本原理　TOFD 检测装置中需要用到两个探头，一个用于发射超声波，另一个用于接收超声波。当发射的超声波遇到缺陷时，除了产生反射波、折射波和波形转换以外，还会在缺陷的端角处产生衍射波，如图 2-20 所示。TOFD 检测就是利用缺陷端角处的衍射波实现对缺陷定位和定量的。

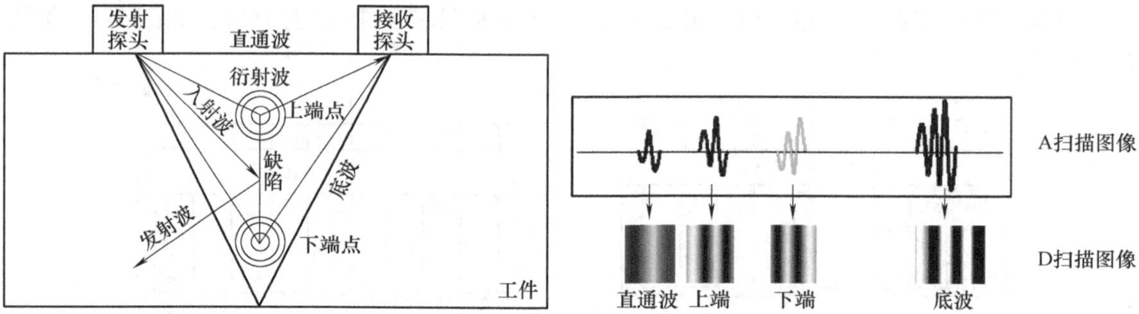

图 2-20　TOFD 技术的基本原理

理论和实验证明，如果两个衍射信号的相位相反，则在两个信号间一定存在一个连续不间断的缺陷。利用上、下端点的时间差可计算缺陷的深度或自身高度。

超声波在工件中的传播时间可由仪器自行测出，因此很容易测出缺陷上端点距离检测面的距离（深度）h_1

$$h_1 = \sqrt{\left(\frac{ct}{2}\right)^2 - s^2}$$

式中　c——超声波在工件中的传播速度；

t——超声波在工件中的传播时间；

s——探头中心距的一半。

同理，可得出缺陷下端点至检测面的距离（深度）h_2。从而可进一步求得缺陷上、下端点的深度差 $h = h_2 - h_1$。

（2）TOFD 扫描成像　TOFD 的成像并非缺陷的实际图像显示，而是将扫查时探头接收到的 A 扫描图像转换为黑白两色的灰阶度图，如图 2-21 所示。利用灰阶度表示振幅，当回波处于 0 位时用中间灰度表示，当波形向正半周变化时，向 +100% 灰度（白色）渐变；当波形向负正半周变化时，向 −100% 灰度（黑色）渐变。

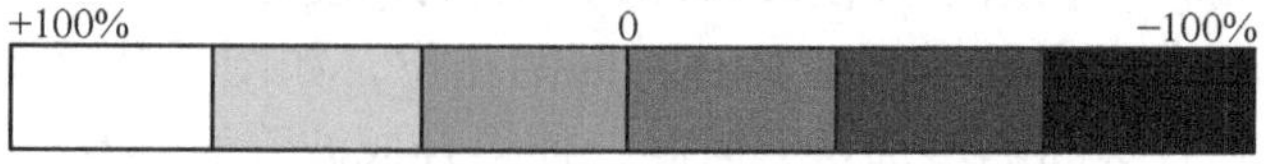

图 2-21　灰阶度图

（3）TOFD 扫查方式　以焊缝检测为例，通常扫查方式有两大类。一类为平行扫查，又称横向扫查，是指扫查方向与超声波波束方向平行，扫查结果称为 B-scan，所得结果主要是 Y 轴和 Z 轴方向值。该扫查方法能提供很准确的缺陷深度结果，但因扫查时探头须越过焊缝，故操作相对烦琐。另一类是非平行扫查，又称纵向扫查，是指扫查方向与超声波波束方向不平行，扫查结果称为 D-scan，所得结果主要是 X 轴和 Z 轴方向值。这种扫查方式方便，

2 UNIT

适用于大范围焊缝的检测，一般采用探头对称布置于焊缝中心线两侧，沿焊缝长度方向扫查。TOFD 扫查方式如图 2-22 所示。

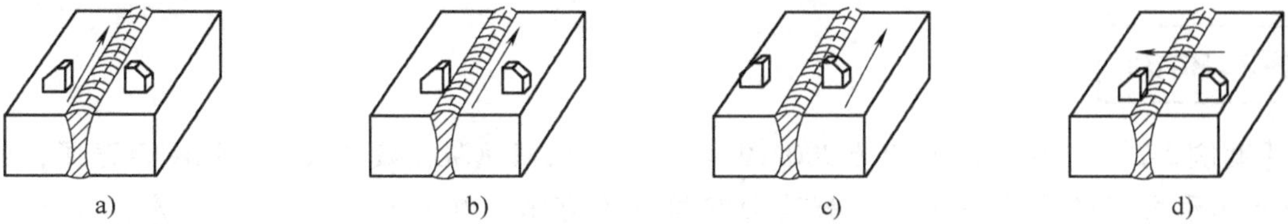

图 2-22　TOFD 扫查方式

a）非平行对称扫查　b）非平行右偏置扫查　c）非平行左偏置扫查　d）右至左平行对称扫查

（4）TOFD 检测实例　TOFD 检测实例如图 2-23 所示。

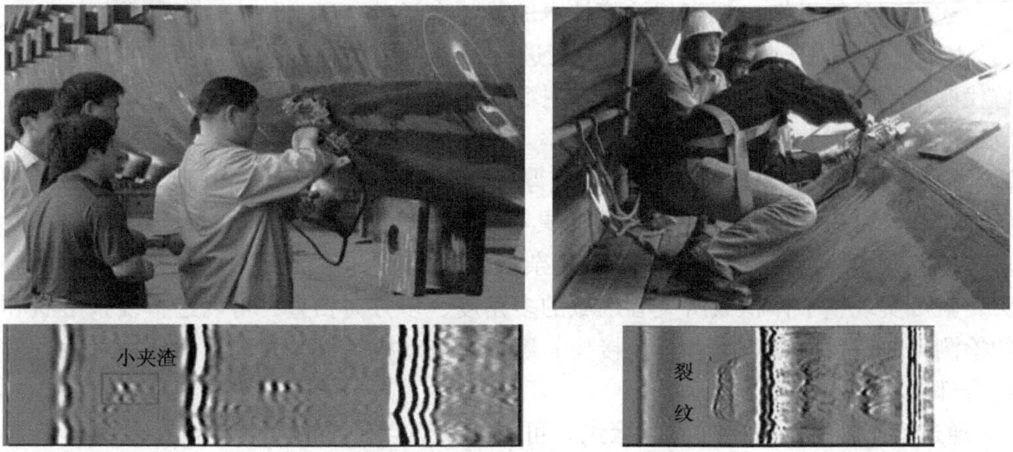

图 2-23　TOFD 检测实例

（5）TOFD 技术的优点和局限性

总的来说，TOFD 技术有如下优点：

1）可靠性好，由于利用的是波的衍射信号，不受声束角度的影响，因此缺陷的检出率比较高。

2）定量精度高。

3）检测过程方便快捷。一般一人就可以完成 TOFD 检测，探头只需要沿焊缝两侧移动即可。

4）拥有清晰可靠的 TOFD 扫查图像，与 A 型扫描信号相比，TOFD 扫查图像更有利于缺陷的识别和分析。

5）TOFD 检测使用的都是高性能数字化仪器，记录信号的能力强，可以全程记录扫查信号，而且扫查记录可以长久保存并进行处理。

6）除了用于检测外，还可用于缺陷变化的监控，尤其对裂纹高度扩展的测量精度很高。

但是，TOFD 技术也有它自身的局限性：

1）对近表面缺陷检测的可靠性不高。上表面缺陷信号可能被埋藏在直通波下面而被漏检，下表面缺陷则会因为被底面反射波信号掩盖而漏检。

2）缺陷定性比较困难。

3）TOFD 图像的识别和判读比较难，需要丰富的经验。

4）不容易检出横向缺陷。

5）复杂形状的缺陷检测比较困难。

6）点状缺陷的尺寸测量不够精确。

导入案例

【案例2-2】　图2-24所示为900MW压水堆主泵隔热板热疲劳裂纹的检测示意图，由于凸缘和轴承之间的空间狭小，探头移动空间极为有限；双曲面形状的凸缘使声束强烈发散。当使用超声相控阵检测系统进行检测时，不拆卸轴承和密封圈等结构，就可扫查圆周外表面以下200mm的范围，检出径向平面内5mm以上的疲劳裂纹。

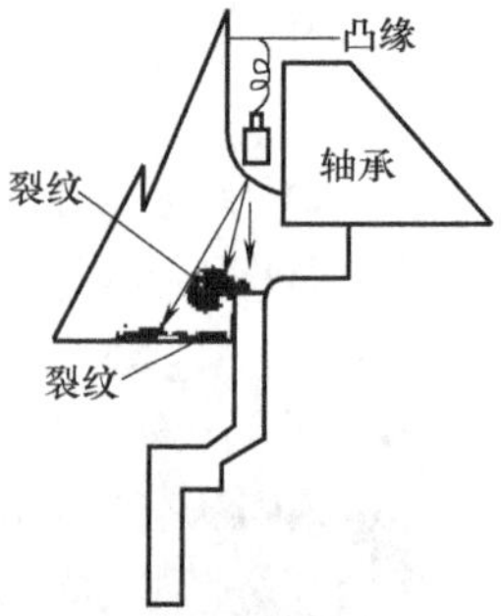

图2-24　900MW压水堆主泵隔热板热疲劳裂纹的检测示意图

由上述原理分析可知，超声相控阵技术的优势在于：

1）由于可采用电子控制方法控制声束进行扫查，用单轴扇形扫查替代栅格形扫查，在不移动或少移动探头的情况下进行快速扫查或扇形扫查，因此大大提高了检测效率。

2）不移动探头或少移动探头即可扫查厚大工件和形状复杂工件的各个区域，可对声束角度进行控制，具有良好的声束可达性。通过多个检测角度的设定，通常不需要复杂的扫查装置，不需更换探头，就可实现整个体积或所关心区域的多角度、多方向扫查，可以进行复杂形状和在役零件的检测。如核反应堆喷嘴和其他接头、摩擦焊发动机组件、发动机盘件及叶片的根部和叶盘结合部的检测。

3）通过动态控制声束的偏转和聚焦，可以实现焦点位置的动态控制，避免了普通聚焦探头为实现全深度聚焦检测而频繁更换探头的麻烦。

想一想

经常会有人说采用合适的角度探伤，那么，什么是合适的角度？

【课后习题】

1. A型扫描显示中，荧光屏上垂直显示大小表示（　　）。

A. 超声回波的幅度大小　　B. 缺陷的位置

C. 被探材料的厚度　　D、超声波传播时间

2. 同步电路每秒钟产生的触发脉冲数为（　　）。

A. 1～2个　　B. 数十个到数千个　　C. 与工作频率有关　　D. 以上都不对

3. 简述超声波探伤仪中同步电路的作用。

4. 超声波探伤仪的接收电路由哪几部分组成？

5. 超声波探伤仪发射电路中的阻尼电阻有什么作用？

模块二　探　　头

知识目标

※熟悉探头的构造及各组成部分的功能，掌握探头的工作原理。

※正确解读探头型号，正确选用探头。

超声检测探头是产生超声波的器件，其功能主要是实现声能与其他形式能量的转换，因此也称为换能器。换能器有**可逆式**和**非可逆式**之分。

一、超声探头的种类

根据超声探头的工作原理不同，大致可以将其分类如下。

1. 磁致伸缩超声探头

某些材料在加上磁场以后，其几何尺寸将发生变化；反之，当其几何尺寸变化时，又能改变原有的磁场，这种现象称为磁致伸缩效应。如镍、铁镍合金等材料都具有这种效应。

通常采用磁致伸缩材料作为螺管线圈的铁心。当对线圈通以高频电流时，铁心就产生高频机械振动，再经介质传递而产生超声波。

由于在高频条件下的涡流损失很大，所以，一般磁致伸缩超声探头的工作频率都在50kHz以下。由于其频率较低，目前在工业无损检测中用得较少。

2. 电磁超声探头

应用电磁技术，在不经机械接触的情况下，能在金属内部激发和接收超声信号，从而制成电磁超声探头。电磁超声探头的必备条件有：

1）由直流电磁铁或永磁铁形成强大而稳定的磁场。

2）由大功率射频振荡器馈送窄脉冲的发射线圈。

3）接入高增益放大器的接收线圈。

从原则上说，同一线圈既可用作发射，也可用作接收。

当线圈靠近金属表面放置时，在金属表层将感应出与线圈电流分布相似的涡电流。这种高频涡电流与外加磁场相互作用，将产生一个交变的洛伦兹力，从而产生超声波。超声波的频率与加在线圈上的电流频率相同。根据恒定磁场与感应涡电流的方向不同，可以产生纵波和横波。超声检测过程，则是按照与上述相反的过程进行的。

电磁超声探头的发射和接收的灵敏度较低，但由于它可以实现非接触检测，因而有很好的发展前景，特别是在高温检测中正受到越来越高的重视。

3. 激光超声探头

当激光器将波长很短的高能量激光脉冲辐射到被检测对象上时，由于光波发生干涉，在被检测对象的表面将形成激光波阵面。该波阵面首先改变材料的组织，然后在表面上激发出频率很高的超声波，其最高频率可达十几兆赫。激光发射源到被检测物体的距离可达10m。

激光超声检测可以采用激光干涉法，也可以采用电磁超声探头。

激光超声检测能以非接触方式对物体进行快速、自动、连续的检测，特别是对高温、高压、有毒和放射性的各种危险、恶劣环境下的检测工作具有独特的优点。因此，它也是一种很有发展前景的检测方法。

4. 压电超声探头

压电超声探头是利用某些材料的压电效应制成的超声换能器，是目前超声检测中使用最为广泛的换能器。当对其加上一个电脉冲时就能发射超声波；反之，当加上一个声脉冲时又会产生电脉冲，再配上产生和接收电信号的装置，就构成了完整的检测系统。

二、压电效应与压电材料

1. 压电效应的概念

压电效应可分为正压电效应和逆压电效应，如图2-25所示。正压电效应是指当晶体受到某固定方向外力的作用时，内部产生电极化现象，同时在某两个表面上产生符号相反的电荷；当外力撤去后，晶体又恢复到不带电的状态；当外力作用方向改变时，电荷的极性也随之改变。晶体受力所产生的电荷量与外力的大小成正比。

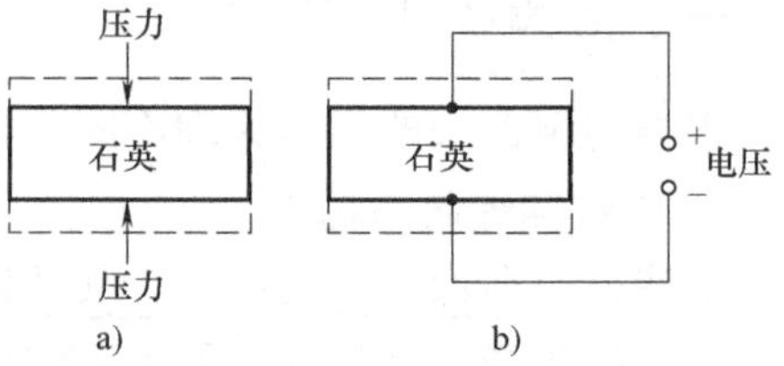

图2-25　压电效应
a）正压电效应　b）逆压电效应

2. 压电材料

具有压电效应的材料称为压电材料。压电材料是晶体结构的材料，分为单晶体和多晶体两类。

（1）压电单晶体　压电单晶体是各向异性的，其产生压电效应的机理与其特定方向上原子的排列方式有关。当晶体受到特定方向的压力而变形时，带有正、负电荷的原子位置将沿某一方向改变而使晶体的一侧带有正电荷，另一侧带有负电荷。

图2-26所示是石英晶体的方位示意图。它有3个x轴，沿x方向施加压力时，产生的压电效应最显著，且电压沿x方向形成；沿y轴方向压缩晶体时，电压仍在x方向形成。对于逆压电效应也是如此。因此，垂直于x轴切割晶片，使晶片法线平行于x_1、x_2、x_3中任一轴时，在晶片两面施加电压可产生垂直于晶片的振动，形成纵波，这样的晶片称为x切割晶片；使晶片法线平行于y轴进行切割，称为y切割晶片，这时，在晶片两面施加电压可产生平行于晶片的振动。x切割晶片具有纵向压电性，y切割晶片具有横向压电性。利用y切割晶片的横向压电性，可以制作声束垂直于试件表面入射的接触式横波探头。

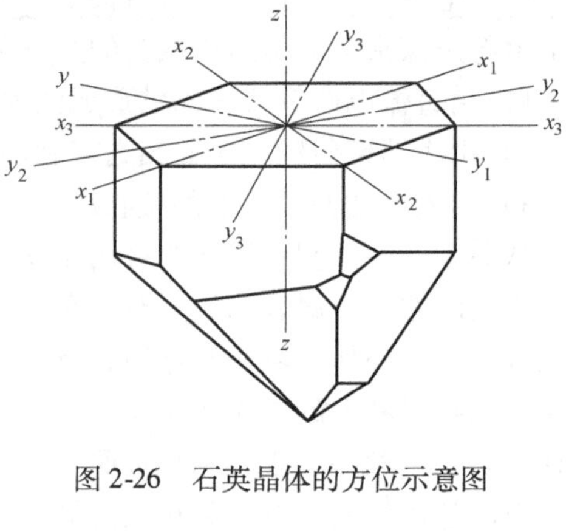

图2-26　石英晶体的方位示意图

（2）压电多晶体　压电多晶体是各向同性的。为了使整个晶片具有压电效应，必须对陶瓷多晶体进行极化处理，即在一定温度下以强外电场施加在多晶体的两端，使多晶体中各晶胞的极化方向重新取向，从而获得总体上的压电效应。

超声波探头中的压电晶片具有压电效应，当高频电脉冲激励压电晶片时，发生逆压电效应，将电能转换为声能（机械能），探头发射超声波。当探头接收超声波时，发生正压电效应，将声能转换为电能。超声波探头在工作时实现了电能和声能的相互转换，因此常把探头叫做换能器。

三、压电材料的主要性能参数

1. 压电应变常数 d_{33}

压电应变常数表示在压电晶体上施加单位电压时所产生的应变大小。

$$d_{33} = \frac{\Delta t}{U} \tag{2-1}$$

式中 U——施加在压电晶片两面的应力；

Δt——晶片在厚度方向的变形量。

压电应变常数 d_{33} 是衡量压电晶体材料发射灵敏度高低的重要参数。d_{33} 值大，发射性能好，发射灵敏度高。

2. 压电电压常数 g_{33}

压电电压常数表示作用在压电晶体上单位应力所产生的电压梯度大小。

$$g_{33} = \frac{U_P}{P} \tag{2-2}$$

式中 P——施加在压电晶片两面的应力；

U_P——晶片表面产生的电压梯度，即电压 U 与晶片厚度 t 之比，$U_P = U/t$。

压电电压常数 g_{33} 是衡量压电晶体材料接收灵敏度高低的重要参数。g_{33} 值大，接收性能好，接收灵敏度高。

3. 介电常数 ε

$$\varepsilon = C\frac{t}{A} \tag{2-3}$$

式中 C——电容器电容；

t——电容器极板距离；

A——电容器极板面积。

由上式可知，当电容器极板距离和面积一定时，介电常数 ε 越大，电容 C 就越大，即电容器所储电量就越多。压电晶体的 ε 应根据不同用途来选取。超声检测用的压电晶体，频率要求高时，ε 应小一些。因为 ε 值小，C 值也小，电容器充放电时间短，频率高。扬声器频率要求低时，ε 应大一些。

4. 机电耦合系数 K

机电耦合系数表示压电材料机械能（声能）与电能之间的转换效率。

$$K = \frac{\text{转换的能量}}{\text{输入的能量}}$$

对于正压电效应：K = 转换的电能/输入的机械能。

对于负压电效应：K = 转换的机械能/输入的电能。

探头晶片振动时，同时产生厚度和径向两个方向的伸缩变形，因此机电耦合系数分为厚度方向 K_t 和径向 K_P。K_t 大，探测灵敏度高；K_P 大，低频谐振波增多，发射脉冲变宽，导致分辨力降低，盲区增大。

5. 机械品质因子 Q_m

压电晶片在谐振时储存的机械能 $E_{储}$ 与在一个周期内损耗的能量 $E_{损}$ 之比称为机械品质因子 Q_m。

压电晶片振动损耗的能量主要是由内摩擦引起的。Q_m 值对分辨力有较大的影响，Q_m 值大，表示损耗小，晶片持续振动时间长，脉冲宽度大，分辨力低；反之，Q_m 值小，表示损耗小，脉冲宽度小，分辨力就高。

6. 频率常数 N_t

由驻波理论可知，压电晶片在高频电脉冲激励下产生共振的条件是

$$t = \frac{\lambda_L}{2} = \frac{c_L}{2f_0}$$

式中　t——晶片厚度；

λ_L——晶片中纵波波长；

c_L——晶片中纵波波速；

f_0——晶片固有（谐振）频率。

由上式可知

$$N_t = tf_0 = \frac{c_L}{2}(常数) \tag{2-4}$$

这说明压电晶片的厚度与固有频率的乘积是一个常数，这个常数叫做频率常数，用 N_t 表示。晶片厚度一定时，频率常数大的晶片材料的固有频率高；晶片材料一定时，频率越高，厚度越小。

7. 居里温度 T_C

压电材料与磁性材料一样，其压电效应与温度有关。它只能在一定的温度范围内产生，超过一定的温度，压电效应就会消失。使压电材料的压电效应消失的温度称为压电材料的居里温度，用 T_C 表示。例如，石英的 T_C = 570℃，钛酸钡的 T_C = 115℃。

超声探头常用压电材料的主要性能参数见表2-2。

表2-2　超声探头常用压电材料的主要性能参数

名称		d_{33} /(m/V)	g_{33} /(V·m/N)	K_t	c_L /(m/s)	Z/ (×10⁵g/cm²·s)	Q_m	T_C /℃	N_t /(MHz·mm)
单晶材料	石英	2.31	5.0	0.1	5740	15.2	10^6	550	2.87
	硫酸锂	16	17.5	0.3	5470	11.2		75	2.73
	碘酸锂			0.51	4230	18.5		256	2.06
	铌酸锂	6.0	2.3	0.49	7400	34.8	10^5	1200	3.70
	钛酸钡	190	1.8	0.38	5470	30.0	300	115	2.6
	钛酸铅	58	3.3	0.43	4240	32.8	1050	460	2.12
多晶材料	PZT-4	289	2.6	0.51	4000	30.0	500	328	2.0
	PZT-5	374	2.48	0.49	4350	33.7	75	365	1.89
	PZT-8	225	2.5	0.48	4580	33	1000	300	2.07

压电超声探头用压电材料的选用原则如下：

1）性能指标应适当，以满足具体使用要求为度，不宜过分追求各项性能的高指标。

2）工作性能要稳定、可靠。

3）价格低廉，加工方便。

超声波探头对晶片的要求如下：

1）机电耦合系数 K 较大，以便获得较高的转换效率。

2）机械品质因子 Q_m 较小，以便获得较高的分辨力和较小的盲区。

3）压电应变常数 d_{33} 和压电电压常数 g_{33} 较大，以便获得较高的发射和接收灵敏度。

4）频率常数 N_t 较大，介电常数 ε 较小，以便获得较高的频率。

5）居里温度 T_C 较高，声阻抗 Z 适当。

四、常用压电超声探头

超声波探伤用探头的种类很多，根据波形不同分为纵波探头、横波探头、表面波探头、板波探头等；根据耦合方式分为接触式探头和液（水）浸探头；根据波束分为聚焦探头和非聚焦探头；根据晶片数不同分为单晶探头和双晶探头等；此外还有高温探头、微型探头等特殊用途探头，如图 2-27 所示。下面介绍几种典型探头。

1. 直探头（纵波探头）

直探头用于发射和接收纵波，故又称为纵波探头。直探头主要用于探测与探测面平行的缺陷，如板材、锻件探伤等。直探头的基本结构如图 2-28 所示，它主要由压电晶片、保护膜、吸收块、电缆接头和外壳等部分组成。

探头种类
- 波　型：纵波、横波、表面波、板波
- 耦合方式：接触式、液浸式
- 波　束：聚焦探头、非聚焦探头
- 晶片数量：单晶探头、双晶探头
- 特殊用途：高温探头、微型探头……

图 2-27　常用压电超声探头的种类

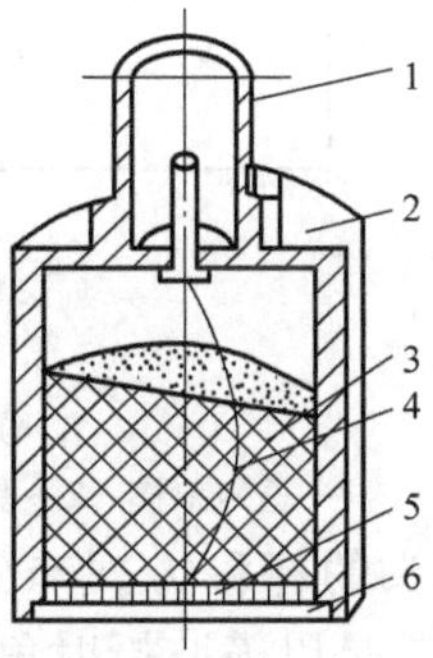

图 2-28　直探头的基本结构

1—接头　2—外壳　3—阻尼块
4—电缆线　5—压电晶片
6—保护膜

压电晶片的作用是发射和接收超声波，实现电声换能。

保护膜的作用是保护压电晶片不致磨损或损坏。保护膜分为硬、软两类。硬保护膜用于表面光洁的工件探伤，软保护膜可用于表面粗糙的工件探伤。当保护膜的厚度为 $\lambda_2/4$ 的奇数倍，且保护膜的声阻抗 Z_2 为晶片声阻抗 Z_1 和工件声阻抗 Z_3 的几何平均值（$Z_2=\sqrt{Z_1Z_3}$）时，超声波全透射。

吸收块紧贴压电晶片，对压电晶片的振动起阻尼作用，所以又叫阻尼块。阻尼块使晶片起振后尽快停下来，从而使脉冲宽度变小，分辨力提高。另外，吸收块还可以吸收晶片背面的杂波，提高信噪比。吸收块第三个作用是支承晶片。吸收块常用环氧树脂加钨粉制成，其声阻抗应尽可能接近压电晶片的声阻抗。

一般直探头上标有工作频率和晶片尺寸。

2. 斜探头

斜探头可分为纵波斜探头（$\alpha_L < \alpha_I$）、横波斜探头（$\alpha_L = \alpha_I \sim \alpha_{II}$）和表面波斜探头（$\alpha_L \geq \alpha_{II}$）。这里仅介绍横波斜探头。

横波斜探头是利用横波探伤，主要用于探伤与探测面垂直或成一定角度的缺陷，如焊缝探伤、汽轮机叶轮探伤等。

斜探头的结构如图2-29所示。由图可知，横波斜探头实际上是直探头加透声斜楔组成的。由于晶片不直接与工件接触，因此这里探头没有保护膜。

透声斜楔的作用是实现波形转换，使被探工件中只存在折射横波。要求透声斜锲的纵波波速必须小于工件中的纵波波速，透声斜楔的衰减系数适当，且耐磨、易加工。一般透声斜楔用有机玻璃制成（近年来有些探头用尼龙、聚合物等其他新材料做斜楔，效果很好）。斜楔前面开槽，可以减少反射杂波。还可将斜楔做成牛角形，使反射波进入牛角出不来，从而减少杂波。

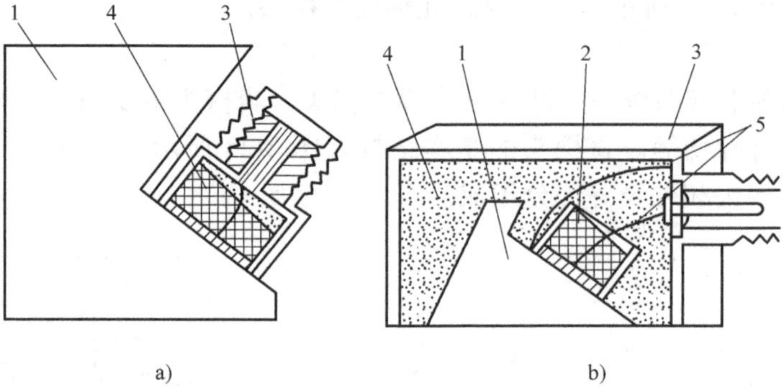

图2-29 斜探头的结构

a）有机玻璃斜探头 b）金属壳体斜探头

1—透声斜楔 2—晶片 3—壳体和电缆插接件 4—阻尼块 5—内部电源线

横波斜探头的标称方式有三种：一是以纵波入射角 α_L 来标称，常用 α_L = 30°、40°、45°、50°等；二是以横波折射角 β_s 来标称，常用 β_s = 40°、45°、50°、50°、60°、70°等，如西方国家和日本；三是以 $K=\tan\beta$ 来标称，常用 K = 0.8、1.0、1.5、2.0、2.5 等，这是我国提出来的一种特有标称法，使缺陷定位计算大大简化。目前，国产横波斜探头大多采用 K 值系列。

常用 K 值与 α_L、β_s 的换算关系见表2-3。注意此表只适用于有机玻璃/钢界面。

表2-3 常用 K 值与 α_L、β_s 的换算关系（有机玻璃/钢界面）

K 值	1.0	1.5	2.0	2.5	3.0
β_s	45°	56.3°	63.4°	68.2°	71.5°
α_L	36.7°	44.6°	49.1°	51.6°	53.5°

国产横波斜探头上常标有工作频率、晶片尺寸和 K 值。

3. 双晶探头（分割探头）

双晶探头有两块压电晶片，一块用于发射超声波，另一块用于接收超声波。根据入射角 α_L 不同，分为双晶纵波探头（$\alpha_L < \alpha_I$）和双晶横波探头（$\alpha_L = \alpha_I \sim \alpha_{II}$）。双晶探头的结构

如图 2-30 所示。

4. 聚焦探头

下面以水浸聚焦探头为例说明聚焦探头的结构原理。聚焦探头的结构如图 2-31 所示，它是由直探头和声透镜组成的。声透镜的作用是实现波束聚焦。焦距 F 与声透镜曲率半径 r 之间的关系为

$$F=\frac{c_1 r}{c_1-c_2}=\frac{nr}{n-1} \tag{2-5}$$

式中　n——透镜与耦合介质波速比，$n=c_1/c_2$。

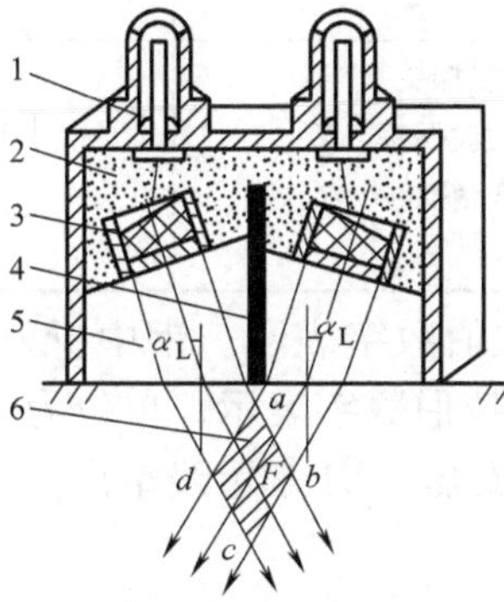

图 2-30　双晶探头

1—壳体　2—吸声材料　3—探头芯　4—隔声层
5—延迟块　6—探伤区

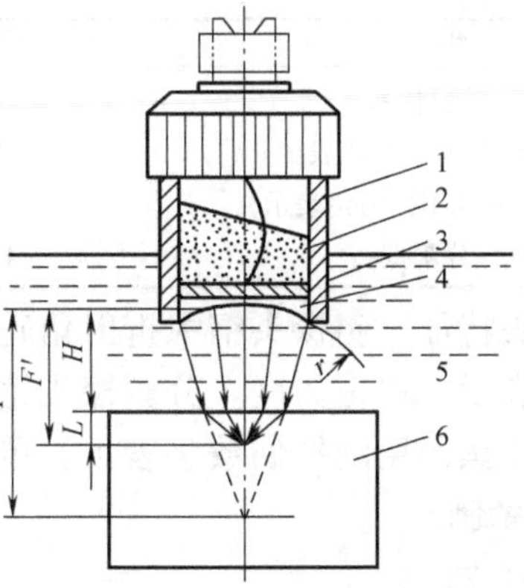

图 2-31　聚焦探头

1—外壳　2—阻尼块　3—晶片
4—声透镜 c_1　5—水 c_2　6—工件 c_3

对于有机玻璃声透镜和水，$n=2730/1480=1.84$，此时 $F=2.2r$。

聚焦探头探伤工件时，实际焦距 F' 会变小。其计算方法为

$$F'=F-L\left(\frac{c_3}{c_2}-1\right) \tag{2-6}$$

式中　L——工件中焦点至工件表面的距离；

c_2——耦合剂中的波速；

c_3——工件中的波速。

此时水层厚度 H 为

$$H=F-L\left(\frac{c_3}{c_2}\right) \tag{2-7}$$

五、探头型号

1. 探头型号的组成项目

探头型号组成项目及排列顺序如下：

基本频率　晶片材料　晶片尺寸　探头种类　特征

基本频率：用阿拉伯数字表示，单位为 MHz。

晶片材料：用化学元素缩写符号表示，其代号见表 2-4。

晶片尺寸：用阿拉伯数字表示，单位为 mm。其中圆晶片用直径表示；方晶片用长×宽

表示；分割探头晶片用分割前的尺寸表示。

探头种类：用汉语拼音缩写字母表示，见表2-5。直探头也可不标出。

表2-4 晶片材料代号

压电材料	代号	压电材料	代号
锆钛酸铅陶瓷	P	碘酸锂陶瓷	I
钛酸铅陶瓷	T	石英单晶	Q
钛酸钡陶瓷	B	其他压电材料	N
铌酸锂陶瓷	L		

表2-5 探头种类

种　类	代号	种　类	代号
直探头	Z	水浸探头	SJ
斜探头（用*K*值表示）	K	表面波探头	BM
斜探头（用折射角表示）	X	可变角探头	KB
分割探头	FG		

探头特征：斜探头钢中折射角正切值（*K*值）用阿拉伯数字表示。钢中折射角用阿拉伯数字表示，单位为度。分割探头钢中声束交区深度用阿拉伯数字表示，单位为mm。水浸探头水中焦距用阿拉伯数字表示，单位为mm。DJ表示点聚焦，XJ表示线聚焦。

2. 举例

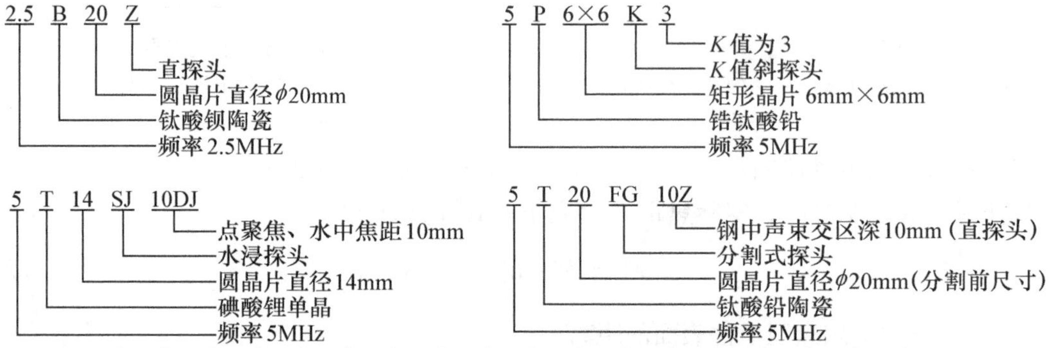

【课后习题】

1. 探头上标的2.5MHz是指（　　）。

A. 重复频率　　B. 工作频率　　C. 触发脉冲频率　　D. 以上都不对

2. 下列压电晶体中（　　）做高频探头较为适宜。

A. 钛酸钡　　B. 铌酸锂

C. PZT　　D. 钛酸铅

3. 什么是压电晶体？举例说明压电晶体的种类。

4. 何谓压电材料的居里温度？哪些情况下要考虑它的影响？

5. 探头保护膜的作用是什么？对它有哪些要求？

6. 解释探头2.5P13×13K1.5型号中各组成代号的含义。

模块三　试　　块

知识目标

※熟悉试块的作用、分类、使用及维护要求。

※学习选择并使用合适的标准试块及对比试块。

按一定用途设计制作的具有简单几何形状的人工反射体的试样，通常称为试块。试块和仪器、探头一样，是超声检测中的重要工具。

一、试块的作用

1. 确定检测灵敏度

超声检测灵敏度太高或太低都不好，太高杂波多，判伤困难；太低会引起漏检。因此在超声检测前，常用试块上某一特定的人工反射体来调整检测灵敏度。

2. 测试仪器和探头的性能

超声检测仪和探头的一些重要性能，如放大线性、水平线性、动态范围、灵敏度余量、分辨力、盲区、探头的入射点、*K* 值等都是利用试块来测试的。

3. 调整扫描速度

利用试块可以调整仪器示波屏上水平刻度值与实际声程之间的比例关系，即扫描速度，以便对缺陷进行定位。

4. 评判缺陷的大小

利用试块绘制出的距离-波幅-当量曲线（即实用 AVG 曲线）来对缺陷定量是目前常用的定量方法之一。特别是 3*N* 以内的缺陷，采用试块比较法仍然是最有效的定量方法。

此外，还可利用试块来测量材料的声速、衰减性能等。

二、试块的分类

1. 按试块的来历分类

（1）标准试块　标准试块是由权威机构制定的试块，试块材质、形状、尺寸及表面形态都由权威部门统一规定。如国际焊接学会ⅡW 试块和ⅡW2 试块。

（2）参考试块　参考试块是由各部门按某些具体探伤对象制定的试块，如 CS-1 系列试块。

2. 按试块上人工反射体分类

（1）平底孔试块　一般平底孔试块上加工有底面为平面的平底孔，如 CS-1、CS-2 系列试块。

（2）横孔试块　横孔试块上加工有与探测面平行的长横孔或短横孔，如焊缝探伤中 CSK-ⅡA（长横孔）、CSK-ⅢA（短横孔）试块。

三、试块的要求和维护

1. 对试块的要求

试块材质应均匀，内部杂质少，无影响使用的缺陷，加工容易，不易变形和锈蚀，具有良好的声学性能。试块的平行度、垂直度、表面粗糙度和尺寸精度都要符合一定的要求。

2. 试块的使用和维护

1）试块应在适当部位编号，以防混淆。

2）试块在使用和搬运过程中应注意保护，防止碰伤或擦伤。

3）使用试块时应注意清除反射体内的油污和锈蚀，常用沾油细布将锈蚀部位抛光，或用合适的去锈剂处理。平底孔在清洗干燥后用尼龙塞或胶合剂封口。

4）注意防止试块锈蚀，使用后停放时间较长时，要涂敷防锈剂。

5）注意防止试块变形，如避免火烤，平板试块应尽可能立放，以防止重压。

四、常用标准试块

所谓标准试块，通常是由国际有关组织、国家和工业技术部门、标准化组织等权威机关推荐、确定和通过使用的。它们可用作检测仪、探头性能的测定，探伤灵敏度时间轴比例等的调整，以及缺陷尺寸的评价。但一种试块不一定都具有这些功能，而是随应用对象不同而有所侧重，它们常常在使用目的相同的检查者之间通用，其材质、形状、尺寸及使用性能也均已达到了标准化程度。

1. ⅡW 试块

ⅡW（国际焊接学会的缩写）试块是国际焊接学会标准试块，该试块标准是荷兰代表首先提出来的，故称荷兰试块。由于其形状似船形，因此又叫船形试块。ⅡW 试块的结构尺寸如图 2-32 所示。

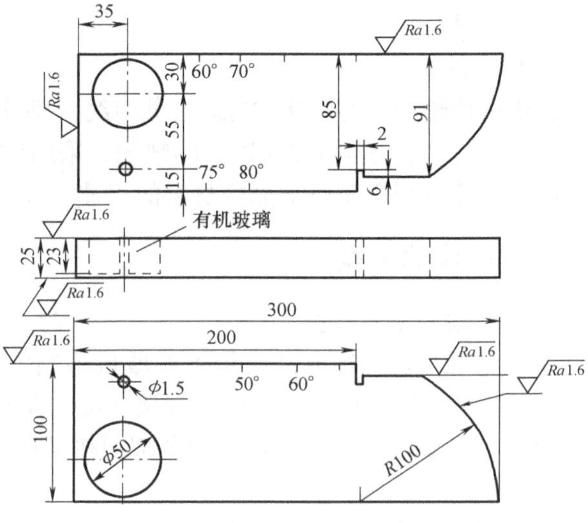

图 2-32　ⅡW 试块的结构尺寸

ⅡW 试块材质为 20 钢，正火处理，晶粒度为 7～8 级。

ⅡW 试块的主要用途如下：

1）利用试块厚 25mm 可测定检测仪的垂直线性、水平线性及调整纵波探测范围。

2）利用 ϕ50mm 圆弧和 ϕ1.5mm 通孔测定斜探头折射角及纵波直探头的灵敏度余量，还可粗略估计直探头的盲区大小及测定仪器与探头组合后的穿透能力。

3）利用 R100mm 圆弧面测定斜探头入射点和盲区，并可校正时间轴比例和零点。

4）利用测距 85mm、91mm 和 100mm 三个槽口平面可测定直探头的纵向分辨力。

5）利用试块的直角棱边测定斜探头声束偏斜角。

2. ⅡW2 试块

ⅡW2 是国际焊接学会于 1974 年通过的标准试块，也是荷兰人设计的，德国将其作为国家标准试块。与ⅡW 试块相比，其优点是重量轻、便于携带、容易加工、价格便宜，适合于现场使用。我国 GB/T 11345—2010 标准推荐采用该试块作为现场校验探测灵敏度和时基线的试块。其缺点是用途稍少。ⅡW2 试块的结构尺寸如图2-33 所示。ⅡW2 试块的材质同ⅡW 试块，经 920℃水淬，650℃保温 3h，空冷。

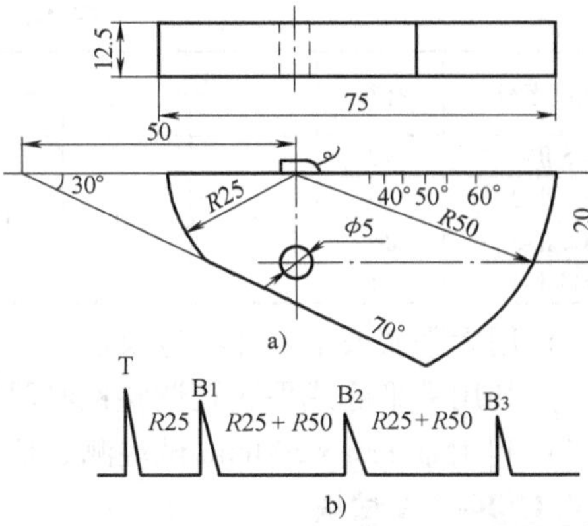

图 2-33　ⅡW2 试块的结构尺寸

ⅡW2 试块的主要用途如下：

1）利用 $R50$mm 的圆弧反射面测定斜探头的入射点和灵敏度余量。

2）利用 $\phi5$mm 通孔的反射面，可以测定斜探头的折射角。

3）利用厚度为 12. 5mm 的底面多次纵波反射，可以测定探伤仪的水平线性和垂直线性。

4）利用 $R50$mm 和 $R25$mm 两个圆弧面，校正时间轴和零点。

3. CSⅠ和 CSⅡ系列试块

CSⅠ型、CSⅡ型试块是我国承压设备无损检测标准 JB/T 4730—2005. 3 规定的锻件用标准试块，其结构和尺寸如图 2-34 及表 2-6、表 2-7 所示。

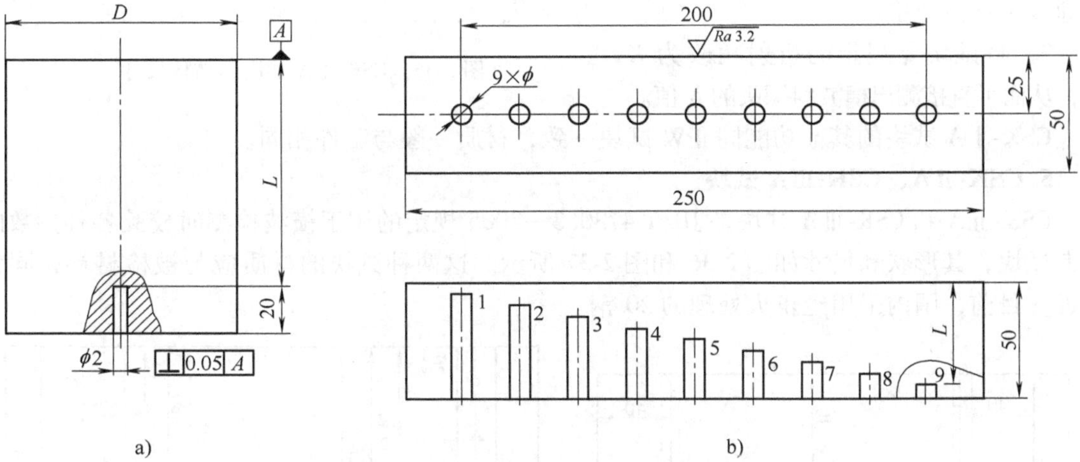

图 2-34　CSⅠ和 CSⅡ系列试块的结构和尺寸

a）CSⅠ系列试块　b）CSⅡ系列试块

表 2-6　CSⅠ标准试块尺寸　　（单位：mm）

试块序号	CSⅠ-1	CSⅠ-2	CSⅠ-3	CSⅠ-4
L	50	100	150	200
D	50	60	80	80

CSⅠ和 CSⅡ系列试块的主要用途如下：

1）利用各试块的平底孔和大平底测试纵波平底孔距离-波幅-当量曲线，即实用 AVG 曲线。

2）利用试块上各平底孔对缺陷定量，多用于 $3N$ 以内缺陷的定量。

表 2-7　CSⅡ标准试块尺寸　（单位：mm）

试块序号	孔径	检测距离 L								
		1	2	3	4	5	6	7	8	9
CSⅡ-1	$\phi2$	5	10	15	20	25	30	35	40	45
CSⅡ-2	$\phi3$									
CSⅡ-3	$\phi4$									
CSⅡ-4	$\phi5$									

3）用大平底或平底孔测量仪器的水平、垂直线性和动态范围。

4）利用大平底或平底孔调整检测灵敏度。

5）利用 ϕ2mm×200mm 试块测定仪器和探头的灵敏度余量。

4. CSK-ⅠA 试块

CSK-ⅠA 试块是我国承压设备无损检测标准 JB/T 4730.3—2005 规定的标准试块，是在ⅡW 试块的基础上改进后得到的，其结构尺寸如图 2-35 所示。

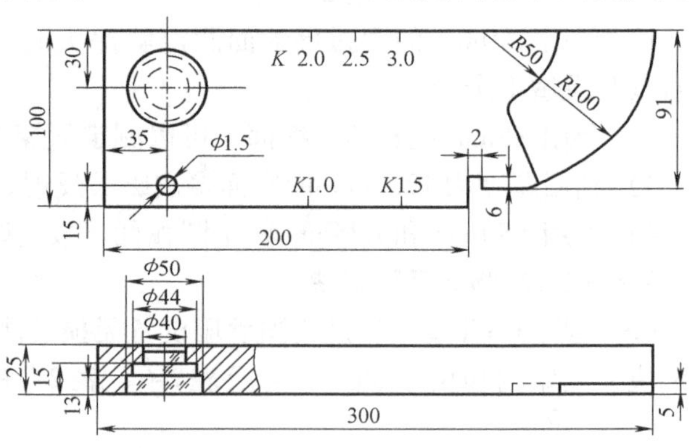

图 2-35　CSK-ⅠA 试块的结构尺寸

CSK-ⅠA 试块有三点改进：

1）将直孔 ϕ50mm 改为 ϕ50mm、ϕ44mm、ϕ40mm 台阶孔，以便于测定横波斜探头的分辨力。

2）将 R100mm 改为 R100mm、R50mm 阶梯圆弧，以便于调整横波扫描速度和探测范围。

3）将试块上规定的折射角改为 K 值，从而可直接测出横波斜探头的 K 值。

CSK-ⅠA 试块的其他功能同ⅡW 试块一致，材质一般与工件相同。

5. CSK-ⅡA、CSK-ⅢA 试块

CSK-ⅡA 和 CSK-ⅢA 试块是 JB/T 4730.3—2005 规定的用于横波检测时校验各种参数的参考试块，其形状和尺寸如图 2-36 和图 2-37 所示。这两种试块的材质应与被检材料相同或相近，目前，国内采用经正火处理的 20 钢。

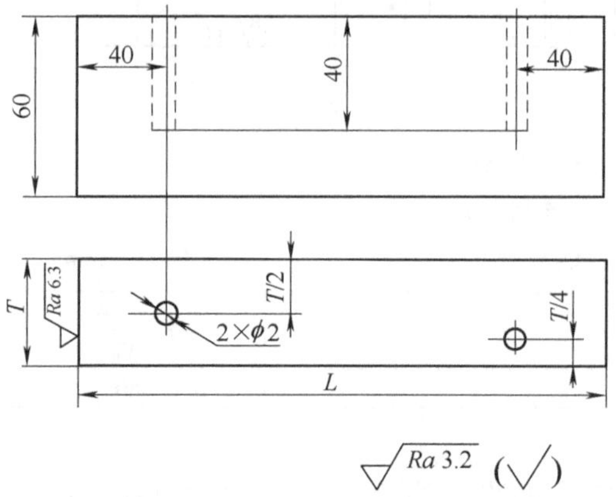

图 2-36　CSK-ⅡA 试块

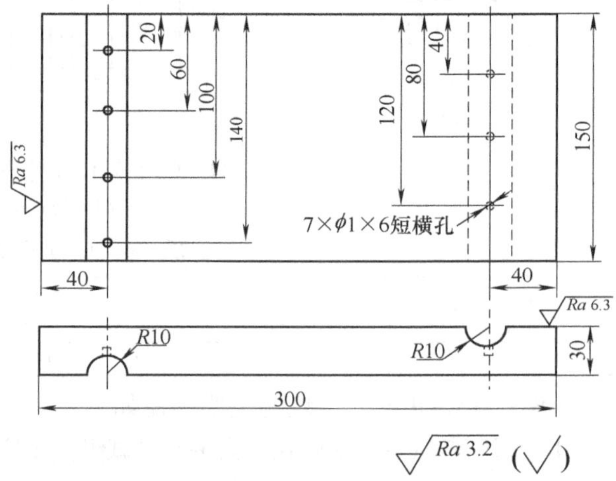

图 2-37　CSK-ⅢA 试块

CSK-ⅡA、CSK-ⅢA 试块的主要用途如下：

1）用端角或小孔测试仪器的水平线性、调整扫描速度、校正斜探头的入射点和折射角。

2）用不同深度的横孔校验仪器的放大线性、探头的声束指向性。

3）用于测绘距离-波幅曲线、调整探伤范围和探伤灵敏度。

五、常用对比试块

对比试块大多为非标准的参考试块，可根据实际需要自行设计，其用途一般比较单一，常用于时基线校正和灵敏度调整。

1. 半圆试块

半圆试块是我国探伤行业中流行的一种试块。它的形状简单、制作方便、便于携带，是斜探头横波探伤中用得较多的现场调节用试块。为便于安放，可削去无用部分，其形状如图 2-38 所示。

半圆试块的主要用途如下：

1）利用圆弧反射面可测定斜探头入射点，方法与在ⅡW 试块上用 R100mm 圆弧测定时相同。

2）调节时间轴比例和校正零位。半圆试块的最大特点是可以根据不同的探测条件、不同探头折射角自行设计试块半径，使得实际需要的时间轴比例方式多样，调节方便。

3）利用试块上距探测面一定深度的横通孔（自行设计），可调节探测灵敏度。即将 ϕ2mm 横通孔调到基准高，再提高一定的增益量时，将仪器和探头所具有的灵敏度作为探测灵敏度。

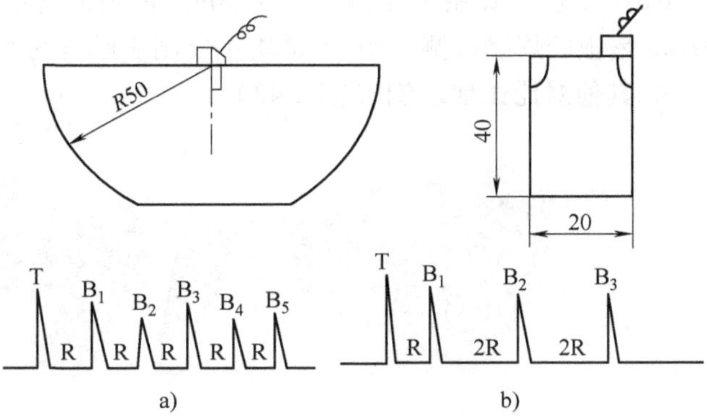

图 2-38　半圆试块

a）中心切槽波形　b）中心不切槽波形

2. RB 试块

RB 试块是 GB/T 11345—1989《钢焊缝手工超声波探伤方法和探伤结果分级》中规定的焊缝超声检测对比试块，包括 RB-1、RB-2 和 RB-3 试块。该试块的材质与被检工件相同或相近，形状如图 2-39 ~ 图 2-41 所示。

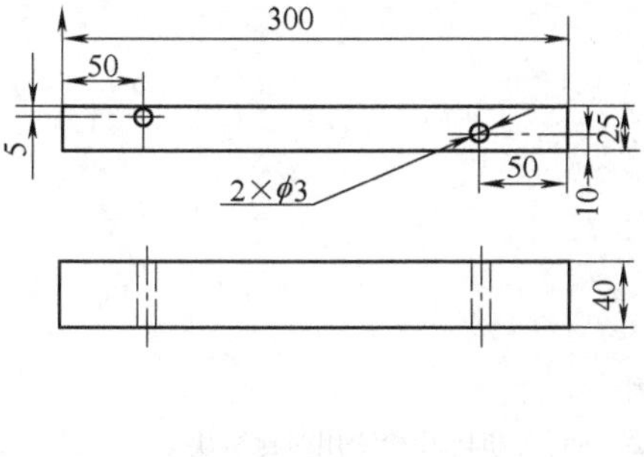

图 2-39　RB-1 试块

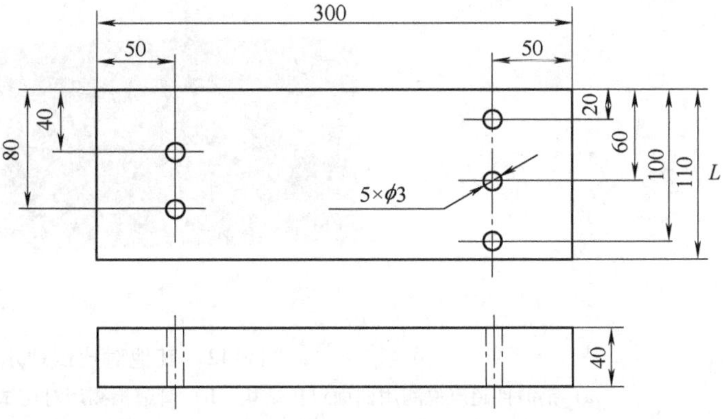

图 2-40　RB-2 试块

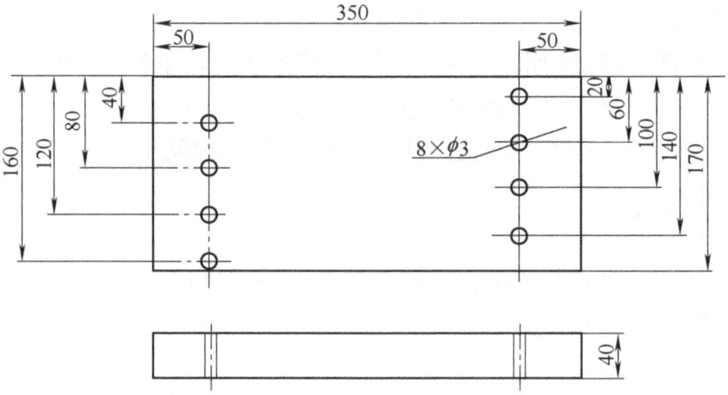

图 2-41　RB-3 试块

RB-1 试块主要用于厚度为 8 ~ 25mm 钢板的焊缝检测，RB-2 试块主要用于厚度为 8 ~ 100mm 钢板的焊缝检测。RB-3 试块主要用于厚度为 8 ~ 150mm 钢板的焊缝检测。

3. 其他对比试块示例（图 2-42）

a)

b)

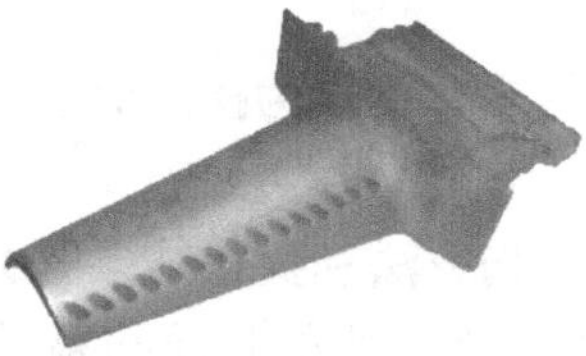

c)

d)

e)

图 2-42　其他对比试块示例

a）钢锻件超声检测用曲面对比试块　b）管道检测用对比试块　c）飞机叶片检测用对比试块
d）不锈钢焊接接头对比试块　e）钢轨焊缝超声检测用对比试块

【课后习题】

1. 绘制 CSK-ⅠA 试块并标注尺寸。
2. 试块有哪几种分类方法？我国常用的试块有哪几种？
3. 试块应满足哪些基本要求？使用试块时应注意什么？

模块四　超声探伤仪、探头及其组合性能与测试

知识目标

※掌握超声探伤系统及探头的基本性能。

※熟练地对仪器、探头、试块的组合性能进行测试。

将仪器与探头组合后称为超声探伤系统，并简称“系统”。

超声探伤系统的性能，包括超声波探伤仪的性能、探头的性能和仪器与探头组合后的性能。而系统性能的好坏，直接影响着探伤结果的可靠性和准确性。所以，国家专门颁布了《超声探伤用探头　性能测试方法》（JB/T 10062—1999）《A 型脉冲反射式超声波探伤仪通用技术条件》、《无损检测　A 型脉冲反射式超声检测系统工作性能测试方法》（JB/T 9214—2010）和（JB/T 10061—1999）等标准。其中对各项技术性能指标都有明确规定，并且规定了具体的测试条件和方法，现择其要点进行介绍。

一、超声探伤系统的性能及其测试

1. 垂直线性误差

所谓垂直线性，即仪器放大器的线性度。它表示探头所接收的信号电压大小与荧光屏上所显示的回波高度成正比的程度，是一项重要的技术指标，直接影响着缺陷定量的准确性。图 2-43 给出了一般垂直线性偏差曲线。其中的理想曲线是按下式计算得到的

$$\Delta H = 20\lg \frac{p}{p_0} = 20\lg \frac{H}{H_0} \qquad (2\text{-}8)$$

式中　p——反射体回波声压；

p_0——起始升压；

H——反射体回波波高；

H_0——起始声压对应波高。

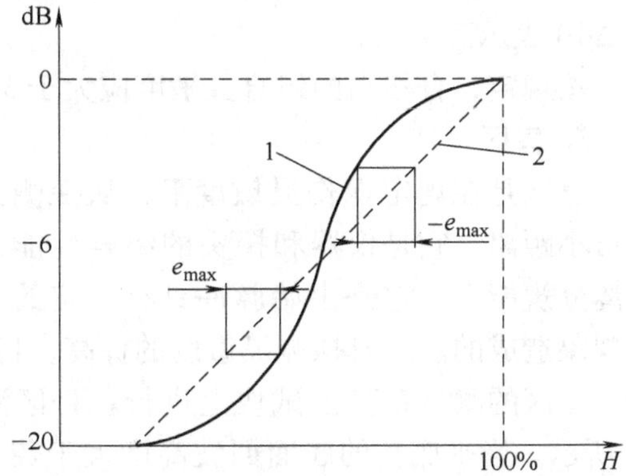

图 2-43　一般垂直线性偏差曲线

1—实测曲线　2—理想曲线图

垂直线性偏差 Δe 是用最大正偏差和最大负偏差的绝对值之和来表示的，即 $\Delta e =$

($|e_{max}|$ + $|-e_{max}|$)%。按标准 JB/T 4730.3—2005 规定，对于合格的仪器，$\Delta e \leqslant 5\%$。

衰减器是线性放大器的一部分，它的精度直接反映着线性放大器的线性度，因此，衰减器的精度越高，垂直线性误差就越小。

2. 水平线性误差

水平线性又称时基线性，它表示回波在时基轴上的显示值与探测声程之间成正比的程度。水平线性的好坏直接影响着缺陷定位的精度。水平线性反映着扫描速度的均匀性。

水平线性偏差的测试方法如图 2-44 所示。使始波 T 和五次底波都显示在时基轴上，并使 B_5 的波高不小于垂直满幅度的 50%，使 B_1 和 B_5 的前沿分别与时基轴上的相应刻度对齐，观察 B_2、B_3 和 B_4 的前沿与相应水平刻度的吻合程度，读出偏差量 a_2、a_3、a_4，取其最大偏差量 a_{max}。则水平线性误差 ΔL 可按下式计算

$$\Delta L = \frac{|a_{max}|}{0.8b} \times 100\% \qquad (2\text{-}9)$$

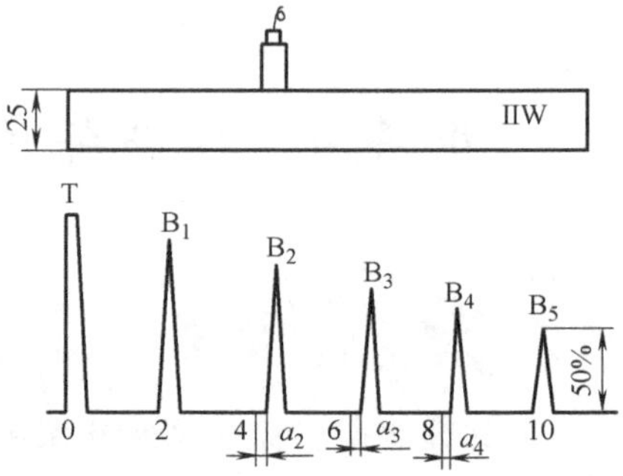

图 2-44　水平线性偏差的测试方法

式中　b——时基轴上满刻度读数。

按标准 JB/T 4730.3—2005 规定，对于合格的仪器，$\Delta L \leqslant 2\%$。

3. 动态范围

动态范围是指放大器最大不失真输出信号幅度范围，具体地说，就是将荧光屏上的回波高度从 100% 降到刚好可以分辨的高度的过程中衰减器的调节量（ΔdB），定义为探伤仪在该探头给定的工作频率下的动态范围。

按标准规定，对于合格系统，ΔdB≥26dB。

4. 灵敏度

灵敏度是指发现最小缺陷的能力。这里是指仪器与探头组成系统以后的组合灵敏度，一般以灵敏度余量来表示。

所谓灵敏度余量，是指超声探伤系统在检测一个规定的测距、孔径和孔形人工反射体获得回波时，仪器还保留的增益的分贝数，是实际探伤灵敏度和仪器最高灵敏度之间的差值，用 ΔdB 表示。

按规定，合格品的组合灵敏度应大于 30dB。

5. 盲区

盲区是在规定探伤灵敏度下，从探侧面到能够测出缺陷的最小距离。它是仪器和探头的组合性能，表征着系统的近距离分辨能力。它是由始脉冲具有一定的宽带和放大器的阻塞现象造成的。随着探测灵敏度的提高，盲区也随之增大。

盲区的测试在盲区试块上进行。盲区测试的波形如图 2-45 所示。当平底孔的底面回波高度大于荧光屏垂直满幅度的 50%，且该回波的前沿与始波的后沿所构成的波谷低于 10% 时，平底孔底面到探测面的距离就是盲区的大小。

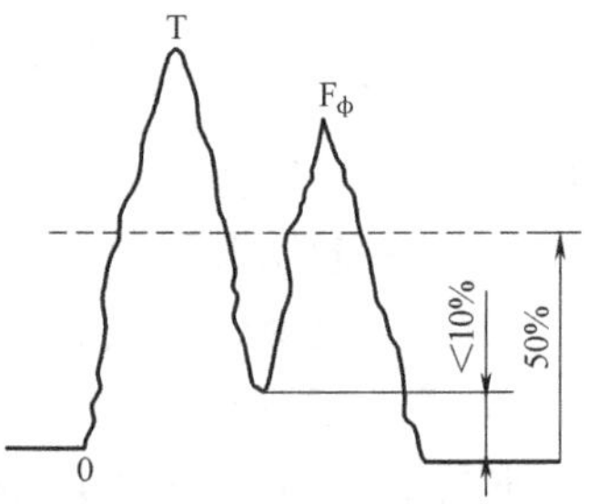

图 2-45　盲区测试的波形

6. 分辨力

分辨力即系统能够区分两个相邻而不连续的缺陷的能力。它有**近场分辨力**、**远场分辨力**、**纵向分辨力**和**横向分辨力**之分。一般是指远场纵向分辨力。

分辨力的测试方法如图 2-46 所示。首先调到试块上 85mm 和 91mm 两个底面回波的高度 $B_{85} = B_{91}$，并约等于垂直满幅度的 20% ~30%，然后减少衰减量，使二者的波谷上升到原来波峰的高度。这时衰减器变化的分贝数即为系统的分辨力，一般要求不低于 15dB。

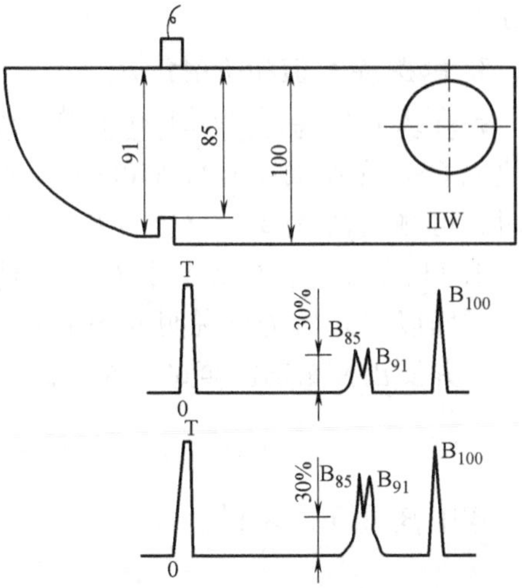

图 2-46　分辨力测试方法

7. 电噪声电平 E

电噪声电平表示系统的探头在直接对空辐射时，将探伤仪的灵敏度和扫描范围调至最大，在避免外界干扰的条件下，读取时基线上的电噪声平均幅度与垂直满刻度的百分比，即

$$E = \frac{\text{电噪声幅度}}{\text{垂直满幅度}} \times 100\%$$

E 值越小越好，一般应≤8%。

除上述主要技术性能的指标以外，还有一些其他性能要求，如频率特性中的标称频率、重复频率、频带宽度、衰减器的精度、阻塞特性等，这里不再详细介绍。

二、超声探头的基本性能及其测试

超声换能器性能的好坏，直接影响着探伤结果的可靠性和准确性。因此，对其有关指标均有一定的要求，并需通过测试以保证产品质量。

1. 相对灵敏度的测试

相对灵敏度是以脉冲回波方式，在规定的介质、声程和反射体上，衡量探头电声转换效率的一种度量。具体表达方式在不同标准中有不同的规定。如 GB/T 18694—2002《无损检测 超声检验 探头及其声场的表征》中规定为探头输出的回波电压峰-峰值与施加在探头上的激励电压峰-峰值之比。

2. 斜探头入射点

斜探头的入射点是指其主声束轴线与探测面的交点。入射点至探头前沿的距离称为探头前沿长度。测定探头的入射点和前沿长度是为了便于对缺陷定位和测定探头的 K 值。

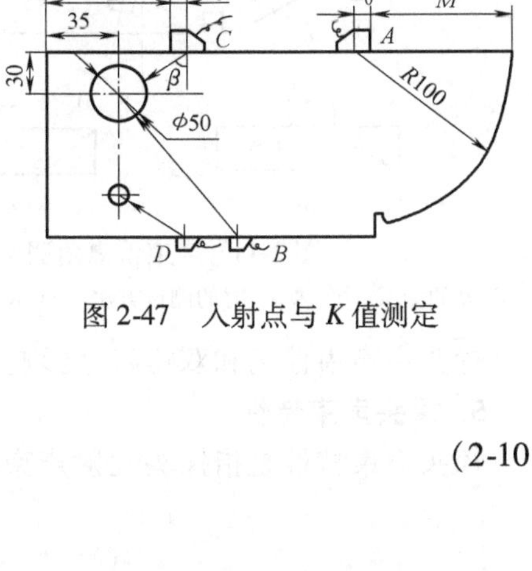

图 2-47　入射点与 K 值测定

将斜探头放在ⅡW 试块上如图 2-47 所示的位置，使 R100mm 圆柱曲底面回波达最高时斜锲底面与试块圆心的重合点就是该探头的入射点。这时探头的前沿长度为

$$L_0 = R - M \tag{2-10}$$

注意试块上 R 应大于钢中近场区长度，因为在近场区内轴线上的声压不一定最高，测试误差大。

3. 斜探头 K 值和折射角 β_s

斜探头 K 值是指被探工件中横波折射角的正切值，即 $K=\tan\beta_s$。斜探头的 K 值常用ⅡW 试块或 CSK-ⅠA 试块上的 ϕ50mm 和 ϕ1.5mm 横孔测定，如图 2-47 所示。当探头置于 B 位置时，可测定 β_s 为 35°~60°（K=0.7~1.73）；探头置于 C 位置时，可测定 β_s 为 60°~75°（K=1.73~3.73）；探头置于 D 位置时，可测定 β_s 为 75°~80°（K=3.73~5.67）。

下面以 C 位置为例说明 K 值的测试方法。将探头对准试块上的 ϕ50mm 横孔，找到最高回波，并测出探头前沿至试块端面的距离 L，则有

$$K=\tan\beta_s=\frac{L+L_0-35}{30} \tag{2-11}$$

式中 β_s 由下式求得

$$\beta_s=\arctan K$$

值得注意的是，测定探头的 K 值或 β_s 也应在近场区以外进行。因为在近场区内，声压最高点不一定在声束轴线上，测试误差大。

4. 探头主声束偏离和双峰的测试

探头实际主声束与其理论几何中心轴线的偏离程度称为主声束的偏离，常用偏离角 θ 来表示。

平行移动探头，同一反射体产生两个波峰的现象称为双峰，这是由波束分叉引起的。

直探头和斜探头都可能存在主声束偏离和双峰，下面以斜探头为例进行说明。

如图 2-48a 所示，探头对准试块棱边，移动并转动探头，找到棱边最高回波，这时探头侧面平行线与棱边法线的夹角 θ 就是主声束偏离。当 $K>1$ 时，用一次波测定，如图 2-48b 所示；当 $K\leqslant1$ 时，用二次波测定，如图 2-48c 所示。这是因为 K 值较小时，一次波声程短，往往在近场区内，测试误差大。

探头双峰常用横孔试块来测定，如图 2-49a 所示。将探头对准横孔并前后平行移动，当示波屏上出现如图 2-49b 所示的双峰波形时，说明探头具有双峰。

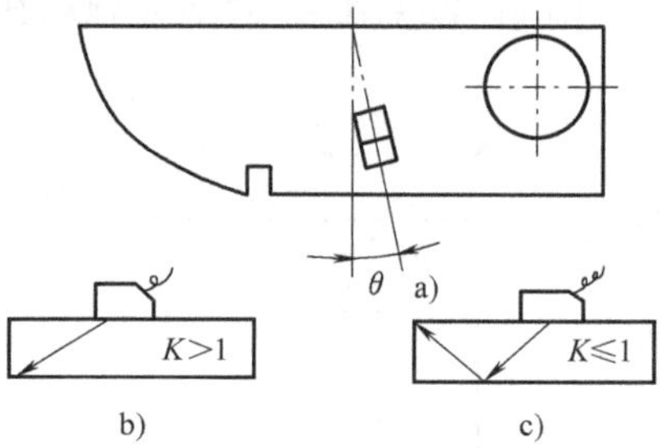

图 2-48　声束偏离角测定

a）θ 的测试　b）$K>1$ 时的测试方法　c）$K\leqslant1$ 时的测试方法

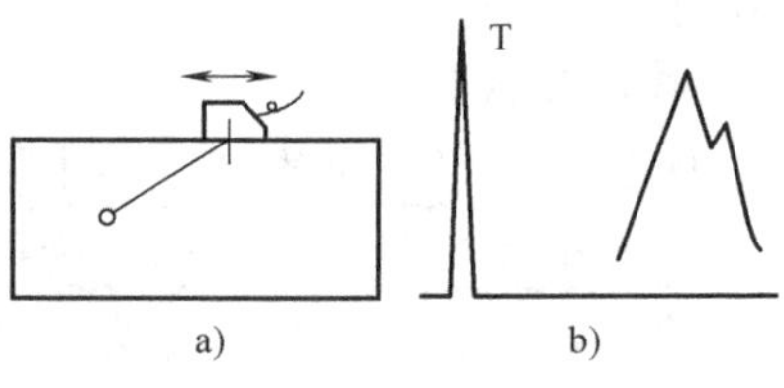

图 2-49　探头双峰测定

a）探头位置　b）双峰波形

探头主声束偏离和双峰将会影响对缺陷的定位和判别。

5. 探头声束特性

探头声束特性是指探头发射声束的扩散情况，常用轴线上声压下降 6dB 时探头移动的

距离（即某处的声束宽度）来表示。探头移动距离大，声束扩散严重。下面分别介绍直探头与斜探头的声束扩散特性。

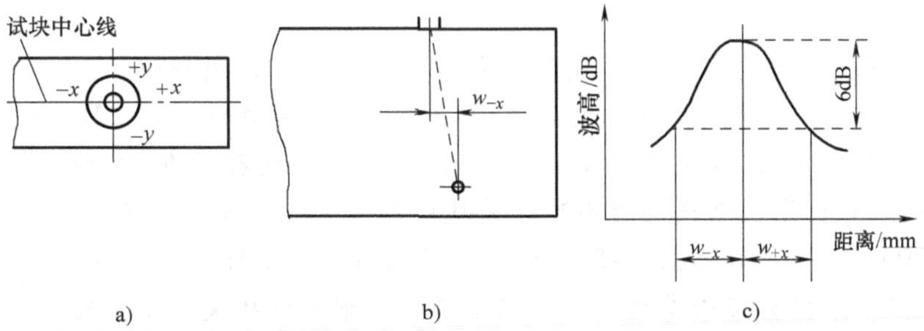

图 2-50　直探头声束特性测试

a）作标记　b）$+x$，$-x$ 方向测试　c）$+y$，$-y$ 方向测试

（1）直探头　先在探头圆周四个对称位置上作出标记 $+x$、$-x$、$+y$、$-y$，再将探头对准试块上声程为 $2N$ 左右的某横通孔，找到最高回波，然后沿 x—x 方向平行移动探头，测出横通孔回波下降 6dB 时探头移动的距离 w_{-x}、w_{+x}，如图 2-50 所示。之后用同样的方法测出 y—y 方向的探头移动距离 w_{-y}、w_{+y}。

（2）斜探头　斜探头声束扩散特性在不同方向上是不同的，这里仅介绍斜探头左右检查时声束扩散情况。先将探头放在 40mm 厚的试块上，如图 2-51 所示，移动探头找到 ϕ4mm 竖通孔最高发射回波，并在试块上标记探头中心 O 点，然后使探头在 O 点左右移动，找到使 ϕ4mm 回波下降 6dB 时的移动距离 w_{-y}、w_{+y}。

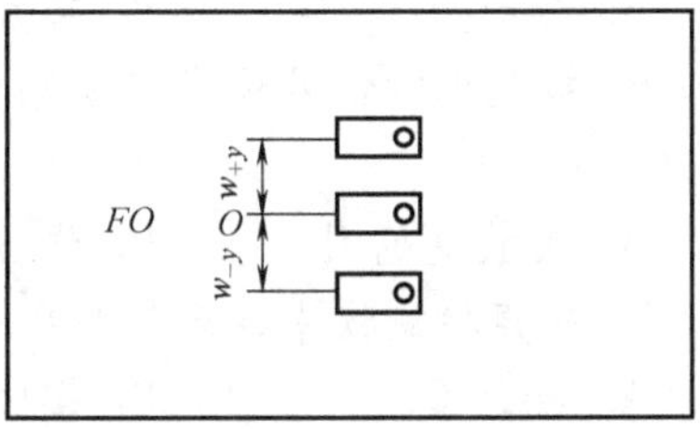

图 2-51　斜探头声束特性测试

【课后习题】

1. 仪器水平线性的好坏直接影响（　　）。

A. 缺陷性质判断　　B. 缺陷大小判断

C. 缺陷的精确定位　　D. 以上都对

2. 单晶片直探头接触法探伤中，与探测面十分接近的缺陷往往不能有效地被检出，这是由（　　）造成的。

A. 近场干扰　　B. 材质衰减　　C. 盲区　　D. 折射

3. 超声探伤系统的主要性能指标有哪些？

4. 超声波探伤系统的分辨力与哪些因素有关？

5. 测得某探头和仪器的始脉冲宽 $T = 2\mu s$，工件中的 $c_L = 5900m/s$，求此探头和仪器的盲区至少为多少。

【综合训练】

一、选择题

1. A 型超声探伤仪上的“抑制”旋钮打开时，对（　　）有影响。

A. 垂直线性　　B. 水平线性　　C. 脉冲重复频率　　D. 延迟

2. 用对比试块对缺陷作定量评定，已知工件中缺陷埋藏深度为 22mm，验收标准为 ϕ1.2mm 平底孔当量，则应选用同材料对比试块中的（　　）进行比较。

A. ϕ(3 ~ 20) mm　　B. ϕ(2 ~ 25) mm　　C. ϕ(1.2 ~ 25) mm　　D. ϕ(1.2 ~ 20) mm

3. 如果仪器采用锯齿扫描发生器，其扫描锯齿波形的好坏决定了扫描（　　）的好坏。

A. 动态范围　　B. 垂直线性　　C. 水平线性

4. 探伤仪发射电路部分的功用是（　　）。

A. 发射超声脉冲　　B. 把发射脉冲放大　　C. 发射电脉冲　　D. 产生方形波

5. 能将两个相邻缺陷在示波屏上区分开的能力叫（　　）。

A. 分辨力　　B. 重复频率　　C. 水平线性

6. 被放大的信号幅度与缺陷的反射面积成正比关系，放大器这一非饱合的放大区域称为（　　）。

A. 灵敏度范围　　B. 线性范围　　C. 选择性范围　　D. 分辨范围

7. 超声检测仪中，产生高压电脉冲以激发探头工作的电路单元称为（　　）。

A. 放大器　　B. 接收器　　C. 脉冲发生器　　D. 同步器

8. 一个垂直线性好的仪器，在荧光屏上波幅从 80% 处降至 5% 时，应衰减（　　）。

A. 6dB　　B. 18dB　　C. 32dB　　D. 24dB

9. 超声检测仪中，以荧光屏纵轴显示超声波信号强度，以横轴显示超声波传播时间或反射体深度的脉冲显示法叫做（　　）。

A. 连续波显示　　B. A 扫描显示　　C. B 扫描显示　　D. C 扫描显示

10. 表征压电晶体发射性能的参数是（　　）。

A. 压电电压常数 g_{33}　　B. 机电耦合系数 K

C. 压电应变常数 d_{33}　　D. 以上全部

二、判断题（正确的打“✓”，错误的打“×”）

1. 最常用的超声波换能器是利用压电效应发射和接收超声波的。（　　）

2. 一般的超声检测仪在有抑制作用的情况下其水平线性必然变坏。（　　）

3. 压电晶片的压电电压常数大，说明该晶片发射性能好。（　　）

4. 一台垂直线性理想的超声波检测仪，其回波高度与探头接收到的声压成正比例。（　　）

5. 超声检测常用的压电晶体石英、钛酸钡、铌酸锂、硫酸锂中，接收效率最高的是铌酸锂。（　　）

6. 在人工反射体平底孔、矩形槽、横孔、U 形槽中，回波声压只与声程有关而与探头折射角度无关的是平底孔。（　　）

7. 水平线性、垂直线性、动态范围属于超声波检测仪的性能指标。（　　）

8. 在普通常用的超声探伤仪上，使用“抑制”旋钮的抑制作用，可以减少杂波显示，但与此同时会导致垂直线性变差，动态范围减小。（　）

9. 超声探伤仪在单位时间内产生的脉冲数量叫做脉冲的重复频率。（　）

10. 超声波仪器的B、C型显示都属于二维显示。（　）

三、问答与计算

1. 简述超声探伤仪的分类方法。

2. 简单说明A型脉冲反射式探伤仪的主要旋钮及其作用？

3. 超声波探头的主要作用是什么？

4. 什么是压电效应？探头发射和接收超声波时各产生何种压电效应？

5. 常用压电材料有哪几种？各有何优缺点？超声探伤用压电材料必须具备哪些基本性能？

6. 简述超声波探头的分类和应用。

7. 什么是试块？试块的主要作用是什么？

8. 我国的CSK-ⅠA试块与ⅡW试块有何不同？

9. 超声探伤仪和探头的主要性能指标有哪些？

10. 用ⅡW试块测定仪器的水平线性，当B_1、B_5分别对准2.0和10.0时，B_2、B_3、B_4分别对准3.98、5.92、7.96，求该仪器的水平线性误差为多少。

11. 用CSK-ⅠA试块测定斜探头和仪器的分辨力，现测得台阶孔ϕ50mm、ϕ44mm反射波等高时，波峰高$h_1=80\%$，波谷高$h_2=25\%$，求分辨力为多少。

12. 画图说明斜探头分别对准ⅡW_2试块R25mm和R50mm时，示波屏上出现的多次发射波的特点。

第三单元　超声检测工艺

内容导入

超声检测的方法很多，各种方法自有其独特之处，操作要领也不尽相同。但是它们检测的基本原理和检测条件大同小异，如检测时的耦合与补偿、缺陷的定位和定量等方面都存在一些共同的技术问题。本章主要介绍常用超声检测方法的基本原理，以常见的脉冲反射法为例，探讨超声检测的通用技术问题。

模块一　超声检测方法概述

知识目标

※　熟悉超声检测方法的分类及其适用场合。

超声检测方法的分类通常有以下几种。

一、按照检测原理分类

按照检测原理的不同，超声检测方法可分为**脉冲反射法、穿透法、共振法。**

1. 脉冲反射法

超声波探头发射一脉冲超声波进入到被检测工件内，当超声波遇到异质界面（如缺陷处）时，产生反射、透射和折射，根据反射回波的情况来判断工件中缺陷的方法，称为脉冲反射法。该法操作简单，容易掌握，应用最广泛。

脉冲反射法包括**缺陷回波法、底波法**和**多次底波法。**

（1）缺陷回波法　根据超声探伤仪显示屏上缺陷的反射回波情况来判断缺陷有关信息的方法，称为缺陷回波法。

如图 3-1a 所示，当被检工件中没有缺陷时，超声波直接到达底面，在仪器显示屏上只有发射脉冲 T 和底面反射回波 B 两个信号。若被检工件中存在缺陷，在仪器显示屏上的底波 B 之前会出现一缺陷反射波 F，如图 3-1b 所示。通过显示屏上缺陷波出现的水平位置、缺陷波高、波形等信息，可推测工件中缺陷的位置、大小、性质等。

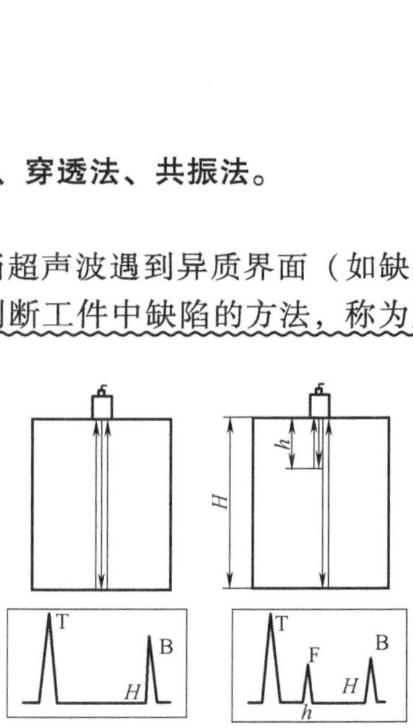

图 3-1　脉冲反射法

a）无缺陷　b）有缺陷

（2）底波法　如果工件的材质均匀、厚度一致，工件底面回波在超声探伤仪显示屏上的高度应是基本不变的。当工件中存在缺陷时，底波的高度会降低甚至消失。因此，可以根据底面回波的高度变化来判断工件中的缺陷情况，这就是底波法。

由于影响工件中底波高度的因素较多，如耦合条件、缺陷的取向、工件底面反射情况等，所以底波法的检测灵敏度较低，对缺陷的定位和定量也不方便，因此很少作为一种独立的检测方法，而是常作为缺陷回波法的一种辅助手段来推测缺陷的信息。

（3）多次底波法　当超声波的能量较大，而工件厚度较小时，超声波在工件探测面和底面之间往复传播很多次，在仪器显示屏上出现多次底波，如图 3-2 所示。如果工件中存在缺陷，在出现缺陷波的同时，由于缺陷的反射和散射增加了声能的损失，底面回波的次数会减少，高度依次降低的规律也会发生变化。因此，可以根据底波的次数和高度变化的规律来推测工件中缺陷的信息，即多次底波法。

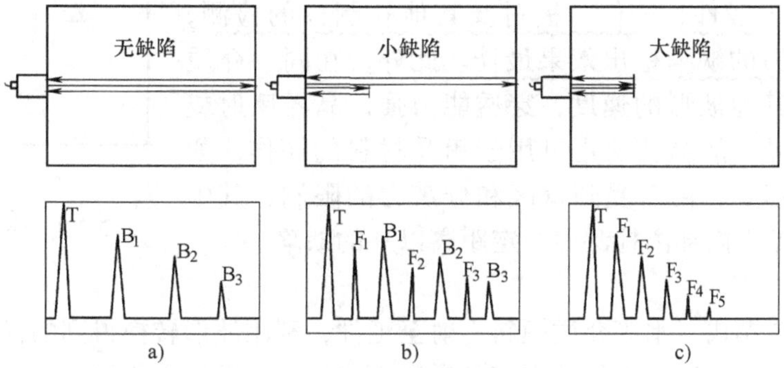

图 3-2　多次底波法

多次底波法主要用于工件厚度不大、形状简单、探测面与底面平行的工件的检测，如钢板的超声检测。多次底波法的检测灵敏度低于缺陷回波法。

2. 穿透法

如图 3-3 所示，穿透法是利用超声波穿透工件之后的能量变化来判断缺陷信息的一种方法。因此，穿透法常采用两个探头，一个探头用于发射超声波，另一个用于接收超声波，分别置于工件的两侧进行检测，并且可以使用连续超声波检测。

3. 共振法

如果进入工件的超声波频率可调，则当工件厚度为超声波半波长的整数倍时，将引起共振，由仪器显示出共振频率。这时，用以下公式可算出工件的厚度

$$\delta = \frac{\lambda}{2} = \frac{c}{2f_0} = \frac{c}{2(f_m - f_{m-1})} \tag{3-1}$$

式中　δ——工件的厚度；

λ——超声波的波长；

c——被检工件中声速；

f_0——工件的固有频率；

f_m、f_{m-1}——相邻两共振频率。

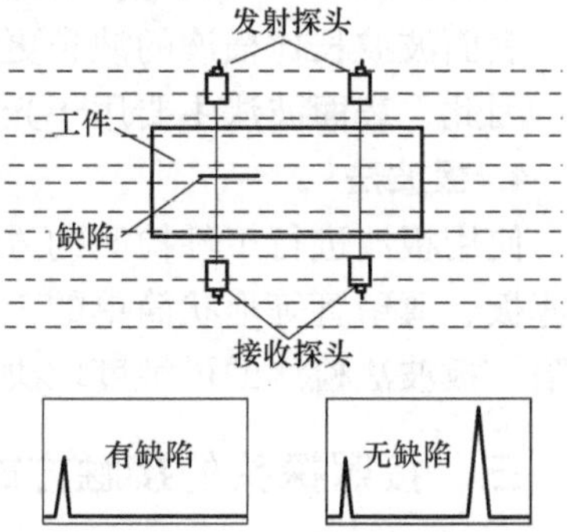

图 3-3　穿透法

当工件中存在缺陷或工件厚度发生变化时，共振频率将发生改变，据此便可推测工件中

的缺陷情况或工件厚度变化情况。目前，共振法常用于测量工件的厚度。

二、按照使用的波形分类

根据检测采用的波形不同，超声检测方法可分为**纵波法、横波法、表面波法、板波法**等。

1. 纵波法

利用纵波完成对工件检测的方法，称为纵波法。根据纵波传播方向与工件探测面法线的夹角关系，纵波法可以分为**垂直入射纵波法**和**小角度入射纵波法**。如图 3-4 所示，当入射纵波与探测面垂直时称为垂直入射纵波法，这是最简单也是应用最广泛的方法。

根据探头中晶片数量，纵波法还可分为**单晶探头反射法**和**双晶探头反射法**等。

纵波法常用于锻件、铸件、板材及其他轧制件的检测，对于平行于检测面的缺陷检出效果最佳。此外，在同一介质中纵波速度大于其他波形的速度，穿透能力强，晶界反射或散射的敏感性较差，故纵波法也可用于粗晶材料的探伤，如奥氏体焊缝等。但是，由于受到盲区和分辨力的限制，其中反射法只能发现工件内部离检测面一定距离以外的缺陷。

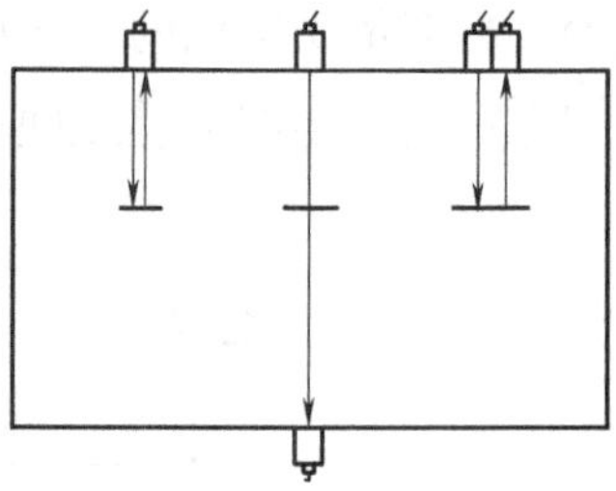

图 3-4 垂直入射纵波法

2. 横波法

将纵波通过斜楔块、水等介质倾斜入射至工件，利用波形转换得到的横波进行检测的方法，称为横波法。由于进入工件的声束与检测面成锐角，所以也称斜射法，如图 3-5 所示。

横波法主要用于焊缝和管材的检测，或者作为纵波法检测的一种辅助手段，用以发现纵波法不易发现的缺陷。

3. 表面波法

使用表面波进行工件检测的方法，称为表面波法。表面波仅沿着工件的表面传播，对于工件的表面粗糙度、覆盖层、油污等较为敏感，据此可以通过沾油的手指在探头前端探测面上轻轻触摸，观察显示屏上回波高度变化，从而判断缺陷。

表面波波长比横波的波长更短，在工件中传播时能量衰减更严重，因此，表面波法主要用于光滑表面工件近表面缺陷的检测。

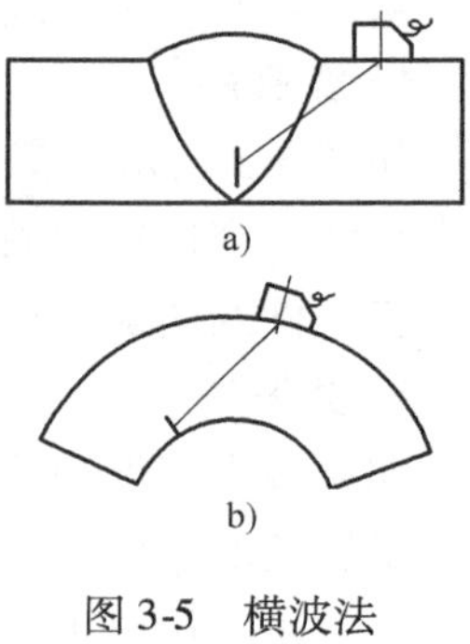

图 3-5 横波法

4. 板波法

使用板波进行工件检测的方法，称为板波法。板波法主要适用于薄板、薄壁管等形状简单的工件探伤，板波传播时充满整个工件，能够发现内部和表面的缺陷。板波法检测的灵敏度取决于板波的形式和仪器的工作条件。

三、按照探头的接触方式分类

根据超声检测时探头与工件的接触方式，超声检测方法可以分为直接接触法和液浸法。

1. 直接接触法

在检测时，探头与工件之间仅涂有很薄的一层耦合剂，因此可以看作两者直接接触，这种检测方法称为直接接触法。

直接接触法操作简单，容易掌握，检出灵敏度较高，是实际检测中用得最多的方法。但是，由于探头直接在工件表面移动，要求检测面比较平整光滑，否则难以顺畅地移动探头，同时也会造成耦合剂的厚薄不均，进入工件的超声波能量不一致，导致检测结果不准确。

2. 液浸法

在检测时，探头与工件之间充满一定厚度的液体介质耦合剂，超声波先通过液体介质后再进入工件，这种检测方法称为液浸法，如图 3-6 所示。常用的液体介质耦合剂可以是油或者水。当以水作为耦合剂时，称为水浸法。

液浸法探伤，因探头不直接接触工件，故探头不易磨损、耦合较稳定、检测结果重复性好，因此适用于表面较粗糙的工件，便于实现自动化探伤。

液浸法按探伤方式不同可以分为以下几种。

（1）全浸没式　被检工件全部浸没于液体中的探伤方法称为全浸没式，适用于体积不大、形状较复杂的工件检测，如图 3-6a 所示。

（2）局部浸没式　被检工件的一部分浸没于液体中，或者探头与工件之间保持一定的液体层而进行探伤的方法称为局部浸没式，适用于体积较大的工件的探伤。局部浸没式又可分为喷液式、通水式、满溢式。

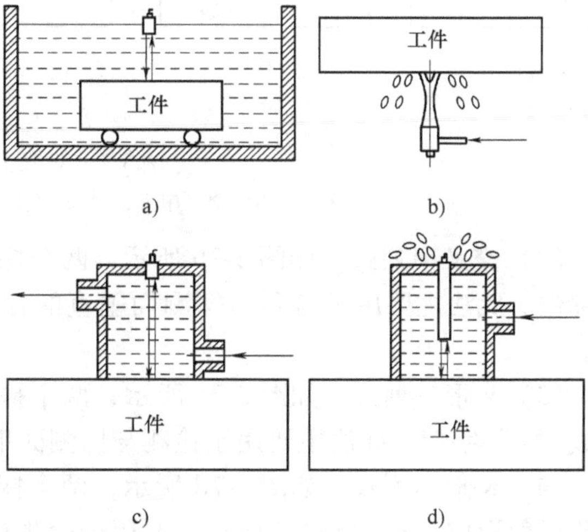

图 3-6　液浸法

a）全浸没式　b）喷液式　c）通水式　d）满溢式

1）喷液式。超声波通过以一定的压力喷射至工件表面的液体介质后进入工件的探伤方法，如图 3-6b 所示。

2）通水式。借助一个有专用进液口和出液口的液罩，以使罩内保持一定容量的液体，这种方法称为通水式，如图 3-6c 所示。

3）满溢式。满溢式也有一个类似于通水式液浸法的液罩，但没有出液口，多余的液体从罩的上部溢出，这种方法称为满溢式，如图 3-6d 所示。

四、按照使用探头的数目分类

1. 单探头法

使用一个探头兼作发射和接收超声波的检测方法，称为单探头法。单探头法具有操作简便、能检出大多数缺陷的特点，是目前应用最为普遍的方法。

单探头法适合检测体积型缺陷或与声束轴线垂直的片状缺陷，其他取向的缺陷则因超声波少量反射回探头而难以检出甚至无法检出，须辅以其他检测方法。

2. 双探头法

在探伤中采用两个探头，一个负责发射，另一个负责接收超声波的检测方法称为双探头法。它主要用于单探头法难以发现的缺陷的检测。根据探伤中两个探头的放置方式，双探头法可分为并列式、交叉式和V形串列式、K形串列式、串列式等。

（1）并列式　如图3-7a所示，并列式为两个探头并列置于探测面，并作同方向同步移动，或者一个探头固定，另一个探头移动，以便发现与探测面倾斜的缺陷。据此原理制成的分割探头就是将两个并列的探头组合在一起，以提高检测近表面缺陷的灵敏度。

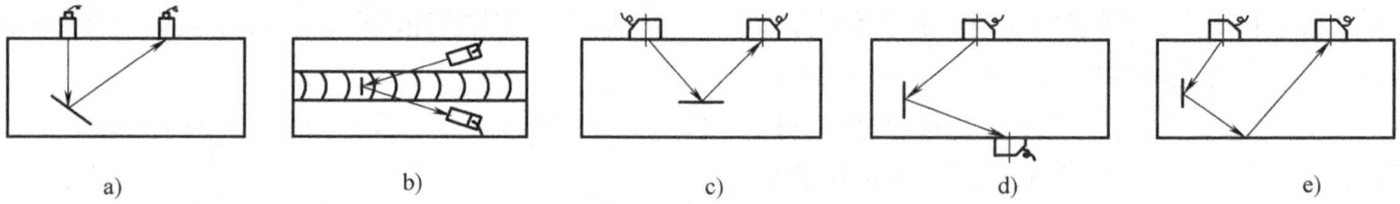

图3-7　双探头的排列方式

a）并列式　b）交叉串列式　c）V形串列式　d）K形串列式　e）串列式

（2）交叉串列式　如图3-7b所示，两个探头轴线交叉成一定角度，交叉点即为要检测的部位。此法主要用于检测与探测面垂直的片状缺陷，在焊缝检测中，常用来发现横向缺陷。

（3）V形串列式　如图3-7c所示，两个探头置于同一探测面上，声束路线经缺陷反射形成“V”字形。此法主要用于检测与探测面平行的片状缺陷。

（4）K形串列式　如图3-7d所示，两个探头分别置于工件的上、下表面，声束路线经缺陷反射形成“K”字形。此法主要用于检测与检测面垂直的片状缺陷。

（5）串列式　如图3-7e所示，两个探头一前一后置于探测面上，一个探头发出的超声波经缺陷、工件底面反射后入射到另一个探头。此法常用来检测与探测面垂直的片状缺陷，如焊缝中的未焊透等。

3. 多探头法

使用两个以上的探头成对地组合在一起进行探伤的方法，称为多探头法，如图3-8所示。多探头法常常配以多通道探伤仪和自动化装置进行探伤，以提高探伤速度和灵敏度。

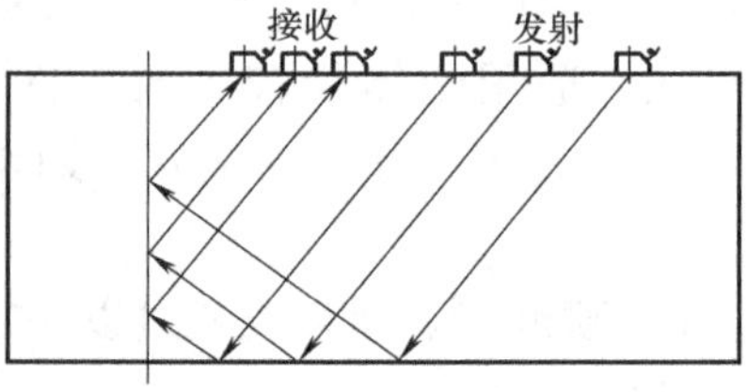

图3-8　多探头法

【课后习题】

1. 采用以下（　　）超声探伤技术不能测出缺陷深度。

A. 直探头探伤法　　B. 脉冲反射法　　C. 斜探头探伤法　　D. 穿透法

2. 熟悉超声波检测方法分类，并默写一遍。

模块二　超声检测设备的选择

知识目标

※　熟悉超声检测设备的选择原则。

※　能正确选择超声检测仪器和探头。

超声检测设备主要是超声探伤仪和探头，正确选择超声检测设备对于有效发现缺陷，确定缺陷的位置、大小和性质至关重要。在检测时，应根据被检工件的材质、形状、加工工艺和技术要求等合理地进行选择。

一、超声探伤仪的选择

超声探伤仪是超声探伤的主要设备，大致可分为模拟式、数字式和成像式超声检测仪三大类。目前国内外的超声探伤仪种类繁多，性能各异，一般应考虑以下几方面因素来选择仪器。

1）对于室外现场探伤，应选择重量轻、荧光亮度好、抗干扰能力强的便携式仪器。

2）对于近表面缺陷的检测，应选择盲区小、分辨力好的仪器。

3）对于大型零件的探伤，应选择功率大、灵敏度余量高、信噪比高的仪器。

4）如果对缺陷定位要求高，应选择水平线性误差小的仪器。

5）如果对缺陷定量要求高，应选择垂直线性好、衰减器精度高的仪器。

此外，还应考虑仪器的性能稳定性、重复性、可靠性和方便性等因素。

随着相关学科的技术进步，目前数字式超声探伤仪具有轻便、能存储、记忆、简单计算并直观显示检测结果等智能化的特点，大有取代模拟式超声探伤仪的趋势。

二、探头的选择

探头是发射和接收超声波的重要器件，其性能的优劣直接影响到超声检测的灵敏度。探头的选择就是要确定探头的类型、频率、晶片尺寸、结构形式、斜探头 K 值等参数。探头的种类很多，结构形式也不一样，一般应根据被检工件的形状、加工方法和技术要求进行选择。

1. 探头的类型

常用的探头形式有纵波直探头、横波斜探头、表面波探头、双晶探头、聚焦探头等。一般根据工件被检部位的可达性、对超声波的衰减性和可能出现的缺陷部位、取向等条件来选择探头的形式，尽量使声束轴线与绝大部分缺陷垂直。

纵波直探头只能发射和接收纵波，波束轴线垂直于探测面，主要用于检测与检测面平行的缺陷，如锻件、钢板中的夹层、折叠等。

横波斜探头主要用于检测与探测面成一定角度的缺陷，如焊缝中的夹渣、未熔合、未焊透等。

表面波探头和双晶探头用于检测工件表面或近表面的缺陷，如疲劳裂纹等。

聚焦探头发射的超声波具有灵敏度高、声束窄、横向分辨率高和定位精度高等特点，常用于水浸法检测管材或板材等。

2. 探头频率

目前，商品化探头的标称频率有0.5MHz、1MHz、1.25MHz、2MHz、2.5MHz、4MHz、5MHz、6MHz、10MHz、15MHz和25MHz，常用的超声检测频率在0.5～10MHz之间。

在脉冲反射法超声检测时，对超声波能产生有效反射的缺陷须满足两个条件：其一是缺陷在垂直于声束方向的尺寸应不小于波长的一半，其二是沿声束方向的缺陷厚度应不小于波长的1/4（根据多层介质的透射规律）。但是，由于超声检测用的脉冲波都具有一定的频带宽度，由此实际上能检出更小、更薄的缺陷。一般选择频率时应考虑以下因素：

1）由于波的衍射，使超声波检测的理论灵敏度为$\lambda/2$，因此提高超声波频率有利于发现更小的缺陷。但是，随着频率的提高，介质中声波散射加剧，使声波能量的衰减增加。

2）超声波的频率高、脉冲宽度小、分辨力高，有利于区分相邻的缺陷。

3）超声波的频率高、波长短、半扩散角小、声束指向性好、能量集中，有利于对缺陷进行准确定位。但是，近场区长度加大对检测不利。

由以上分析可知，频率的高低对超声检测有较大的影响，既有好的一面，也有不利一面。在实际检测中，应全面分析、综合考虑各方面的因素，合理选择检测频率。一般在保证检测灵敏度的情况下，应尽可能选择较低的频率。

例3-1　某钢制工件中的纵波声速为4000m/s，采用纵波垂直入射法进行检测，要求检出直径为ϕ2mm的平底孔面积大小的（不考虑缺陷厚度）缺陷，此时应怎样选择检测频率?

解：根据已知条件，为使$d \geqslant \lambda/2$，可求得检测频率$f \geqslant c/(2d) = 1 \times 10^6$Hz。这是满足检测要求的理论最低频率，考虑到超声能量衰减等因素，可选择1.25MHz或2MHz。

对于晶粒较细的锻件、轧制件和焊接件等，一般选用较高的频率，常用2.5～5.0MHz；对于晶粒较粗大的铸件、奥氏体钢等，则宜选用较低的频率，常用0.5～2.5MHz。

3. 晶片尺寸

通常探头中圆晶片的尺寸为ϕ10～ϕ30mm。选择晶片大小时，应考虑以下因素：

1）晶片尺寸增加，半扩散角减小，声束指向性变好，超声波能量集中，有利于检测。

2）晶片尺寸增加，近场区长度迅速加大，对检测不利。

3）晶片尺寸大，辐射的能量大，声场未扩散区范围大，远距离范围相对变小，发现远距离缺陷的能力降低。

上述分析表明，晶片尺寸大小对声束指向性、近场区长度、近距离和远距离扫查范围都有较大的影响。实际检测中，检测面积范围大的工件，为了提高探伤效率，宜选用大晶片探头；检测小型工件或表面不平整、曲率较大的工件时，为了提高缺陷定位、定量精度，减小耦合损失，应选用小晶片探头。

4. 横波斜探头*K*值

横波斜探头K值主要影响声束进入工件的方向、超声波在缺陷表面的反射、一次波的声程和灵敏度等。如用有机玻璃斜探头探伤钢制工件，当$K \approx 0.84$（$\beta_s = 40°$）时，声压往复透射率最高，即具有最高的检测灵敏度。在实际探伤中，当工件的厚度较小时，为增加一次波的声程，应选用较大 K 值的探头；反之，则选用较小 K 值的探头。在焊缝的检测中，还要保证声束能扫查到整个焊缝截面。对于焊缝中的根部未焊透缺陷，还要考虑端角反射问题，应使 $K=0.7\sim1.5$，否则容易引起漏检。

在实际超声检测中，偶尔会用到一些特殊的专用探头，如高温探头、电磁探头等。在选择时，应熟悉探头的工作原理，了解其主要性能指标和使用特点，并结合探头选择的一般原则，充分考虑影响检测灵敏度的各种因素。

【课后习题】

1. 超声检测中，选用晶片尺寸大的探头的优点是（　　）。

A. 曲面探伤时可减少耦合损失　　B. 可减少材质衰减损失

C. 辐射声能大且能量集中　　D. 以上全部

2. 常用的探头形式有哪些？

3. 怎样选择超声波探头的频率？

模块三　耦合与补偿

知识目标

※　理解超声检测时为何要进行耦合与补偿。

※　能正确实施耦合操作与补偿值测定。

超声检测时，为了增强超声波的透声能力，减少超声波在工件表面的能量损失，施加在工件表面的一层透声介质，称为耦合剂。耦合剂的作用在于排除了探头与工件之间的空气，提高了超声波的透射率，减小了探头与工件之间的摩擦。

一、影响声耦合的因素

影响声耦合的主要因素有耦合剂的种类、耦合层的厚度、工件表面粗糙度和工件的表面形状等。

1. 耦合剂的种类

在选择耦合剂时，一般应考虑以下几方面的要求：

1）声阻抗高，透声性能好。

2）对工件无腐蚀，对人体无害，不污染环境。

3）能润湿工件和探头表面，流动性、粘度和附着力适当，容易清洗。

4）性能稳定，不易变质。

5）来源广，价格便宜。

常用的超声检测用耦合剂的性能特点见表 3-1。

表 3-1 常用耦合剂的性能特点

耦合剂	声阻抗 $Z/[\times10^6\text{kg}/(\text{m}^2\cdot\text{s})]$	特　点
甘油	2.43	价格较贵，对工件有腐蚀，常用于一些重要工件
水玻璃	2.17	不易清洗，对工件有腐蚀，常用于表面粗糙的工件
水	1.5	来源广、价格低，易使工件生锈，常用于水浸法
全损耗系统用油	1.28	粘度和附着力适当，流动性较好，应用最为广泛
变压器油	0.122	
化学浆糊	—	耦合效果较好，固态供货，需用水稀释后使用

2. 耦合层的厚度

由第一单元的理论可知，当耦合层的厚度为 $\lambda/2$ 的奇数倍时，透声效果差，反射回波低；当耦合层厚度为 $\lambda/2$ 的偶数倍或很薄时，透声效果好，反射回波高。

3. 工件表面粗糙度

工件表面粗糙度对声耦合有明显的影响。工件表面越粗糙，耦合效果越差，反射回波越低，尤其是声阻抗低的耦合剂。但是工件表面并非越光滑越好，因为过于光滑反而会使探头与工件的吸附力增大，移动探头变得困难。

4. 工件的表面形状

常用的探头底面为平面，如果工件表面形状不同，则声耦合的效果也会不一样。探测面为平面时，耦合效果最好，凸曲面次之，凹曲面最差，并且曲率半径越小，耦合效果越差。

二、耦合损耗的测定与补偿

1. 耦合损耗的测定

一般测定耦合损耗差的方法为：在表面耦合状态不同，其他条件（如材质、反射体、探头和仪器等）相同的工件和试块上，测定二者回波或穿透波高分贝差。下面以横波斜探头为例介绍耦合损耗的测定方法。

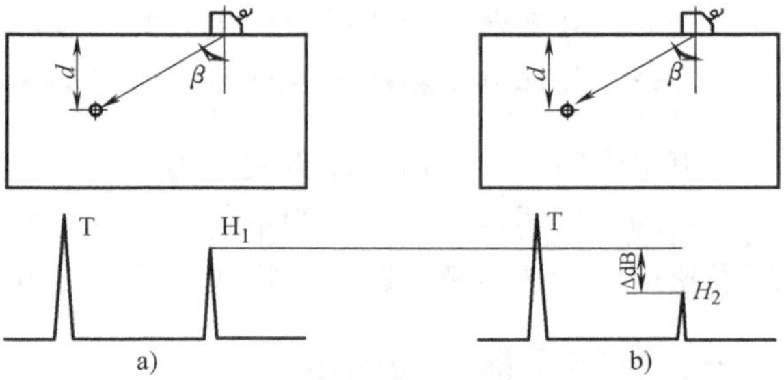

图 3-9 耦合损耗的测定
a）对比试块 b）待测试块

（1）方法一 如图 3-9 所示，制作两块材质等方面与工件相同，仅表面状态不同的试块，一块为对比试块，表面状态同试块；另一块为待测试块，表面状态同工件。分别在两试块同深度处加工相同的长横孔反射体，然后将探头分别置于两试块上，测出二者长横孔回波高度的分贝差 ΔdB，此 ΔdB 即为二者的耦合损耗差。

以上是斜探头一次波法检测时的耦合损耗测定。当用二次波法检测时，两个试块的底面状态也须相同，这时测出的二者长横孔回波高度差即为此时的耦合损耗差。

（2）方法二 当工件厚度与试块厚度不等时，如图 3-10 所示。保持工件与试块具有相同的底面状态，设工件（或试块）上 1 倍跨距时对应的回波高为 H_1，2 倍跨距时对应的回波高度为 H_2，试块（或工件）上 1 倍跨距时对应的回波高为 H，测出 H 与 H_1 和 H_2 波峰连

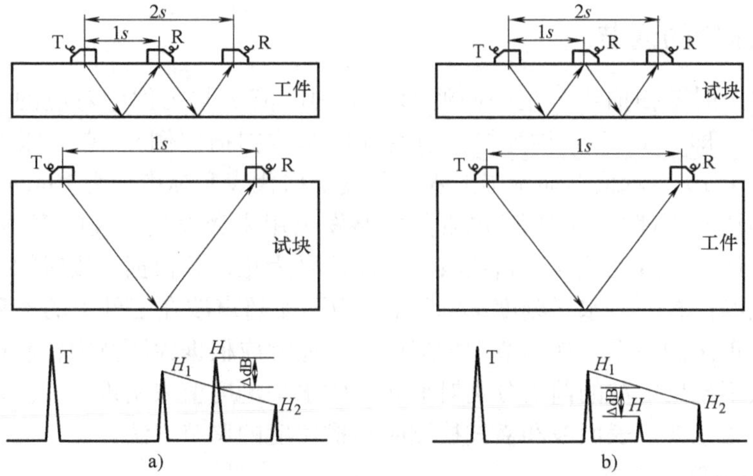

图 3-10　不等厚工件和试块的耦合损耗测定

a）工件厚度小于试块　b）试块厚度小于工件

线的高度差 ΔdB，便得到了二者的耦合损耗差。

2. 耦合损耗的补偿

当测出工件与试块的表面耦合损耗差 ΔdB 后，将探头置于试块上调好检测灵敏度，然后用“衰减器”增益 ΔdB（衰减器读数减少 ΔdB）即可。

【课后习题】

1. 工件表面形状不同时耦合效果不一样，下面的说法中（　　）是正确的。

A. 平面效果最好　　B. 凹曲面效果居中

C. 凸曲面效果最差　　D. 以上全部

2. 试简述一种耦合损耗的测定方法。

模块四　缺陷位置的测定

知识目标

※　掌握直探头及斜探头扫描速度调节方式。

※　掌握缺陷定位及其计算。

※　了解缺陷定位的影响因素。

在超声检测中，对缺陷做出准确的位置和大小判定是检测的主要目的。此模块先讨论如何确定缺陷的位置，也就是缺陷定位。为此，检测前应根据探测范围调节扫描速度，以便在规定的范围内发现缺陷，并对缺陷进行定位。

一、扫描速度的调节

仪器显示屏上时基扫描线上某一回波的水平刻度值 τ 与工件中对应的实际声程 x（单程）的比例关系，即 $\tau:x=1:n$ 称为扫描速度（时基线扫描比例）。它类似于地图上的比例尺，如扫描速度 1:10 表示仪器显示屏上水平刻度 1 格代表实际声程为 10mm。

由超声探伤仪的原理知，在仪器的发射电路发出用来激发超声波的高频电脉冲的同时，时基电路便开始计时，直到接收电路接收到回馈信号为止，并根据该段时间的长短决定对应回波在显示屏上的位置——水平刻度 τ。因此，为了使超声波在工件中的声程 x 与显示屏上的水平刻度 τ 成正比例关系，在调节扫描速度时，通常应根据检测范围，利用已知尺寸的试块或工件上两次不同反射波的前沿分别对准相应的水平刻度值来实现。

下面分别介绍纵波、表面波和横波检测时扫描速度的调节方法。

1. 纵波扫描速度的调节

纵波检测一般按纵波声程来调节扫描速度。具体做法是：将纵波探头对准厚度适当的平底面或曲底面，使两次不同的底波分别对准相应的水平刻度值。

例如，探测厚度为 100mm 的工件，若调节 1:20 的扫描速度，现利用ⅡW 试块来调节。如图 3-11a 所示，将探头对准试块上厚为 100mm 的底面，调节仪器上“深度微调”“脉冲移位”等旋钮，使底波 B_1、B_2 分别对准显示屏上的水平刻度 5、10，这时扫描线上水平刻度与实际声程的比例正好为 1:20。

2. 表面波扫描速度的调节

表面波探伤一般也是按声程调节扫描速度，利用两个不同的反射体形成的两次反射波分别对准相应的水平刻度值来调节。如图 3-11b 所示，调节仪器使棱边 A、B 的反射波分别对准水平刻度值 5、7.5，这时表面波扫描速度为 1:20。

3. 横波扫描速度的调节

如图 3-12 所示，横波探伤时，工件中缺陷位置可由水平距离 l、深度 h、声程 x 和折射角 β 四个参数中的任意两个参数来确定。因此，横波扫描速度的调节方法就有三种：声程调节法、水平调节法和深度调节法。

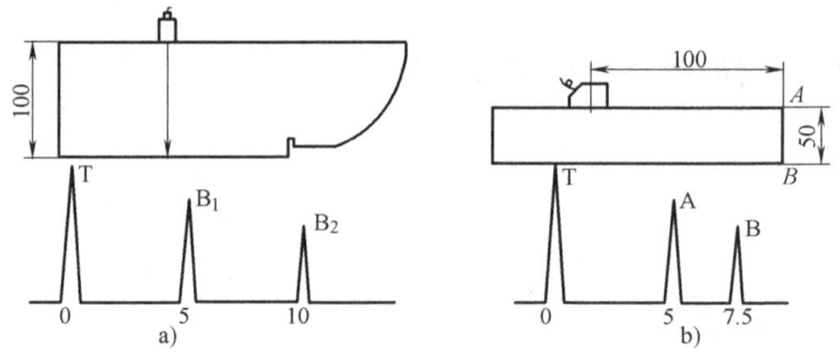

图 3-11　扫描速度的调节

a）纵波　b）表面波

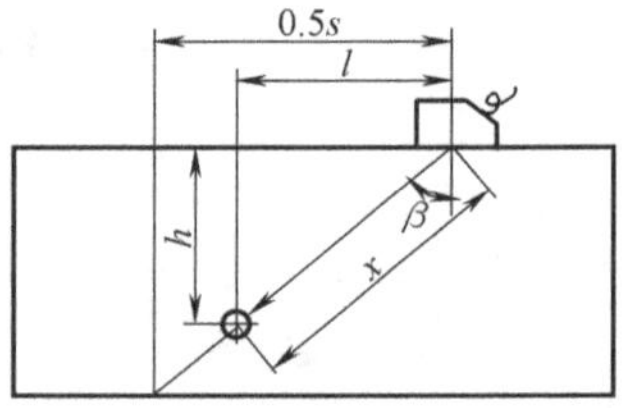

图 3-12　横波探伤缺陷位置的确定

（1）声程调节法　声程调节法是用回波在显示屏上的水平刻度值 τ 与工件中对应的横波声程 x 之比来表示扫描速度的方法。这时，仪器显示屏上某波的水平刻度反映了工件中对应的横波声程大小。

按声程调节扫描速度可在ⅡW、CSK-ⅠA、ⅡW2 等试块或工件上进行，下面讨论横波声程 1∶1 扫描速度的调节方法。

1）利用ⅡW 试块。如图 3-13 所示，先将直探头对准 91mm 底面，调节仪器使底波 B_1、B_2 分别对准水平刻度 50、100，这时扫描线与横波声程的比例正好为 1∶1（在同样的时间内，钢中纵波传播 91mm 相当于横波传播 50mm）。然后换上横波探头，探测 R100mm 的圆弧面，使探头入射点重合于 R100mm 圆弧的圆心，调节“脉冲移位”旋钮使 B_1 对准水平刻度 100。至此，按声程 1∶1 调节横波扫描速度就完成了。

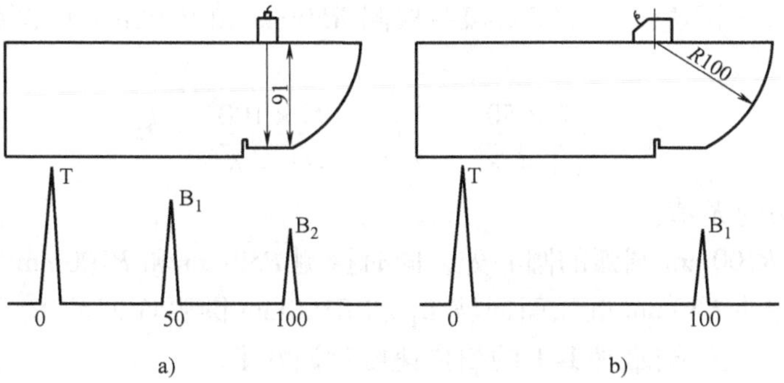

图 3-13　用ⅡW 试块按声程调节横波扫描速度

以上调节方法因不能同时在显示屏上出现两个回波而比较复杂，为此，我国的 CSK-ⅠA 试块在 R100mm 圆弧处增加了一个 R50mm 的同心圆弧面，这样只需将横波探头同时对准 R50mm 和 R100mm 圆弧面，调节仪器使 R50mm 圆弧面回波 B_1 和 R100mm 圆弧面回波 B_2 分别对准显示屏上水平刻度 50 和 100 即可。

2）利用ⅡW2 和半圆试块。将横波探头置于ⅡW2 和半圆试块圆心处，显示屏上各回波的分布规律，如图 3-14 所示。

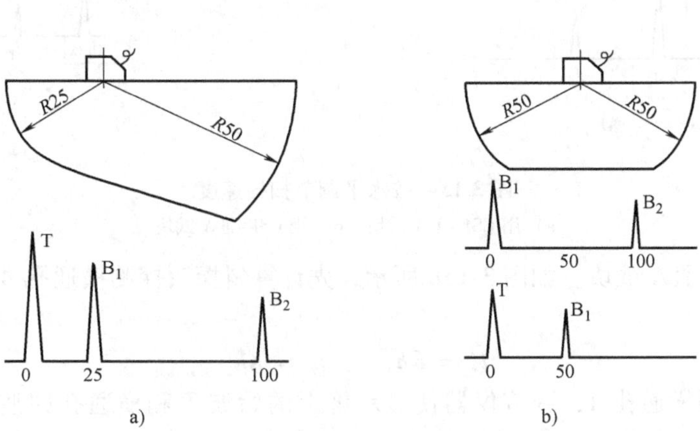

图 3-14　用ⅡW2 和半圆试块按声程调节扫描速度

a）ⅡW2 试块　b）半圆试块

利用ⅡW2 试块调节时，探头对准 R25mm 圆弧面，调节仪器使 B_1、B_2 分别对准显示屏水平刻度25、100即可，如图3-14a所示。

利用$R50$mm半圆试块调节时，探头对准$R50$mm圆弧面，调节仪器使B_1、B_2分别对准显示屏水平刻度0、100，然后调节“脉冲移位”，使B_1对准显示屏水平刻度50即可，如图3-14b所示。

（2）**水平调节法**　水平调节法是用回波在显示屏上的水平刻度τ与工件中对应反射体的水平距离l之比来表示扫描速度的方法。这时，显示屏上某波的水平刻度反映了对应反射体在工件中的水平距离。该法多用于薄板焊缝横波探伤。

按水平调节扫描速度可在CSK-ⅠA、CSK-ⅢA等试块上进行。

1）利用CSK-ⅠA试块。先计算斜探头探测$R50$mm和$R100$mm两圆弧面时对应的水平距离l_1、l_2

$$l_1 = \frac{K \times 50}{\sqrt{1 + K^2}} \qquad l_2 = \frac{K \times 100}{\sqrt{1 + K^2}} = 2l_1$$

式中　K——斜探头的K值。

将斜探头置于$R100$mm圆弧的圆心处，同时探测$R50$mm和$R100$mm两圆弧面，如图3-15a所示。调节仪器使$R50$mm圆弧面回波B_1和$R100$mm圆弧面回波B_2分别对准显示屏上的水平刻度l_1和l_2，这样按水平1∶1的扫描速度就调好了。

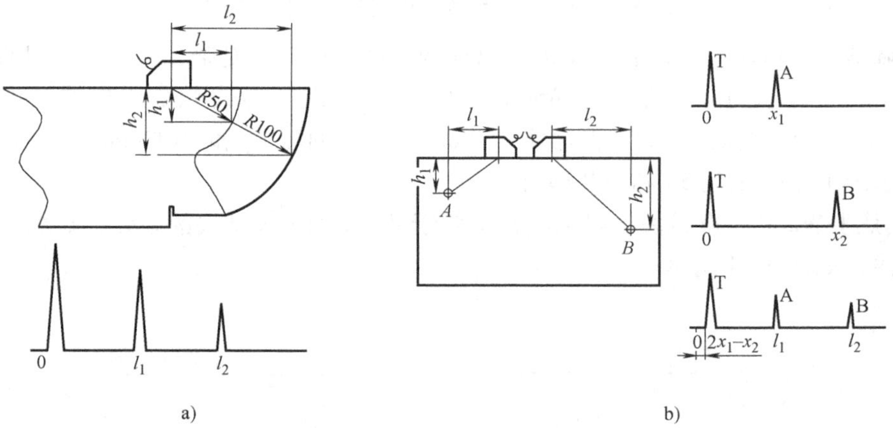

图3-15　按水平调节扫描速度

a）用CSK-ⅠA试块　b）用CSK-ⅢA试块

2）利用CSK-ⅢA试块。如图3-15b所示，先计算斜探头探测横通孔A和B对应的水平距离l_1、l_2

$$l_1 = Kh_1 \qquad l_2 = Kh_2$$

用斜探头探测横通孔A，调节仪器使显示屏上的始波T和横通孔回波A分别对准0和x_1，然后探测另一横通孔B，设回波B的读数为x_2。

为了使显示屏上的水平刻度值直接反映超声波在工件中的时间或距离（即应排除电信号从发射电路到探头的晶片和超声波从晶片到入射点所需时间Δ），需要将显示屏上的回波向左移动Δ，此操作称为斜探头的零位校正。下面计算回波的移动量Δ

$$\frac{x_1 - \Delta}{x_2 - \Delta} = \frac{h_1}{h_2}$$

当 $h_2 = 2h_1$ 时，$\Delta = 2x_1 - x_2$。

接下来，用仪器的“脉冲移位”旋钮将回波 B 向左移动 Δ（这时的回波 A 也向左移动了 Δ），然后用“深度细调”旋钮将回波 B 对准 l_2（这时的回波 A 也随之回到了 l_1）。至此，按水平 1∶1 调节扫描速度就完成了。

（3）**深度调节法**　深度调节法是用回波在显示屏上的水平刻度 τ 与工件中对应反射体的深度 h 之比来表示扫描速度的方法。这时，显示屏上某波的水平刻度反映了对应反射体在工件中的深度。该法多用于较厚工件焊缝的横波检测。

与水平调节法类似，深度调节法也可在 CSK-ⅠA、CSK-ⅢA 等试块上进行。

1）利用 CSK-ⅠA 试块。先计算斜探头探测 R50mm 和 R100mm 两圆弧面时对应的水平距离 h_1 和 h_2

$$h_1 = \frac{50}{\sqrt{1 + K^2}} \quad h_2 = \frac{100}{\sqrt{1 + K^2}} = 2h_1$$

将斜探头置于 R100mm 圆弧的圆心处，同时探测 R50mm 和 R100mm 两圆弧面，如图 3-15a 所示。调节仪器使 R50mm 圆弧面回波 B_1 和 R100mm 圆弧面回波 B_2 分别对准显示屏上的水平刻度 h_1 和 h_2，这样按深度 1∶1 的扫描速度就调好了。

2）利用 CSK-ⅢA 试块。利用 CSK-ⅢA 试块按速度调节扫描速度类似于水平调节法，也需要进行零位校正。不同的是，最后将横通孔 A 或者 B 的回波对准显示屏上的水平刻度 h_1 或者 h_2 即可，如图 3-15b 所示。

二、缺陷定位

1. 纵波检测时缺陷定位

设仪器按 1∶n 调节的扫描速度，在检测中发现一缺陷波，在显示屏上该缺陷波的水平刻度为 τ_f，则缺陷至探头的距离 x_f 为

$$x_f = n\tau_f \tag{3-2}$$

例 3-2　用某直探头探伤一钢制工件，仪器按 1∶5 调节扫描速度，探伤中在显示屏上水平刻度 60 处发现一缺陷波，求此缺陷的位置。

解：缺陷至探头的距离为 $x_f = n\tau_f = 5 \times 60\text{mm} = 300\text{mm}$。

答：若纵波声束无偏离，则缺陷位于探头正下方 300mm 处。

2. 表面波检测时缺陷定位

表面波检测时，缺陷位置的确定方法基本同纵波，只是缺陷位于工件表面、探头前方。

3. 横波检测时缺陷定位

横波检测时，因超声波在探测面的折射和在底面的反射等而使缺陷定位比较复杂，有时超声波在到达底面之前发现缺陷，这种方法称为**直射法**，也叫一次波法；有时超声波经底面反射后才发现缺陷，这种方法称为**一次反射法**，也叫二次波法，如图 3-16 所示。下面介绍几种常用的缺陷定位方法。

（1）按声程调节扫描速度时　设仪器按声程 1∶n 调节扫描速度，探伤中在显示屏上水平刻度 τ_f 处出现一缺陷波，如图 3-16 所示，则该缺陷在工件中的声程为 $s = n\tau_f$。

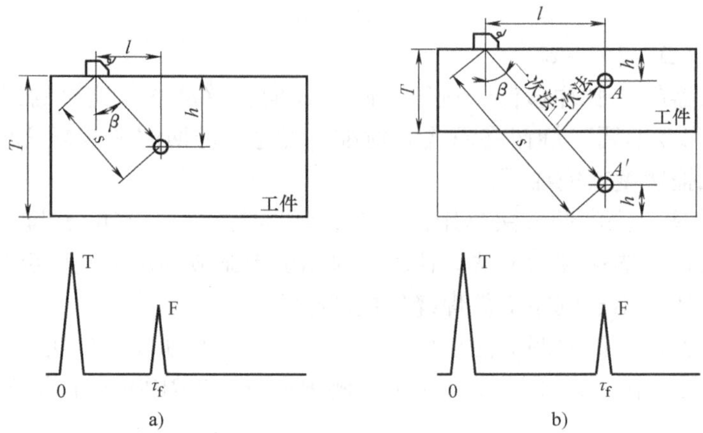

图 3-16　横波检测时缺陷定位
a）直射法　b）一次反射法

若该缺陷为直射法发现，如图 3-16a 所示，则缺陷在工件中的水平距离 l 和深度 h 分别为

$$\begin{cases} l = s\sin\beta = n\tau_f\sin\beta \\ h = s\cos\beta = n\tau_f\cos\beta \end{cases} \tag{3-3}$$

若该缺陷为一次反射法发现，如图 3-16b 所示，则缺陷在工件中的水平距离 l 和深度 h 分别为

$$\begin{cases} l = s\sin\beta = n\tau_f\sin\beta \\ h = 2T - s\cos\beta = 2T - n\tau_f\cos\beta \end{cases} \tag{3-4}$$

式中　T——工件的厚度；

β——斜探头的折射角。

（2）按水平调节扫描速度时　设仪器按水平 1∶n 调节扫描速度，探伤中在显示屏上水平刻度 τ_f 处出现一缺陷波，如图 3-16a 所示。

若该缺陷为直射法发现，则缺陷在工件中的水平距离 l 和深度 h 分别为

$$\begin{cases} l = n\tau_f \\ h = \dfrac{l}{\tan\beta} = \dfrac{n\tau_f}{K} \end{cases} \tag{3-5}$$

若该缺陷为一次反射法发现，如图 3-16b 所示，则缺陷在工件中的水平距离 l 和深度 h 分别为

$$\begin{cases} l = n\tau_f \\ h = 2T - \dfrac{l}{K} = 2T - \dfrac{n\tau_f}{K} \end{cases} \tag{3-6}$$

（3）按深度调节扫描速度时　设仪器按深度 1∶n 调节扫描速度，探伤中在显示屏上水平刻度 τ_f 处出现一缺陷波，如图 3-16a 所示。

若该缺陷为直射法发现，则缺陷在工件中的水平距离 l 和深度 h 分别为

$$\begin{cases} h = n\tau_f \\ l = Kh = Kn\tau_f \end{cases} \tag{3-7}$$

若该缺陷为一次反射法发现，如图 3-16b 所示，则缺陷在工件中的水平距离 l 和深度 h 分别为

$$\begin{cases} l = Kn\tau_f \\ h = 2T - n\tau_f \end{cases} \tag{3-8}$$

例 3-3 用 $K1.5$ 的斜探头探伤厚度 $T=30$mm 的钢板焊缝，仪器按深度 1∶2 调节扫描速度，探伤中在显示屏上水平刻度 $\tau=20$ 处出现一缺陷波，求此缺陷的位置。

解：由题可知，若缺陷为直射法所发现，则其深度为 $n\tau = 2\times20\text{mm} = 40\text{mm}$。因 $2\times30\text{mm} > 40\text{mm} > 30\text{mm}$（工件厚度为 30mm），故该缺陷应是一次反射法所发现，则其水平距离和深度分别为

$$l = Kn\tau = 1.5\times2\times20\text{mm} = 60\text{mm}$$
$$h = 2T - n\tau = 2\times30\text{mm} - 2\times20\text{mm} = 20\text{mm}$$

三、横波周向检测圆柱形工件时的缺陷定位

如图 3-17 所示，当用斜探头周向检测圆柱形工件时，缺陷相对于探测面的位置由 H、$\widehat{L}$ 确定，因此，需要将直接测出的 l、h 进行转换。

1. 外圆周向检测

由图 3-17 得

$$\begin{cases} H = R - \overline{BO} = R - \sqrt{l^2 + \overline{CO}^2} = R - \sqrt{l^2 + (R-h)^2} \\ \widehat{L} = R\theta = R\arctan\dfrac{l}{R-h} \end{cases} \tag{3-9}$$

式中，θ 的单位为 rad。可见，当探头从外圆面周向探测时，缺陷对应的弧长 $\widehat{L}$ 比按平板工件测出的水平距离 l 大，但深度 H 比按平板工件测出的深度 h 小。

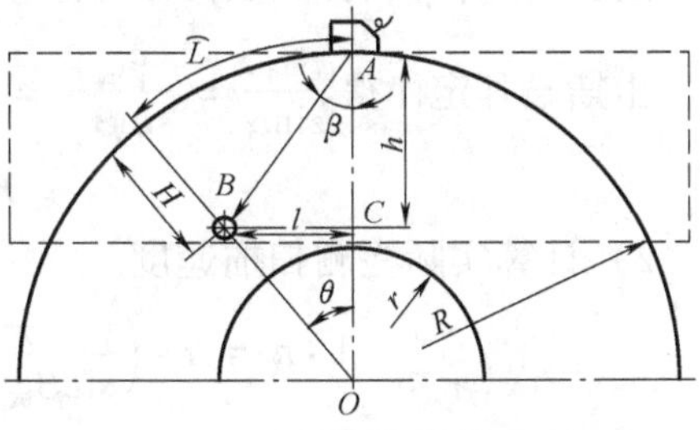

图 3-17 外圆周向检测缺陷定位

2. 内圆周向检测

由图 3-18 得

$$\begin{cases} H = \sqrt{l^2 + (r+h)^2} - r \\ \widehat{L} = r\theta = r\arctan\dfrac{l}{r+h} \end{cases} \tag{3-10}$$

式中，θ 的单位为 rad。可见，当探头从内圆面周向探测时，缺陷对应的弧长 $\widehat{L}$ 比按平板工件测出的水平距离 l 小，但深度 H 比按平板工件测出的深度 h 大。

例 3-4 用 $K2$ 横波斜探头从外圆周向探测 $\phi1000\text{mm}\times80\text{mm}$ 的压力容器纵缝。仪器按深度 1∶2 调节扫描速度，探伤中在显示屏上水平刻度 30 处出现一缺陷波，试求此缺陷的位置。

解：由题意知，该容器的外径 $R=500$mm，$h=2\times30\text{mm}=60\text{mm}$，$l=Kh=2\times60\text{mm}=120\text{mm}$。

根据式（3-9）得

$$H = R - \sqrt{l^2 + (R-h)^2} = 500\text{mm} - \sqrt{120^2 + (500-60)^2}\text{mm} = 44\text{mm}$$

$$\widehat{L} = R\theta = R\arctan\frac{l}{R-h} = 500 \times \arctan\frac{120}{500-60}\text{mm} = 133\text{mm}$$

答： 该缺陷距离外圆面44mm，对应的外圆弧长为133mm。

值得注意的是，利用试块调节扫描速度进行工件的超声检测，由于试块和工件中声速的差异，实际检测时的扫描速度和斜探头的 K 值会发生变化。为了准确定位缺陷，必须计算出检测工件时的实际扫描速度和 K 值，或者直接在工件上进行扫描速度调节和斜探头 K 值测定，否则会造成对缺陷位置的误判。

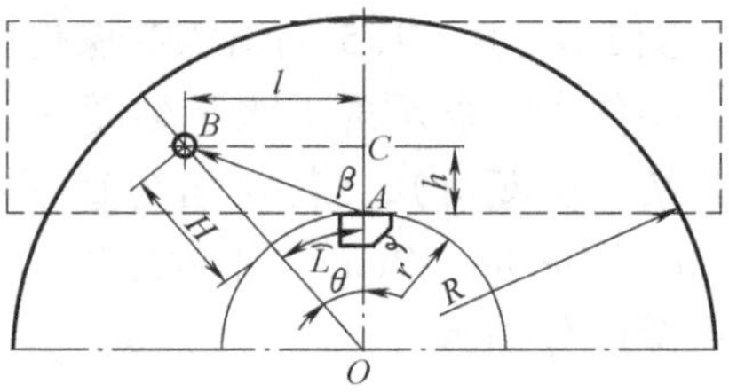

图 3-18 内圆周向检测缺陷定位

例 3-5 用某直探头检测一锻件，已知试块中纵波声速 $c_{L_1}=5900\text{m/s}$，工件中纵波声速 $c_{L_2}=6000\text{m/s}$。在试块上按 1∶2 调节仪器扫描速度，探伤中在显示屏水平刻度 $\tau=30$ 处出现一缺陷波，求此缺陷在工件中的位置。

解： 由题意得实际的扫描速度为 $1:n = \tau:\left(\frac{\tau \times 2}{5900} \times 6000\right) = 1:2.03$ 。

故缺陷位置为 $h=30\text{mm} \times 2.03 = 60.9\text{mm}$。

答： 缺陷在工件中位于探头正下方60.9mm处。

例 3-6 用斜探头 2.5P10×12K1.5 检测某平板对接焊缝。已知焊缝厚度 $T=30\text{mm}$，试块中横波声速 $c_{s_试}=3230\text{m/s}$，焊缝中横波声速 $c_{s_工}=3000\text{m/s}$。在试块上按水平 1∶2 调节扫描速度，检测中在显示屏水平刻度 $\tau=20$ 处出现一缺陷波，求此缺陷在焊缝中的位置。

解： 1）计算斜探头实际 K 值。

由斯聂耳定律得 $\frac{c_{L_1}}{\sin\alpha} = \frac{c_{s_试}}{\sin\beta_试} = \frac{c_{s_工}}{\sin\beta_工} \rightarrow \frac{3230}{\sin(\arctan 1.5)} = \frac{3000}{\sin\beta_工}$

$$K = \tan\beta_工 = 1.22$$

2）计算实际检测扫描速度。

$$1:n = \tau:\left(\frac{\tau \times 2}{\sin\beta_试 \times 3230} \times 3000 \times \sin\beta_工\right) = 1:1.73$$

3）计算缺陷位置。

水平距离为 $l=20\text{mm} \times 1.73 = 34.6\text{mm}$；深度为 $h=\frac{l}{K}=\frac{34.6}{1.22}\text{mm}=28.4\text{mm}$

答： 在焊件中，缺陷位于探头前方34.6mm、深度为28.4mm处。

四、影响缺陷定位的因素

目前A型脉冲反射式超声探伤仪是根据显示屏上缺陷波水平刻度值进行缺陷定位的。因此，了解影响缺陷波显示的因素对于提高缺陷定位的精度是十分有益的。

1. 仪器的影响

（1）仪器的水平线性　仪器的水平线性的好坏会影响回波在显示屏上的水平刻度值，

从而直接影响缺陷的定位计算。

（2）仪器显示屏的水平刻度精度　若仪器显示屏的水平刻度分度不均匀，则必然会导致回波水平刻度值不准确，对缺陷定位的误差增大。

2. 探头的影响

（1）声束偏离　理想的探头，其声束中心线应与探头中晶片几何中心重合，而实际上两者往往存在一定的偏差。当声束中心线与晶片几何中心偏离较大时，缺陷的定位精度也就降低了。

（2）声场双峰　正常的探头辐射的声场只有一个主声束，在远场区主声束上声压最高。但是，有时由于探头制造或使用的原因，存在着两个主声束，当发现缺陷时，难以判定是哪个主声束发现的，因此也就难以确定缺陷的实际位置。

（3）探头指向性　探头辐射的声场半扩散角小，指向性好，缺陷定位误差小。

（4）斜探头磨损　斜探头在使用过程中，若操作者用力不均，则斜楔前后磨损不同，探头入射点、折射角和 K 值将发生变化，从而影响缺陷定位。

3. 工件的影响

（1）工件表面粗糙度　工件表面粗糙，不仅会使耦合不良，而且由于表面凹凸不平，会使声波进入工件的时间产生差异。当凹槽的深度为 $\lambda/2$ 时，则进入工件的声波相位正好相反，使进入工件的声波互相干涉形成分叉，从而使缺陷定位困难。

（2）工件表面形状　探测曲面工件时，探头与探测面之间为点或线接触，若把握不当，则探头折射角容易发生变化，从而影响缺陷的定位。

（3）工件材质　通常因材质不同，工件和试块中的声速也有所差异，使得探头的 K 值发生变化，影响缺陷定位。此外，工件内应力较大时，将使超声波的传播速度和方向发生变化。当应力方向与波的传播方向一致，且为压应力时，工件的弹性增加，声速加快。当应力方向与波的传播方向不一致时，波动过程中质点振动轨迹受应力干扰，使波的传播方向产生偏离，也会影响到缺陷的定位。

（4）工件边界　当缺陷靠近工件边界时，由于侧壁反射波与直接入射波在缺陷处产生干涉，使声场中声压分布发生变化，声束中心轴线发生偏离，缺陷的定位误差增加。

（5）工件温度　超声波在工件中的传播速度因温度不同而不同，这样，实际探头的 K 值将发生变化，从而影响缺陷定位。

（6）工件中的缺陷情况　工件内缺陷倾斜时，可能出现扩散波声束入射至缺陷的回波较高，而定位时误认为缺陷在轴线上，从而导致定位不准。

4. 操作人员的影响

（1）时基线比例　调节时基线比例时，回波前沿没有对准相应水平刻度或读数不准，使得缺陷的定位误差增加。

（2）入射点和 K 值　测定斜探头的入射点、K 值误差较大时，也会影响缺陷定位。

（3）定位方法不当　横波周向探测圆柱形工件时，若按平板工件定位方式处理，也将增加缺陷定位误差。

【课后习题】

1. 用 IIW2 试块调整时间轴，当探头对准 $R50$mm 圆弧面时，示波屏的回波位置（声程调试）应在（　）。

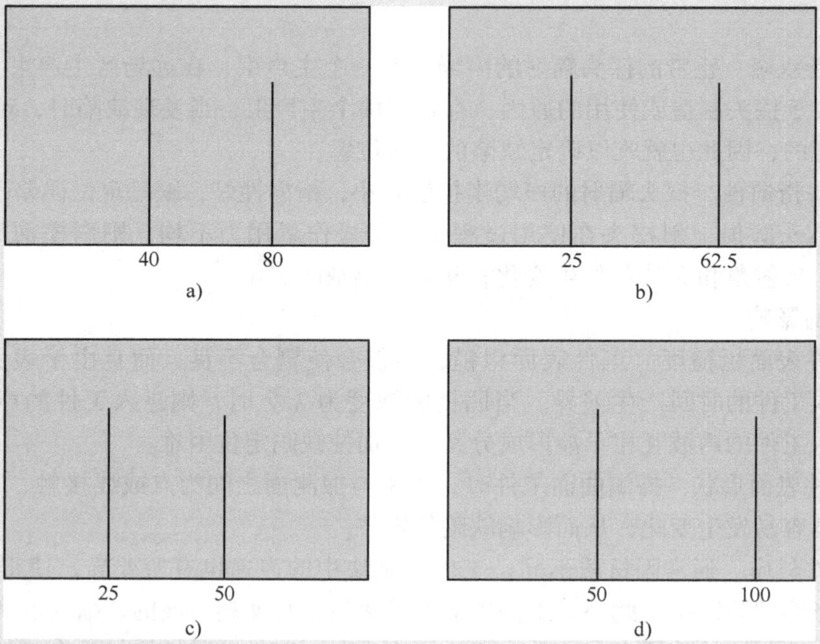

图　3-19

2. 在厚焊缝斜探头探伤时，一般宜使用（　　）标定仪器时基线。

A. 水平定位法　　B. 深度定位法

C. 声程定位法　　D. 一次波法

3. 在中薄板焊缝斜探头探伤时，宜采用（　　）标定仪器时基线。

A. 水平定位法　　B. 深度定位法

C. 声程定位法　　D. 二次波法

4. 在探伤工件时，若发现缺陷定位错误，应该从哪些方面进行分析排查？

5. 用 K2 探头在 CSK－IA 试块上按深度 1∶1 调节扫描线，如所有旋钮不动，改用 K1 探头，问：

1）$R50$mm、$R100$mm 圆弧反射波位置有变化吗？

2）此时的深度比例是多少？

3 UNIT

模块五　缺陷大小的测定

知识目标

※　掌握缺陷定量的原理和方法。

※　掌握 AVG 曲线及距离－波幅曲线的绘制及使用方法。

※　熟悉缺陷定量的测定及计算方法。

※　了解缺陷定量的影响因素。

超声检测时，除了需要测出缺陷在工件中的位置外，还应测出超标缺陷的大小，即测出缺陷的长度、面积和数量等参数，简称对缺陷定量。

为了发现规定大小的缺陷，应选择合适的检测灵敏度，根据缺陷在工件中的位置和缺陷波高等信息，通过试块比较法、AVG 曲线和距离-波幅曲线法、计算法、底波法等方式定量缺陷。

一、AVG 曲线绘制

AVG 曲线是描述规则反射体的距离、回波高、当量大小三者之间相互关系的曲线。AVG 是德语距离、增益、大小的字头缩写，英语缩写为 DGS。AVG 曲线可用于对缺陷定量和选择检测灵敏度。

AVG 曲线有多种类型，按通用性可分为通用 AVG 曲线和实用 AVG 曲线；按波形不同可分为纵波 AVG 曲线和横波 AVG 曲线；按反射体不同可分为平底孔 AVG 曲线和横孔 AVG 曲线等。

下面以纵波检测用平底孔为例说明 AVG 曲线的绘制方法。

1. 通用 AVG 曲线

当 $x \geqslant 3N$，不考虑介质衰减时，由规则反射体的回波声压公式得平底孔和大平底与显示屏上始波的相对波高为

$$\Delta_1 = [B] - [T] = 20\lg\frac{H_B}{H_0} = 20\lg\frac{P_B}{P_0} = 20\lg\frac{\frac{P_0F_0}{2\lambda x}}{P_0} = 20\lg\frac{\pi}{2A} \tag{3-11}$$

$$\Delta_2 = [F] - [T] = 20\lg\frac{H_F}{H_0} = 20\lg\frac{P_F}{P_0} = 20\lg\frac{\frac{P_0F_0F_F}{\lambda^2x^2}}{P_0} = 40\lg\frac{\pi G}{A} \tag{3-12}$$

式中　Δ_1——底波与始波的分贝差；

Δ_2——平底孔回波与始波的分贝差；

A——归一化距离，$A = x/N$；

G——归一化缺陷当量大小，$G = D_F/D_0$（D_F 为平底孔直径，D_0 为圆晶片直径）。

以 A 为横坐标、Δ_1 和 Δ_2 为纵坐标，由式（3-11）得大平底回波高与距离之间的关系曲线，如图 3-20 中的 B。由式（3-12）得一族不同 G 值的平底孔回波高和距离之间的关系曲

线，如图 3-20 所示。

图 3-20 中，在 $A<3$ 的区域内，由于理论公式不适用，该区域的曲线应通过实测得到。

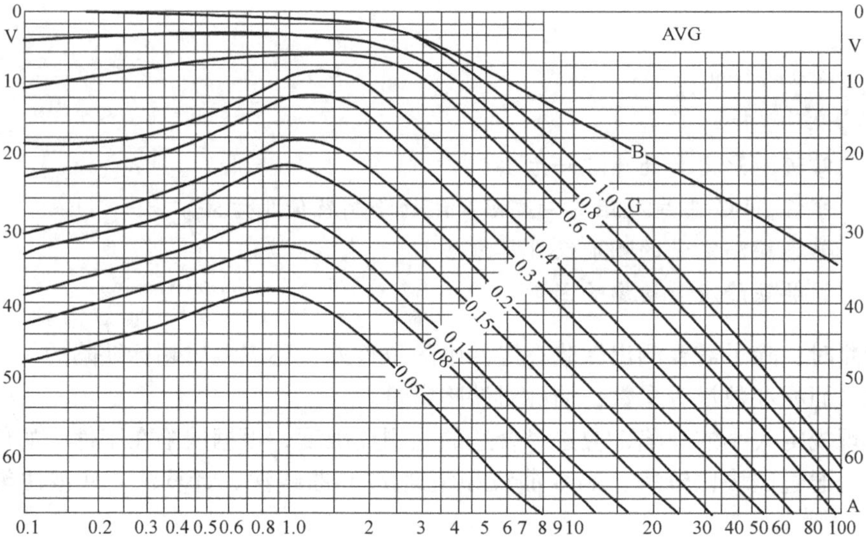

图 3-20　平底孔通用 AVG 曲线

通用 AVG 曲线由于采用了归一化距离和归一化缺陷当量大小，因此通用性好，适用于不同规格的探头。

2. 实用 AVG 曲线

将通用 AVG 曲线中的横坐标改为实际声程、G 值改为平底孔的实际大小，便得到了实用 AVG 曲线，如图 3-21 所示。

由于实用 AVG 曲线是由特定探头实测和计算得到的，因此只适用于特定探头，且图上须标明探头尺寸和频率。

3. AVG 面板曲线

对于垂直线性良好的仪器，波高与声压成正比，将 AVG 曲线直接绘制在仪器显示屏面板上，称为 AVG 面板曲线，如图 3-22 所示。AVG 面板曲线中的纵坐标表示回波高，横坐

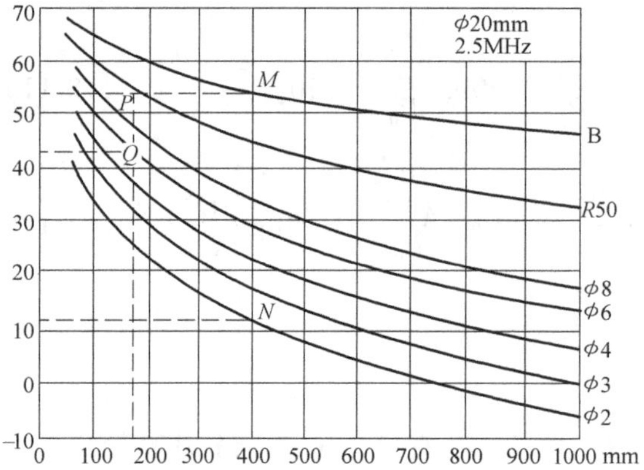

图 3-21　平底孔实用 AVG 曲线

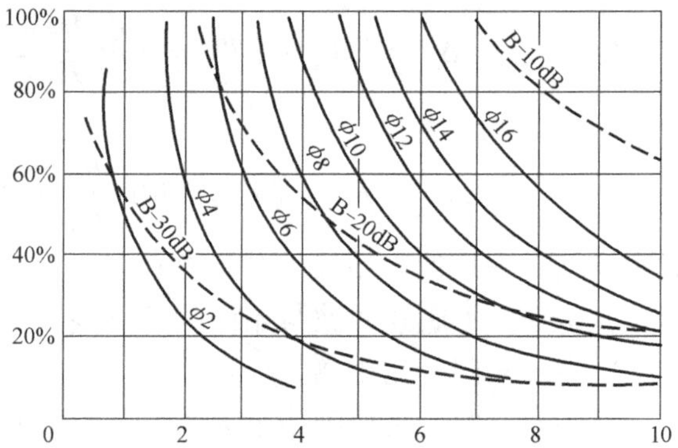

图 3-22　平底孔 AVG 面板曲线

标表示反射体的距离。

由于 AVG 面板曲线直接绘制在仪器显示屏上，因此对缺陷的定量十分方便。

二、距离-波幅曲线绘制

距离-波幅曲线是描述某一规则反射体随距离变化其波高变化规律的曲线，它可以看作 AVG 曲线的特例，可以通过实测或理论公式、通用 AVG 曲线得到。它主要用于横波斜探头探伤时灵敏度的选择和缺陷的定量。下面以 CSK-ⅢA 试块为例介绍距离-波幅曲线的绘制过程。

1）测定斜探头的入射点和 K 值。

2）将探头置于 CSK-ⅢA 试块上，探测深度为 10mm 的 ϕ1mm×6mm 横通孔，调节仪器使其回波高为基准高度的 60%，记下此时“衰减器”的读数 Δ_1 和孔深 h_1。

3）重复步骤 2），得到其余横通孔对应的“衰减器”的读数 Δ_2、Δ_3……和孔深 h_2、h_3……。

4）以孔深为横坐标，“衰减器”的读数为纵坐标，在坐标纸上描点（Δ_1，h_1）、（Δ_2，h_2）、（Δ_3，h_3）……，并将其光滑连接成曲线，此即 ϕ1mm×6mm 横通孔的距离-波幅曲线。

5）按照标准 JB/T 4730.3—2005 的规定（表 3-2），根据被检工件厚度，将 ϕ1mm×6mm 横通孔的距离-波幅曲线上下平移，绘出评定线、定量线、判废线，标出Ⅰ区、Ⅱ区、Ⅲ区，如图 3-23 所示。

表 3-2　距离-波幅曲线的绘制　　（单位：mm）

试块型式	板厚	评定线	定量线	判废线
CSK-ⅡA	8～46	ϕ2×40－18dB	ϕ2×40－12dB	ϕ2×40－4dB
	>46～120	ϕ2×40－14dB	ϕ2×40－8dB	ϕ2×40＋2dB
CSK-ⅢA	8～15	ϕ1×6－12dB	ϕ1×6－6dB	ϕ1×6＋2dB
	>15～46	ϕ1×6－9dB	ϕ1×6－3dB	ϕ1×6＋5dB
	>46～120	ϕ1×6－6dB	ϕ1×6dB	ϕ1×6＋10dB
CSK-ⅣA	120～400	ϕd×40－16dB	ϕd×40－10dB	ϕd×40

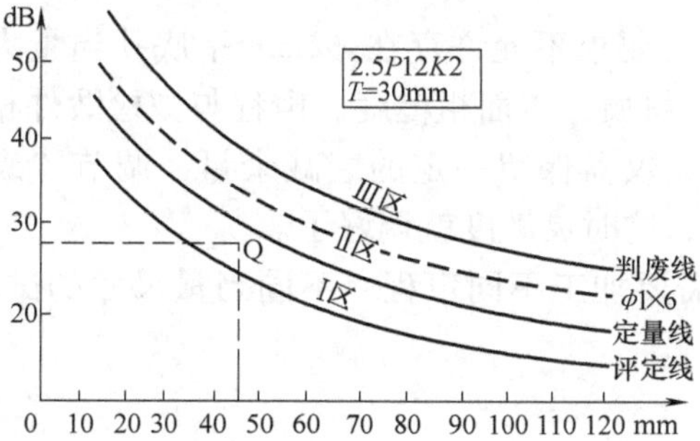

图 3-23　距离-波幅曲线图

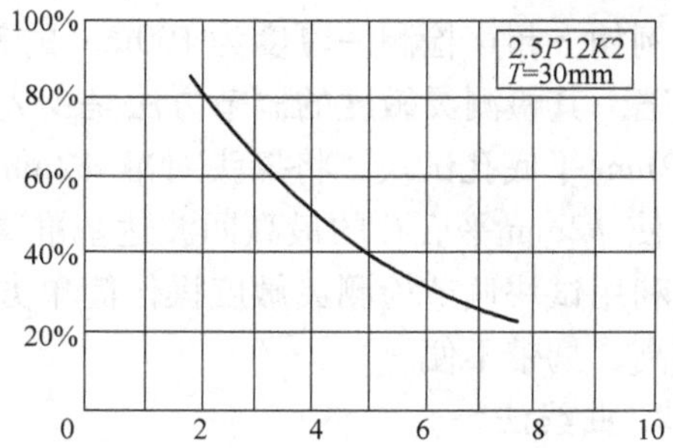

图 3-24　距离-波幅曲线的面板曲线

综上所述，完整的距离-波幅曲线由评定线、定量线、判废线和三个区域组成。评定线（包括评定线）与定量线之间称为Ⅰ区；定量线（包括定量线）与判废线之间称为Ⅱ区；判废线及以上区域称为Ⅲ区。

同AVG曲线一样，将距离-波幅曲线绘制在仪器显示屏上，便得到了距离-波幅曲线的面板曲线，其纵坐标表示回波高度。通常面板曲线仅绘制一条评定线，使用时通过调节“衰减器”来获得所需的定量线或判废线，如图3-24所示。

例3-7　设图3-24中的曲线为评定线，检测中发现一缺陷波，试判定该缺陷的当量和区域。

解：由表3-2知，当工件厚度为30mm时，评定线与定量线之间的分贝差为6dB，定量线与判废线之间的分贝差为8dB。

如果该缺陷波低于评定线，可以不予考虑；若缺陷波高于评定线，则用“衰减器”将其调至评定线，根据衰减量Δ便可判定缺陷的当量和区域。设：

$\Delta < 6$dB，则缺陷当量为$\phi 1 \times 6 - 9 + \Delta$dB，在Ⅰ区。

$6\text{dB} \leqslant \Delta < 14$dB，则缺陷当量为$\phi 1 \times 6 - 9 + \Delta$dB，在Ⅱ区。

$\Delta \geqslant 14$dB，则缺陷当量为$\phi 1 \times 6 - 9 + \Delta$dB，在Ⅲ区。

三、检测灵敏度的调节

检测灵敏度是指在确定的声程范围内发现规定大小缺陷的能力，一般根据产品技术要求或有关标准确定。调节检测灵敏度实际上就是改变入射的超声波强度。超声波强度大，灵敏度高，发现缺陷的能力增强；反之则灵敏度低。

实际检测时，灵敏度太高或太低对检测都不利。灵敏度太高，显示屏上杂波过多，造成缺陷波难以识别；灵敏度太低，容易漏检缺陷。检测灵敏度包括基准灵敏度和扫查灵敏度。基准灵敏度一般是指记录灵敏度，主要用于缺陷的定量和缺陷的等级评定。扫查灵敏度是在基准灵敏度的基础上提高后的灵敏度，多用于粗检时提高扫查速度且不致引起漏检，也称为搜索灵敏度。

常用的灵敏度调节方法有试块调整法、曲线法、工件底波调整法等。

1. 试块调整法

根据工件的检测要求选择相应的试块，将探头对准试块上的人工缺陷，调节仪器的“衰减器”“增益”“发射强度”等旋钮，使显示屏上人工缺陷的最高反射波达基准高，这时灵敏度就调好了。

例如，超声检测一厚度为100mm的钢制锻件，要求不允许存在ϕ2mm平底孔当量大小的缺陷。其检测灵敏度的调节方法是：先加工一块材质、表面粗糙度、声程与被检锻件相同的ϕ2mm平底孔试块，将探头对准ϕ2mm平底孔，仪器保留一定的衰减余量，调节“衰减器”使ϕ2mm平底孔的最高回波达基准高的60%，这时灵敏度就调好了。

利用试块调节检测灵敏度操作简单方便，但需要加工不同声程、不同当量尺寸的试块，成本高、携带不便。

2. 曲线法

曲线法是指根据工件的检测要求，在AVG曲线或距离-波幅曲线上查出仪器“衰减器”应调至的数值。

例如，某锻件200/ϕ2灵敏度的调节方法是：在AVG曲线上通过横坐标200mm处作一条垂线与ϕ2mm线相交，读出交点的纵坐标Δ。调节“衰减器”至读数为Δ，这时灵敏度就调好了。

用距离-波幅曲线调节灵敏度时，通常要求灵敏度不低于评定线，且规定：

1）当工件厚度 $T=8\sim46\text{mm}$ 时，用工件厚度的 2 倍对应的评定线分贝值作为检测灵敏度。

2）当工件厚度 $T>46\text{mm}$ 时，用工件厚度对应的评定线分贝值作为检测灵敏度。

例如，用某斜探头检测厚度为 30mm 的焊件，其检测灵敏度的调节方法为：在距离-波幅曲线上通过横坐标60mm（$2\times30\text{mm}$）处作一条垂线与评定线相交，读出交点的纵坐标 Δ。调节“衰减器”至读数为 Δ，这时灵敏度就调好了。

用曲线法调节灵敏度简单方便，但未能考虑工件表面粗糙度和材质衰减的影响，同时要求检测的仪器和探头应与绘制曲线时相同，否则会导致缺陷当量误差。

3. 工件底波调整法

工件底波调整法是根据工件底波与同深度的人工缺陷 ϕ 回波分贝差 Δ 来调节检测灵敏度的方法。分贝差 Δ 可由 AVG 曲线查出：用工件厚度作为横坐标作一条垂线分别与大平底线和缺陷 ϕ 线相交，读出交点的纵坐标差 Δ。若工件厚度超过 3 倍近场区，则分贝差也可由下述理论公式求出

$$\Delta = 20\lg\frac{P_B}{P_\phi} = 20\lg\frac{2\lambda x}{\pi\phi^2} \qquad (x \geqslant 3N) \tag{3-13}$$

利用工件底波调整灵敏度时，将探头对准工件底面，调节仪器使工件底波 B_1 达基准高的 60%，然后利用“衰减器”增益 ΔdB 即可。

例 3-8 用 2.5P20Z 直探头检测厚度 $x=400\text{mm}$ 的钢制工件，钢中 $c_L=5900\text{m/s}$，要求检测出 $\phi2\text{mm}$ 当量以上的缺陷，其检测灵敏度的调节方法如何？

解： 在图 3-21 中查出 400mm 处底波与 $\phi2\text{mm}$ 平底孔回波的分贝差 $\Delta=MN=44\text{dB}$，或者由下式求出

$$\Delta = 20\lg\frac{P_B}{P_\phi} = 20\lg\frac{2\lambda x}{\pi\phi^2} = 20\lg\frac{2\times2.36\times400}{3.14\times2^2}\text{dB} = 44\text{dB}$$

将探头对准工件底面，调节“衰减器”使底波 B_1 达基准高的 60%，设此时“衰减器”读数为 50dB，然后使“衰减器”读数减少 44dB，这时灵敏度就调好了。

工件底波调整法不涉及工件表面状态和材质与试块的差别，不像试块法和曲线法需要进行补偿，但是要求工件上、下表面平行或圆柱曲底面，且底面光洁干净。当底面粗糙或有水、油时，将使底面反射率降低，底波下降，这样调整的灵敏度将会偏高。

四、缺陷大小的测定

缺陷大小的测定即测出单个缺陷的空间尺寸和密集缺陷的区域大小。当缺陷的尺寸小于声束横截面时，可采用当量试块比较法、当量曲线法、当量计算法等进行测定，否则应采用规定的方法测出其长度。

1. 当量试块比较法

当量试块比较法是指在检测工件时获得的缺陷波信号与检测相同材质、相同表面状态的某一试块上人工缺陷的信号完全相同（包括缺陷波在显示屏上的水平刻度和高度），这时试块中人工缺陷的大小就代表工件中实际缺陷的大小。

试块比较法操作简单，但是须加工大量的试块供检测时进行比较，故成本高、不便于携

带，在实际检测中应用较少，多用于小工件的近场区检测或特别重要零件的精确定量。

2. 当量曲线法

纵波直探头检测利用 AVG 曲线来确定工件中缺陷的当量大小。

例 3-9　用 2.5P20Z 直探头探测厚度为 400mm 的钢制锻件。工件中纵波声速 c_L = 5900m/s，探伤中在 170mm 处发现一缺陷，其波高比底波低 10dB。求缺陷的当量大小 ϕ。

解： 如图 3-21 所示，过横坐标 400mm 处作一垂线 MN 交 B 线于 M 点，过横坐标 170mm 处作一垂线 PQ 与过比 M 点低 10dB 的水平线交于 Q 点，由 Q 点在 AVG 曲线图中的位置得缺陷大小为 ϕ6mm。

横波斜探头检测定量缺陷时，通常只需确定缺陷位于距离-波幅曲线图中的区域，而不得出其具体的尺寸，并进一步按有关标准判定出缺陷的级别即可。

例 3-10　用某斜探头 2.5P12×12K2 检测一焊缝，检测中发现一缺陷深度为 45mm，缺陷波高达基准高时的“衰减器”读数为 28dB。判定该缺陷在距离-波幅曲线图中的位置。

解： 以坐标（45，28）在距离-波幅曲线图中描点，如图 3-23 中的 Q 点，可见该缺陷位于距离-波幅曲线图中的 Ⅰ 区。

3. 当量计算法

当缺陷对应的声程 $x \geqslant 3N$ 时，根据探伤中测得的缺陷波高 dB 值，利用规则反射体的回波声压公式进行计算来确定缺陷的当量大小的方法，称为当量计算法。当量计算法不需要任何试块，是目前广泛应用的一种缺陷测定方法。下面以纵波检测为例说明平底孔当量计算法。

例 3-11　用 2.5P14Z 探头检测厚度为 420mm 的钢制锻件，钢中 c_L = 5900m/s，不考虑介质衰减，利用底波调整 ϕ2mm 平底孔探伤灵敏度。探伤过程中在 210mm 处发现一缺陷，其回波比底波低 26dB，求此缺陷的当量大小。

解： 由已知得

$$\lambda = \frac{c_L}{f} = \frac{5.9}{2.5}\text{mm} = 2.36\text{mm}$$

$$N = \frac{D^2}{4\lambda} = \frac{14^2}{4 \times 2.36}\text{mm} = 21\text{mm}$$

$$3N = 3 \times 21\text{mm} = 63\text{mm} < 210\text{mm}$$

所以可以用当量计算法。

设 420mm 处大平底回波声压为 P_B，210mm 处缺陷回波声压为 P_ϕ，根据规则反射体的回波声压公式得

$$\Delta_{B\phi} = 20\lg\frac{P_B}{P_\phi} = 20\lg\frac{2\lambda x_\phi^2}{\pi x_B \phi^2} = 26$$

$$\phi = \sqrt{\frac{2\lambda x_\phi^2}{\pi x_B \times 10^{\frac{26}{20}}}} = \sqrt{\frac{2 \times 2.36 \times 210^2}{3.14 \times 420 \times 10^{1.3}}}\text{mm} = 2.8\text{mm}$$

答： 缺陷的当量平底孔尺寸为 ϕ2.8mm。

例 3-12　用 2.5P14Z 探头检测厚度为 420mm 的钢制锻件，钢中 c_L = 5900m/s，α = 0.01dB/mm，利用底波调整 ϕ2mm 平底孔探伤灵敏度。检测过程中在 210mm 处发现一缺陷，其回波比灵敏度基准高 20dB，求此缺陷的当量大小。

解：由例3-11知，缺陷对应的声程超过3N，可以用当量计算法。

设420mm处基准灵敏度波高为P_2，210mm处缺陷回波声压为P_ϕ，根据规则反射体的回波声压公式得

$$\Delta_{\phi 2}=20\lg\frac{P_\phi}{P_2}=40\lg\frac{\phi x_2}{\phi_2 x_\phi}+2\alpha(x_2-x_\phi)=20$$

$$\phi=\frac{\phi_2 x_\phi\times 10^{15.8/40}}{x_2}=\frac{2\times 210\times 10^{0.395}}{420}\text{mm}=2.5\text{mm}$$

答：缺陷的当量平底孔尺寸为ϕ2.5mm。

4. 底波高度法

当工件中存在缺陷时，由于缺陷的反射，工件的底波会下降。缺陷越大，缺陷波越高，底波就越低，缺陷波高与底波的波高之比也越大，因此，利用缺陷波与底波的相对波高可以间接衡量缺陷的相对大小，这种方法称为底波高度法。

常用的底波高度法有以下几种。

（1）F/B_F法　F/B_F法是在一定的检测灵敏度下，用缺陷波高F与缺陷处的底波高B_F之比来衡量缺陷相对大小的方法。

（2）F/B_G法　F/B_G法是在一定的检测灵敏度下，用缺陷波高F与无缺陷处底波高B_G之比来衡量缺陷相对大小的方法。

（3）B_G/B_F法　B_G/B_F法是用无缺陷处底波高B_G与缺陷处的底波高B_F之比来衡量缺陷相对大小的方法。

底波高度法不用试块，可直接利用工件底波调节灵敏度和比较缺陷大小，操作简单。但是它不能得出缺陷的当量大小，而且缺陷波高与底波高之比会受到缺陷距离的影响，当缺陷距离较小时，F/B_F较大，对于较小的缺陷底波往往饱和，密集缺陷往往缺陷波不明显。因此，底波高度法只适用于同样条件下的缺陷比较或是测定缺陷的密集程度、材质晶粒度和石墨化程度等场合。

5. 测长法

当工件中缺陷尺寸大于声束横截面时，必须采用测长法测定缺陷的长度。

测长法是根据缺陷波高与探头移动距离来确定缺陷的尺寸。按规定的方法测定的缺陷长度称为缺陷的指示长度。由于实际工件中缺陷取向、性质、表面状态等都会影响到缺陷的回波高，因此缺陷的指示长度总是小于或等于缺陷的实际长度。

常用的缺陷测长法有相对灵敏度法、绝对灵敏度法、端点峰值法。

（1）相对灵敏度法　检测时沿缺陷长度方向移动探头，降低一定的dB值来测定缺陷长度的方法，称为相对灵敏度法。降低的dB值有3dB、6dB、10dB、12dB、20dB等几种。常用的是6dB法和端点6dB法。

1）6dB法。由于波高降低6dB后正好为原来的一半，因此6dB法又称为半波高度法。6dB法适用于移动探头时，缺陷波高包络线只有一个极大值点的场合。

6dB法的具体做法是：当发现缺陷后，移动探头找到缺陷的最高回波，然后沿缺陷长度方向左右移动探头，当缺陷波高降低一半时，探头中心线之间的距离就是缺陷的指示长度，如图3-25a所示。

2）端点6dB法。端点6dB法也叫端点半波高度法。移动探头，当缺陷波高有很大变

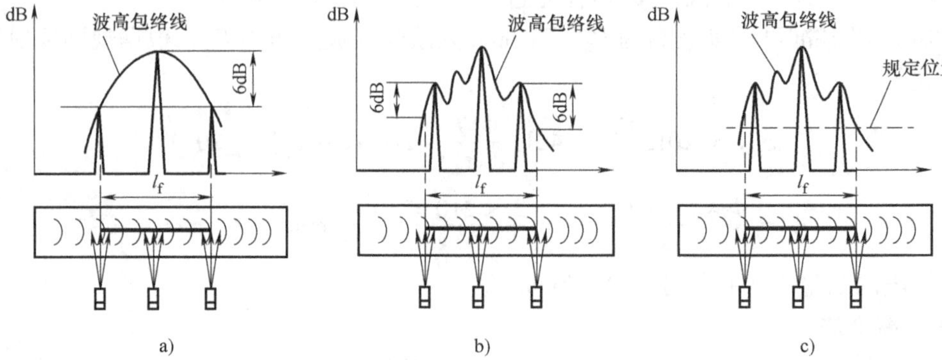

图 3-25　测长法

a）6dB 法　b）端点 6dB 法　c）绝对灵敏度法

化，其包络线有多个极大值点时，采用端点 6dB 法评定。

端点 6dB 法的具体做法是：当发现缺陷后，沿缺陷长度方向左右移动探头，找到缺陷两端的最大反射波，并分别以此为基准，继续向左右移动探头，当端点反射波高降低一半时，探头中心线之间的距离就是缺陷的指示长度，如图 3-25b 所示。

（2）绝对灵敏度法　在仪器灵敏度一定的条件下，沿缺陷长度方向左右移动探头，当缺陷波高降到规定位置时，探头移动的距离即为缺陷的指示长度，如图 3-25c 所示。显然，绝对灵敏度法得到的缺陷指示长度与测长灵敏度有关，灵敏度高，缺陷指示长度大。

（3）端点峰值法　在探头测长过程中，当缺陷波高包络线有多个极大值点时，直接以缺陷两端反射波极大值点之间探头的移动距离表示缺陷的指示长度，这种方法称为端点峰值法。

五、影响缺陷定量的因素

目前大量采用的 A 型显示脉冲反射式超声探伤仪是根据缺陷波高来定量缺陷的，因此凡是影响缺陷波高的因素都将影响缺陷定量，主要有以下几方面。

1. 仪器和探头的性能

仪器和探头的性能直接影响到缺陷回波高，如仪器的垂直线性、衰减器精度、频率，探头形式、晶片尺寸、折射角大小等。

（1）垂直线性和衰减器精度　仪器的垂直线性越好、衰减器精度越高，定量缺陷的误差越小。

（2）频率　当采用当量计算法定量缺陷时，由公式 $\Delta_{BF} = 20\lg\frac{P_B}{P_F} = 20\lg\frac{2cx_F^2}{\pi f D_F^2 x_B}$ 可知，超声波频率 f 增加，Δ_{BF} 减少。此外，频率的高低还将影响超声波的衰减程度，从而导致回波高度变化。

（3）探头形式、K 值和晶片尺寸　由于工件中缺陷的种类、性质、表面状况、取向等千差万别，不同形式的探头发射的超声波在缺陷表面的反射率也各不相同，相应的回波高度也不一样。因此针对不同的工件应选择不同的探头，如锻件中缺陷大多平行于检测面，宜采用纵波直探头探伤；而焊缝中危险性大的缺陷多垂直于检测面，宜采用横波斜探头进行探伤。

而且不同 K 值的探头具有不同的检测灵敏度，如横波检测对接焊缝中的根部未焊透等，当 $K=0.7\sim1.5$ 时，回波较高；当 $K=1.5\sim2.0$ 时，其回波很低。

探头晶片尺寸大小影响超声场近场区长度和声束指向性，对定量也有一定的影响。

2. 工件

工件对缺陷定量的影响主要包括工件几何形状和尺寸、表面状态和对超声波的衰减等方面。

（1）几何形状　工件底面形状不同，回波高度也不一样。凹曲面使反射波聚焦，回波升高；而凸曲面使反射波发散，回波降低。此外，一些具有复杂外形的工件，超声波还会受到侧壁、拐角等处变型波的影响，导致回波高度发生变化。

（2）尺寸　当工件的尺寸较小时，缺陷位于 $3N$ 以内，利用底波调整灵敏度并定量将会使缺陷定量误差增加。此外，小工件也容易使反射波受到侧壁变型波的干扰，从而加大了缺陷的定量误差。

（3）表面状态　当工件的底面与探测面不平行、底面的表面粗糙度值大、底面沾有水迹或油污等时，将使底波高度降低。利用底波调节灵敏度时，灵敏度会偏高，导致缺陷定量误差增加。

（4）衰减　超声波在介质中的衰减越大，反射回波高度越低。因此在检测晶粒较粗大的大型工件时，应测定材质的衰减量，并在定量缺陷时进行补偿，以减小定量误差。

3. 耦合

耦合的目的是使超声波顺利进入工件。不同的耦合剂、不同的耦合层厚度都将影响到超声波的透过。

当耦合层厚度等于半波长的整数倍时，声强透射率与耦合剂性质无关。对于确定的耦合剂，当耦合层的厚度等于 $\lambda/4$ 的奇数倍，耦合剂的声阻抗为两侧介质声阻抗的几何平均值时，超声波的透射率最高。因此，实际检测过程中应保持对探头施以稳定的压力，当试块与工件表面耦合状态不同时，应进行适当的补偿，以减少定量误差。

4. 缺陷

实际工件中的缺陷种类、大小、表面粗糙度、取向等是多种多样的，对超声波的反射率都不一样，这些都将影响到缺陷的定量。

（1）缺陷类型　超声波的反射率取决于界面两侧介质声阻抗差异的大小，声阻抗差异越大，其反射率越高。一般来说，孔洞类的缺陷对超声波的反射较强，回波较高，如气孔、白点、缝隙等。但是对于非金属夹杂等缺陷，与工件材料的声阻抗差异较小，因透射的超声波较强，反射的回波变弱，回波高度降低。

（2）缺陷形状　由规则反射体的回波声压公式可知，平面形缺陷波高与缺陷面积成正比，与波长的平方和距离的平方成反比；球形缺陷波高与缺陷直径成正比，与波长和距离的平方成反比；长圆柱形缺陷波高与缺陷直径的平方根成正比，与波长和距离的 3/2 次方成反比。

（3）缺陷取向　超声波垂直入射到缺陷表面时，缺陷回波最高。实际检测过程中从不同角度检测缺陷来获取最高回波就是由于这个原因。

（4）缺陷表面粗糙度　缺陷表面粗糙度值越大，超声波在其表面的乱反射越强，回波高度越低。一般地，如果缺陷表面凹凸不平的高度差小于 1/3 波长，则该表面可视为光滑表面，这时的反射类似于镜面反射，否则就是粗糙表面。

（5）缺陷的位置　缺陷位于近场区时，同样大小的缺陷随位置改变波高起伏变化，定量误差较大。所以，实际探伤时应尽量避免在近场区探伤缺陷当量。

实际上缺陷波高是以上各因素的综合结果，比如超声波在气孔表面的反射率较高，但是由于气孔的形状往往是圆弧形，因反射波的发散使得回波的高度降低了。因此，对缺陷进行定量时应综合各方面的影响因素，结合具体情况仔细分析，以提高定量的准确性。

【课后习题】

1. 什么是多次底波探伤法？多次底波法有何优点？如何根据底波变化情况判断缺陷大小？

2. 什么是当量尺寸？缺陷的当量定量法有哪几种？

3. 试比较横波探伤中几种缺陷长度测定方法的特点。

4. 用2.5MHz、ϕ14mm直探头探测厚度为300mm的锻钢件，技术条件规定不允许大于或等于ϕ2mm的当量缺陷存在，材料衰减系数为$\alpha=0.02$dB/mm，利用工件底面如何调节探测灵敏度？在此灵敏度下，发现距探测面200mm处有一缺陷，其最高回波为22dB，求此缺陷当量。

模块六　缺陷的性质分析

知识目标

※　掌握缺陷定性的基本概念。

※　熟悉缺陷定性分析方法。

产品中缺陷的危害程度不仅取决于缺陷的位置和大小，还取决于缺陷的性质，比如裂纹的危害就远大于气孔和夹渣。因此，超声检测还应尽可能对缺陷的性质作出判定，即缺陷的定性。

缺陷的定性是一个很复杂的问题，目前普遍使用的A型脉冲反射式超声探伤仪只能提供缺陷回波的时间和幅度两方面的信息。为此，实际探伤中通常根据经验结合工件的加工工艺、缺陷回波的特征和底波情况进行缺陷性质的估判。

一、根据加工工艺分析缺陷性质

工件中的缺陷与加工工艺密切相关。例如：焊接过程中可能产生气孔、夹渣、未焊透、未熔合、裂纹等缺陷；铸造过程中可能产生气孔、缩孔、疏松和裂纹等缺陷；锻造过程中可能产生夹层、折叠、白点和裂纹等缺陷。检测前应查阅有关工件的图样和资料，了解工件的材料、结构特点、几何尺寸、加工工艺，这对于准确估判缺陷的性质是十分有益的。

二、根据缺陷特征分析缺陷性质

缺陷特征是指缺陷的形状、大小和密集程度等。

对于平面形缺陷，在不同方向上探测，其缺陷回波的高度显著不同。在垂直于缺陷方向探测，缺陷回波较高；在平行于缺陷方向探测，缺陷回波较低，甚至无缺陷波。常见的平面形缺陷有裂纹、夹层、折叠等。

对于点状缺陷，在不同方向上探测，其缺陷回波的高度无明显变化。常见的点状缺陷有气孔、小夹渣等。

对于密集型缺陷，缺陷波密集相连，在不同方向上探测，其缺陷回波情况类似。常见的密集型缺陷有白点、密集气孔和疏松等。

三、根据缺陷波形分析缺陷性质

缺陷波形分为静态波形和动态波形。静态波形是指探头不动时，缺陷波的高度、形状和密集程度等特征。动态波形是指探头在探测面上移动过程中，缺陷波的变化情况。

1. 静态波形

不同性质的缺陷因其声阻抗不同，对超声波的反射有较大的影响。一般声阻抗小、表面光滑的缺陷，其回波较高，波形陡直尖锐，如气孔、白点等；反之，波形宽度大且带锯齿状，如夹渣等。

单个缺陷与密集缺陷的区分比较容易。一般单个缺陷回波是独立存在的，而密集缺陷回波则杂乱出现，且彼此相连。

2. 动态波形

超声波入射到不同性质的缺陷上时，其动态波形是不同的，动态波形对探头的移动敏感程度也不一样。通常白点对探头移动的敏感度较高，只要探头稍一移动，缺陷波立刻此起彼

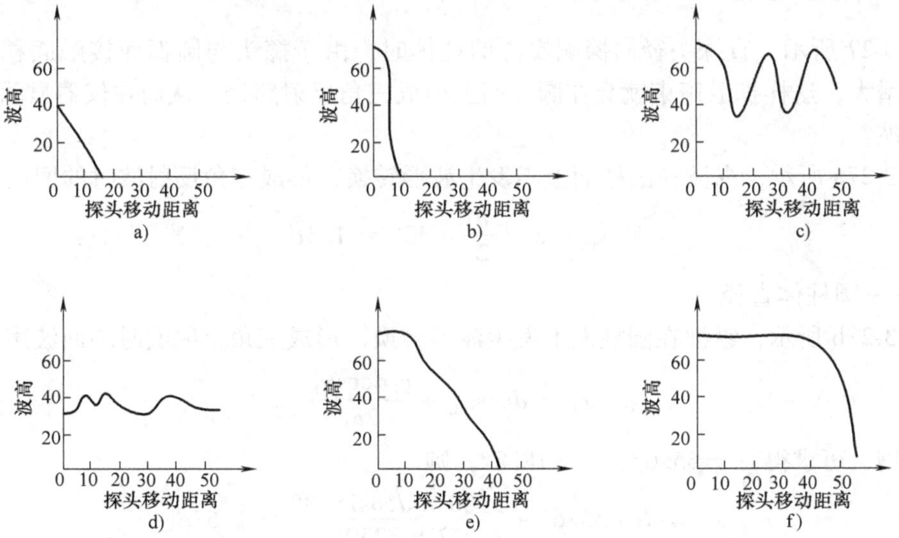

图 3-26　常见缺陷动态波形

a）单个缺陷　b）小裂纹　c）白点　d）非金属夹渣　e）夹层　f）光滑大裂纹

伏，十分活跃。而夹渣对探头移动不太敏感，探头移动时，缺陷波的变化迟缓。

工件中常见的缺陷动态波形如图 3-26 所示。

【课后习题】

1. 从 A 型显示屏上不能直接获得缺陷性质信息，超声探伤对缺陷的定性是通过下列（　　）方法进行的。

A. 精确对缺陷定位　　B. 精确测定缺陷形状

C. 测定缺陷的动态波形　　D. 以上方法须同时使用

2. 超声探伤时，缺陷状况对回波高度有哪些影响？

模块七　非缺陷波的识别

知识目标

※　熟悉各种非缺陷波产生的原因。

※　能区分缺陷波与非缺陷波。

在实际的超声检测中，仪器显示屏上除了始波 T、缺陷波 F、底波 B 等，往往还会出现一些其他的变型波，它们会影响对缺陷波的正确判定。

一、三角反射波

如图 3-27 所示，直探头径向探测实心圆柱体时，由于探头与圆弧面接触面积小，使波束扩散角增大，这样扩散声束就会在圆柱面上形成三角反射路径，从而在仪器显示屏上形成三角反射波。

如图 3-27a 所示，纵波在圆柱面上不发生波形转换，形成三角反射波时的回波声程为

$$x_1 = 3 \times \frac{d}{2}\cos 30° \approx 1.3d \tag{3-14}$$

式中　d——圆柱体直径。

如图 3-27b 所示，纵波在圆柱面上发生波形转换，形成三角反射波时的回波声程为

$$x_2 = d\cos\alpha_L + \frac{c_L d\cos\gamma_S}{2c_S}$$

对于钢，可求得 $\alpha_L = 35.6°$，$\gamma_S = 18.8°$，则

$$x_2 = d\cos 35.6° + \frac{5900 \times d\cos 18.8°}{2 \times 3230} \approx 1.67d \tag{3-15}$$

由以上可知，两次三角反射波总是位于第一、第二次底波之间，位置固定为 $1.3d$、$1.67d$，如图 3-27c 所示，而缺陷波一般位于第一次底波之前，因此三角反射波不会干扰缺

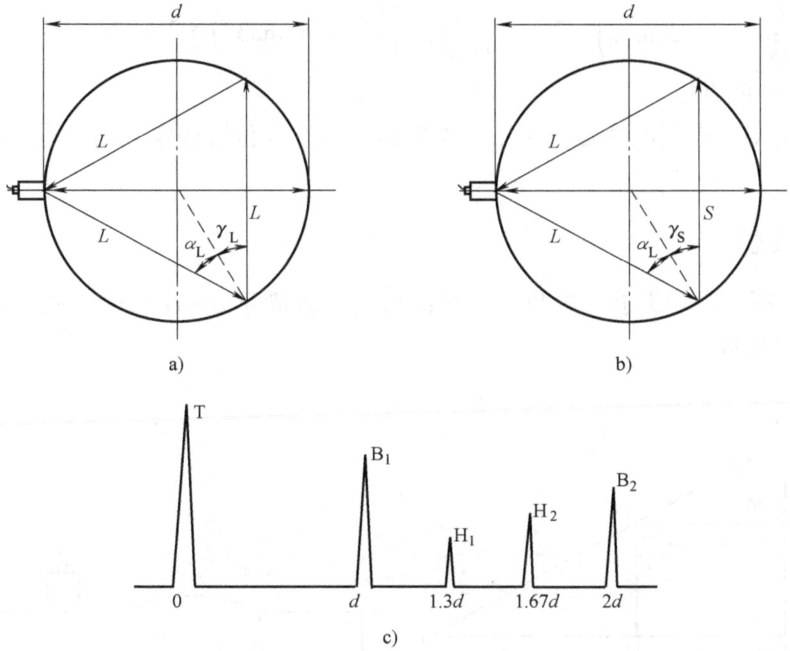

图 3-27　三角反射波

陷波的判别。

二、迟到波

如图 3-28 所示，当纵波轴向探测细长的工件时，扩散的纵波在侧壁产生变型横波，又经另一侧壁转换成纵波，最后经底面反射回到探头，从而在仪器显示屏上出现一个回波。因转换的横波声程长，波速小，传播时间较直接从底面反射的纵波长，因此转换后的变型波总是出现在第一次底波 B_1 之后，故称为迟到波。

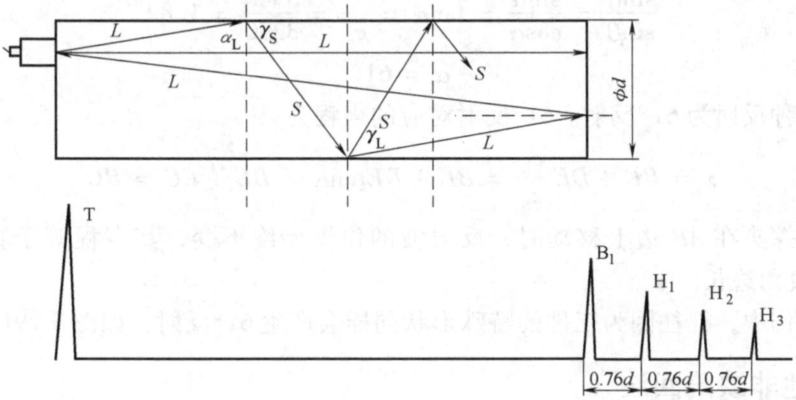

图 3-28　迟到波

由图 3-28 可知，当纵波入射到钢/空气界面，$\alpha_L = 70°$，$\gamma_S = 33°$左右时，变型横波最强，由此可算出迟到波的位置

$$\Delta x = \left(\frac{d}{\cos\gamma_S}\frac{c_L}{c_S} - d\tan\gamma_S\right) \div 2 = \left(\frac{d}{\cos33°}\frac{5900}{3230} - d\tan33°\right) \div 2 = 0.76d \tag{3-16}$$

式中　d——试件的直径。

通过计算可知，迟到波总是位于第一次底波之后，且位置固定，因此迟到波也不会影响缺陷波的判别。

三、61°反射

如图3-29a所示，若纵波入射角 α 与横波反射角 β 满足 $\alpha+\beta=90°$，则会在显示屏上出现位置特定的反射波。

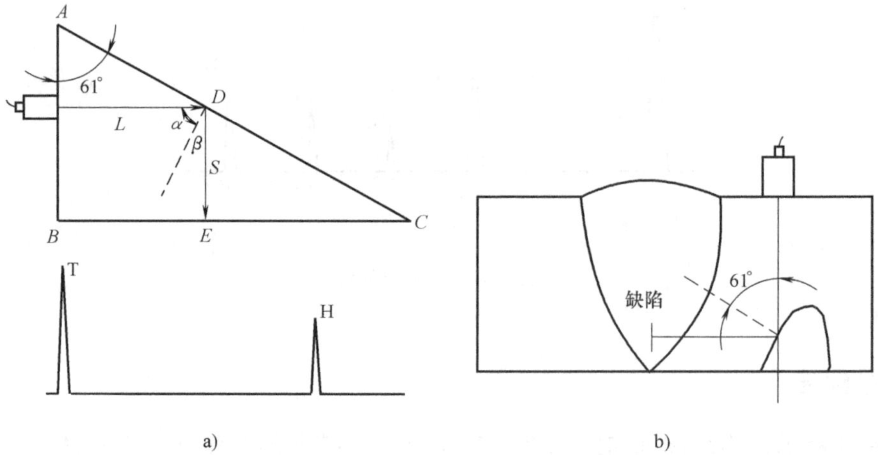

图3-29　61°反射

在钢中，由斯聂耳定律得

$$\frac{\sin\alpha}{\sin\beta} = \frac{\sin\alpha}{\cos\alpha} = \tan\alpha = \frac{c_L}{c_S} = \frac{5900}{3230} = 1.82$$

$$\alpha = 61°$$

所以称这种反射为61°反射。61°反射对应的声程为

$$x = BE + DE\frac{c_L}{c_S} = BE + DE\tan\alpha = BE + EC = BC$$

可见，当探头在 AB 边上移动时，反射波的位置始终不变，其声程等于直角三角形中61°角对应的直角边长。

在实际探伤中，往往因为工件的特殊形状同样会产生61°反射，如图3-29b所示。

四、其他非缺陷回波

1. 仪器杂波

仪器杂波是在不接探头的情况下，由于仪器性能不良，检测灵敏度调节过高时，显示屏上出现单峰或多峰的波形。一般仪器杂波以单峰多见，接上探头探伤时，此波在显示屏上的位置固定不变。通过降低检测灵敏度，可以减弱仪器杂波的出现。

2. 探头杂波

探头杂波是当仪器接上探头后，在显示屏上始波后面出现一些脉冲幅度较高、较宽的杂波。无论探头是否工作，探头杂波都存在，且位置不随探头移动而变化。产生探头杂波的原因主要是探头内吸收块吸收不良、斜探头的斜楔设计不合理等。

3. 耦合剂反射

用表面波进行探伤时，工件表面的耦合剂堆积、油滴或水滴等都会引起回波，影响对缺陷波的识别。

4. 幻像波

超声检测时，若超声波的重复频率过高，第一个同步脉冲回波未来得及出现第二个同步脉冲又重新扫描。这时在显示屏上便会产生幻像波。目前新型的超声探伤仪，其“重复频率”和“深度范围”被设计成同轴调节，一般不会出现幻像波。

5. 草状回波

超声检测晶粒粗大的工件时，若检测频率过高，声波将在粗大晶粒之间的界面产生散乱反射，在显示屏上就会出现草状回波。

6. 工件轮廓回波

由于工件的形状使得超声波在轮廓上产生一些变型回波，如被探头接收便会在显示屏上出现相应的轮廓回波，例如超声波入射到工件的台阶、螺纹等处。

总之，在实际检测过程中可能出现各种各样的非缺陷回波，干扰对缺陷波的判别。检测人员应根据超声波的反射、折射和波形转换理论，结合工件的具体形状特征，综合分析判别可能出现的各种非缺陷回波，从而达到正确探伤的目的。

【课后习题】

1. 单斜探头探伤时，在近场区有幅度波动较快、探头移动时水平位置不变的回波，它们可能是（　　）。

A. 来自工件表面的杂波　　B. 来自探头的噪声

C. 工件上近表面缺陷的回波　　D. 耦合剂噪声

2. 下面有关61°反射波的说法，（　　）是错误的。

A. 产生61°反射时，纵波入射角与横波反射角之和为90°

B. 产生61°反射时，纵波入射角为61°，横波反射角为29°

C. 产生61°反射时，横波入射角为29°，纵波反射角为61°

D. 产生61°反射时，其声程是恒定的

3. 分析缺陷性质的基本原则是什么？

4. 什么是迟到波？迟到波是怎样产生的？迟到波有何特点？

5. 超声探伤中常见非缺陷信号回波有哪几种？如何鉴别缺陷回波和非缺陷回波？

【综合训练】

一、选择题

1. 声波垂直入射到表面粗糙的缺陷时，缺陷表面粗糙度对缺陷反射波高的影响是(　　)。

A. 反射波高随表面粗糙度的增大而增加　　B. 无影响

C. 反射波高随表面粗糙度的增大而下降　　D. 以上 A 和 B 都可能

2. 检验厚度大于400mm 的钢锻件时，如降低纵波的频率，其声速将（　　）。

A. 提高　　B. 降低　　C. 不变　　D. 不定

3. 共振式超声波仪器主要采用（　　）。

A. 高频脉冲纵波　　B. 连续纵波　　C. 低频脉冲纵波　　D. 以上都不对

4. 用一台时基线已正确校正的仪器去探测 $R_1=50$mm、$R_2=25$mm 的牛角试块（V2 试块)，使斜探头对正 R_1 圆弧，若 R_1 圆弧的第一次回波位于水平刻度 1.5 格处，则 R_2 圆弧的第一次回波将出现在（　　）。

A. 5 格　　B. 9 格　　C. 6 格　　D. 不能出现

5. 用纵波直探头探伤，找到缺陷最大回波后，缺陷的中心位置（　　）。

A. 在任何情况下都位于探头中心正下方　　B. 位于探头中心左下方

C. 位于探头中心右下方　　D. 未必位于探头中心正下方

6. 超声检测中，当探伤面比较粗糙时，宜选用（　　）。

A. 较低频探头　　B. 较粘的耦合剂　　C. 软保护膜探头　　D. 以上都对

7. 探伤时采用较高的探测频率，可有利于（　　）。

A. 发现较小的缺陷　　B. 区分开相邻的缺陷　　C. 改善声束指向性　　D. 以上全部

8. 缺陷反射声能的大小取决于（　　）。

A. 缺陷的尺寸　　B. 缺陷的类型　　C. 缺陷的形状和取向　　D. 以上全部

9. 超声检测条件的主要考虑因素是（　　）。

A. 工作频率　　B. 探头和仪器参数

C. 耦合条件与状态　　D. 探测面

E. 材质衰减　　F. 以上都是

10. 半波高度（6dB）法评定适用于（　　）。

A. 平底孔　　B. 粗细均匀的长条形缺陷

C. 粗细不均匀的长条形缺陷

二、判断题（正确的打“✓”，错误的打“×”）

1. 为提高分辨力，在满足探伤灵敏度要求的情况下，仪器的发射强度应尽量调得高一些。（　　）

2. 采用当量法确定的缺陷尺寸一般大于缺陷的实际尺寸。（　　）

3. 只有当工件中缺陷在各个方向的尺寸均大于声束截面时，才需要采用测长法确定缺陷长度。（　　）

4. 超声检测中评定缺陷为 $\phi 2$mm 横通孔当量，即意味着该缺陷的反射回波与相同声束

3 UNIT

截面下的 ϕ2mm 横通孔表面积的反射回波大小相当。 (　　)

5. 采用当量法确定的缺陷尺寸一般小于缺陷的实际尺寸。 (　　)

6. 超声检测中，幻像波的产生原因是在衰减小的材料中脉冲重复频率选用过高。

(　　)

7. 绝对灵敏度法测量缺陷指示长度时，评定灵敏度高，测得的缺陷长度大。 (　　)

8. 在超声检测中，依据缺陷回波的静态波形就可以准确判断缺陷的性质。 (　　)

9. 探伤灵敏度越高，检测盲区越小，分辨率越低。 (　　)

10. 为满足较高的近表面分辨率要求，较适宜的方法是选用组合双晶探头。 (　　)

三、问答与计算

1. 什么是缺陷的当量尺寸？缺陷的当量法有哪几种？

2. 什么是 AVG 曲线？AVG 曲线的 A、V、G 各代表什么含义？AVG 曲线可分为哪几类？

3. 何谓耦合剂？影响耦合的因素有哪些？

4. 什么是检测灵敏度？常用的调节检测灵敏度的方法有哪几种？

5. 何谓缺陷定量？定量缺陷的方法有哪些？

6. 什么是缺陷的指示长度？测定缺陷指示长度的方法有哪几种？

7. 在厚度为 200mm 的工件上调节纵波扫描速度，若 B_2 对准 50，B_4 对准 100，则这时的扫描速度为多少？这时 B_1、B_3 分别对准的水平刻度值为多少？

8. 在 $c_L=5900$m/s 的试块上按 1∶1 调节好纵波扫描速度后去检测厚度为 75mm、$c_L=7390$m/s 的合金钢。这时的实际扫描速度为多少？B_1 对应的水平刻度值是多少？水平刻度 40 处的缺陷波对应的声程是多少？

9. 用 2.5*P*20*Z* 探头径向探测 ϕ500mm 的圆柱形工件，$c_L=5900$m/s，如何利用工件底波调节 500/ϕ2 的灵敏度。

10. 用 2.5*P*20*Z* 探头探测厚度为 300mm 的钢制锻件，检测灵敏度为 ϕ2mm。利用工件底面如何调节检测灵敏度？如在此灵敏度下探测时发现距探测面 200mm 处有一缺陷，其波高为 15dB（与检测灵敏度相比），求此缺陷的当量平底孔尺寸。

11. 用 2.5*P*20*Z* 探头探测厚度为 400mm 的钢制锻件。技术条件要求不允许有 ≥ϕ4mm 的当量缺陷存在，已测得工件一次底波为显示屏 100% 时，二次底波高度正好为 20%，若考虑材质衰减，问：

1）用工件底面如何调节检测灵敏度？

2）用 150/ϕ2 平底孔试块如何调节检测灵敏度？（试块与工件材质相同，表面耦合差不计）

3）用上述灵敏度检测时，发现距探测面 300mm 处有一缺陷，其波高为 20dB，求此缺陷的当量平底孔大小。

12. 采用钢焊缝探伤用的 $K=1$ 斜探头检测某种硬质合金焊缝。已知有机玻璃中 $c_{L_1}=2700$m/s，钢中 $c_{S_1}=3200$m/s，硬质合金中 $c_{S_1}=3800$m/s。求实际 K 值。

13. 仪器按深度 1∶1 调节扫描速度，用 *K*2 探头在 CSK-ⅡA 试块上测距离-波幅曲线，数据如下（基准波高为 60%）：

孔深度/mm	10	20	30	40	50	60	70	80	90	100
ϕ2mm×40mm 孔回波高度/dB	46	44	41	38	35	33	31	29	27	25

1）现探测 $T=10\text{mm}$ 的焊缝，要求探伤灵敏度为 $\phi2\times40-14\text{dB}$，不考虑表面耦合损失和材质衰减，如何利用 $d=30\text{mm}$ 处的 $\phi2\text{mm}\times40\text{mm}$ 孔调节检测灵敏度。

2）探伤时在 $d=30\text{mm}$ 和 $d=50\text{mm}$ 处发现缺陷，波高均为 43dB，求此缺陷当量。

14. 仪器探头距离-波幅曲线见上题。现探测 $T=100\text{mm}$ 的焊缝，已知工件 $\alpha=0.01\text{dB/mm}$，试块 $\alpha=0$，二者表面耦合差为 4dB，求：

1）要求探伤灵敏度为 $\phi2\times40-14\text{dB}$，如何利用 CSK-ⅡA 试块上 $d=30\text{mm}$ 处的孔来调节检测灵敏度。

2）探伤时在时基线刻度 30 处发现一缺陷波，其波高为 28dB，求此缺陷当量。

第四单元　超声检测的应用

内容导入

超声检测的实际应用部分是本书的重点，针对不同的工件和缺陷，采用不同的超声检测方法和技术进行检测。其常见缺陷只需作一般了解，重点是掌握不同的超声检测方法及其实际应用，同时应初步掌握超声检测的条件。

超声检测技术作为无损检测的一种重要手段，在医学、建筑、工业等领域都得到了广泛的应用。目前，其从仪器设备、检测方法、自动化水平等各方面都在不断地创新和发展中。

本单元内容涉及的超声检测技术的应用主要指在机械工业领域中的应用，从比较常见的板材、锻件、焊缝、管材和铸件几方面来对超声检测技术的应用作详细介绍。

模块一　板材的超声检测

知识目标

※　熟悉板材的生产工艺过程，并了解常见的缺陷类型。

※　掌握板材的超声检测方法和技术要点。

一、板材的生产工艺过程

1. 普通板材

应用最广的普通板材是由钢锭轧制而成的。从超声检测的角度，按照厚度可将板材分为薄板和厚板。其划分依据是在板中激起板波来进行超声检测的板材厚度。在垂直入射进行检测时，因为仪器盲区的原因无法对6mm以下的板材在始波和底波之间对缺陷波进行分辨。因此，薄板和厚板的分界线定为6mm，将板厚在6mm以下的板材称为薄板，厚度大于或等于6mm的称为中厚板或厚板。对于厚板，普遍采用垂直检测方法，对于薄板，一般采用板波检测法。

2. 复合板

复合板是指通过某种特定方法将两种不同类型的材料复合在一起组成新的板材，以获得某种特殊的表面性能，如在碳钢或低合金钢基材上复合不锈钢、钛、铜合金或铝合金等，以提高材料的耐蚀能力；在轴承表面复合巴氏合金以增强其抗磨性等。复合层与母材间的结合常用轧制法、爆炸法、焊接法等，如图4-1所示。显然，复合板的强度主要由母材保证，复合层负责提供所需的特殊性能。

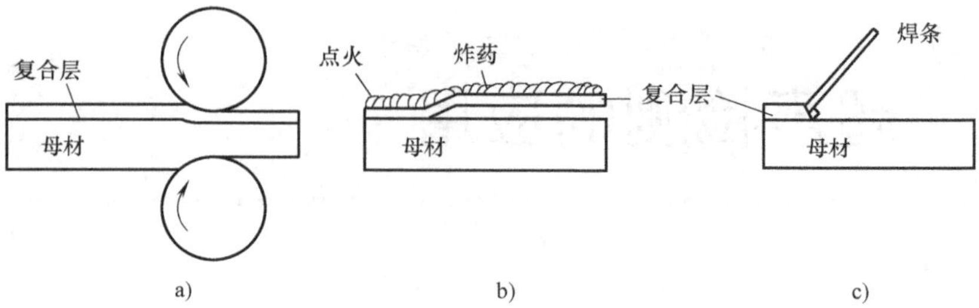

图 4-1　复合板的制造方法
a）轧制法　b）爆炸法　c）焊接法

二、板材中的常见缺陷

板材中的常见缺陷有分层、夹杂、裂纹、白点等，其中裂纹较少。板材中的缺陷经过轧制等工序后大多呈平面状，并与表面平行。其中分层是最常见的内部缺陷，主要是由板坯中的开口气泡或开口缩孔切割得不干净造成的。板材超声检测方法的选择与板材的应用条件密切相关。当板材受平行于缺陷方向的拉应力时（图 4-2a），缺陷不会严重影响板材的强度；当板材受垂直于缺陷的拉应力时（图 4-2b），缺陷会严重影响板材的强度，在板材中不允许存在这样的缺陷。

复合板中的缺陷主要是复合层和母材结合不良，界面处出现完全脱开或不完全脱开现象。

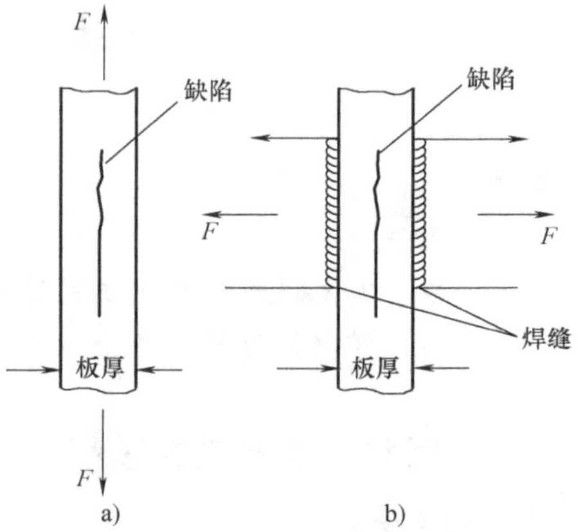

图 4-2　板材的受力方向对强度的影响
a）不会严重影响板材强度的受力方向
b）会严重影响板材强度的受力方向

三、板材的超声检测方法与技术

1. 厚板检测方法与技术

（1）检测方法　厚板超声检测常用技术是脉冲反射法。在脉冲反射法中，常用的检测方式有以下几种：

1）**纵波直探头法**。纵波直探头法是板材检测最常用的一种方法，其实际检测时的图像分为四种情况，如图 4-3 所示。其中，无缺陷部位时只有始波和底波出现在显示屏上，如图 4-3a 所示；如果板材内有小缺陷，除了始波和底波外，还有缺陷波存在，如图 4-3b 所示；如果板材内有大于声束有效直径的片状缺陷（如分层缺陷），声束被缺陷全反射，所以显示屏上只有始波和缺陷波，而没有底波，如图 4-3c 所示；如果板材内有倾斜于声束且大于声束直径的缺陷，声束将被全反射到另一个方向，此时显示屏上只有始波，如图 4-3d 所示。

值得注意的是，当板厚较薄、板中缺陷较小时，多次反射形成的缺陷波呈现先升高后降低的规律，如图 4-4 所示。其升高的原因是不同反射路径的声波相互叠加，即波的叠加效应。但当路径进一步增加时，声衰减也迅速增加，这时衰减的影响超过了波的叠加效果，因此缺陷波升高到一定程度后又逐渐降低。这时，一般应根据 F_1 来评价缺陷。当板厚 δ <

20mm 时，为减弱近场区的影响，应以 F_2 来评价缺陷，或者采取水浸法来检测。

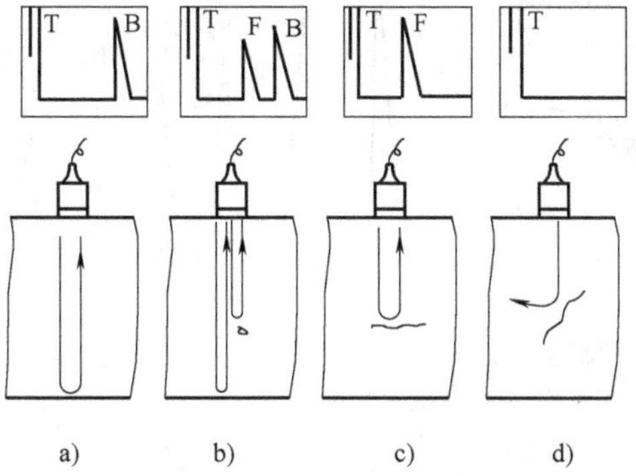

图 4-3 脉冲垂直反射法的基本波形

a）无缺陷 b）小缺陷 c）大缺陷 d）倾斜缺陷

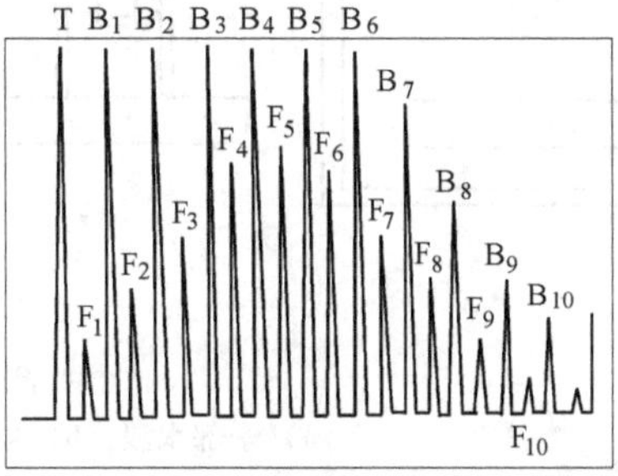

图 4-4 小缺陷叠加效应形成的典型波形

2）**横波斜探头法**。横波斜探头法从检测图形上又可分为三种情况，如图 4-5 所示。图 4-5a 是正常情况，无底波反射，声波呈锯齿形向前传播；图 4-5b 表示有缺陷，因此在显示屏上伤波出现；图 4-5c 表示缺陷平行于板面，声束虽被反射，但探头接收不到，因此显示屏上也无伤波出现，此种情况需要配合直探头进行检验。

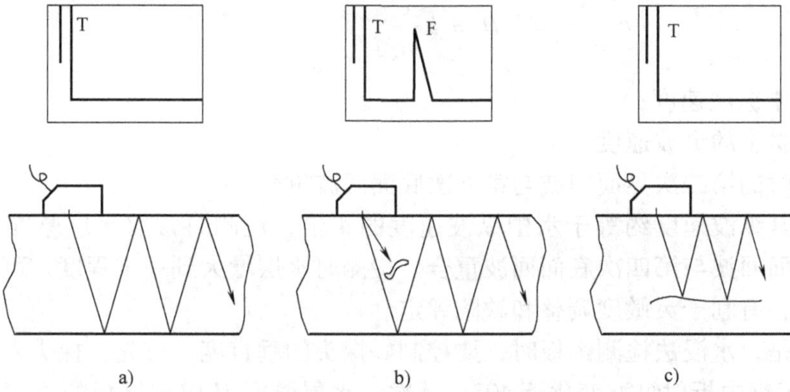

图 4-5 横波斜探头法检测钢板的三种基本图像

a）正常情况 b）有缺陷 c）缺陷平行于板面

想一想

横波斜探头法与纵波直探头法相比有哪些优点？适用于什么情况？

3）**水浸法**。水浸法是将工件和探头头部浸在耦合液体中，探头不直接接触工件的超声检测方法。按照工件和探头浸没方式，分为全部水浸、局部水浸和喷流水浸三种，如图 4-6 所示。

水浸法适用于大面积板材的自动化检测，通常采用多通道超声检测仪和多探头系统以提高检测速度，检测效率和可靠性较高。同时，水浸法的近表面分辨力也比接触法高，但水浸

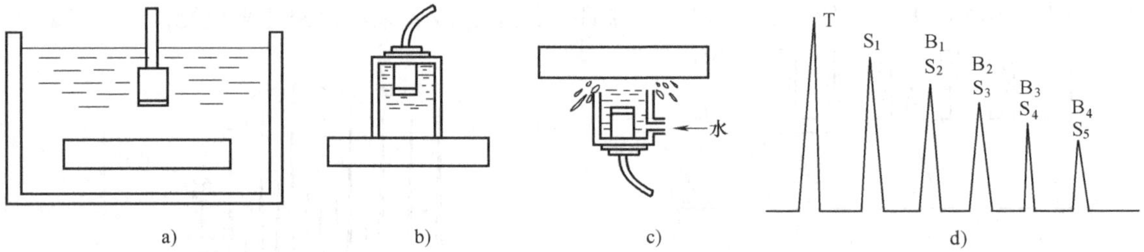

图 4-6 水浸法示意图

a）全部水浸 b）局部水浸 c）喷流水浸 d）一次重合法

法检测需要配备专门的检测装置。

水浸法检测钢板可以采用脉冲反射法、脉冲穿透法或连续波法。脉冲反射法多采用垂直入射、多次反射的方式进行。这时，为避免水/钢界面多次回波与钢板底面多次回波互相干扰，需选择合适的水层厚度，使水/钢界面回波分别与钢板多次底波重合，从而让显示屏上波形清晰利于检测，这种方法称为多次重合法。当水/钢界面的二次回波与钢板的一次底波重合时，称为一次重合法，如图 4-6d 所示；当水/钢界面回波与钢板的二次底波重合时，称为二次重合法，依此类推。水层厚度的公式如下

$$H = k\frac{c_{水}}{c_{板材}}T \tag{4-1}$$

式中 $c_{水}$——水中纵波速度；

$c_{板材}$——板材中的纵波速度；

k——此时的第二次界面回波与第 k 次底面回波重合。

对于钢板，其纵波速度约等于水中纵波速度的 4 倍，检测时常取水层厚度等于钢板厚度，使第二次界面回波与第四次底面回波重合。检测时水层增大到一定程度，可使检测在探头的远场区进行，有利于灵敏度调整和缺陷评定。

值得注意的是，水浸法检测钢板时，要控制好探头的垂直度。首先，探头入射角在水中变化 10°，相当于钢中折射纵波变化近 40°；其次，水层厚度 H 应按钢板的厚度进行适当调整，一般应使钢板的底面回波出现在第二次界面回波之前，即水层厚度 H 应大于或等于钢板厚度 δ 的 25%。另外，水浸法的灵敏度与接触法相比需提高 10dB 以上。

4）**穿透反射法**。当板材厚度很小，难以清晰分辨界面回波和底波时，可采用穿透反射法。穿透反射法也适用于薄板的检测。采用纵波垂直入射，使超声束垂直穿透板材，并从一光滑平整的反射面反射，测量反射波穿透薄板返回后探头接收到的信号。缺陷的存在必然会影响声的两次穿透，从而由信号的幅度变化可判断出板材有无缺陷存在，如图 4-7 所示。

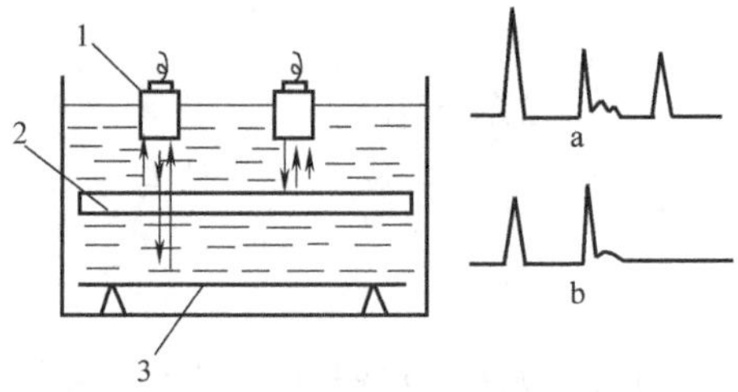

图 4-7 穿透反射法示意图

1—探头 2—板材 3—反射板

a—完好区 b—缺陷区

穿透反射法在检测衰减较大的板材时效果较好，穿透式检测法的检测速度快，设备较简单，对有一定面积的分层缺陷比较灵敏，但一般情况

下对于小尺寸缺陷的灵敏程度不如直接反射法。

想一想

铝板中超声波的衰减比较大，适合用哪种方法来检测？

（2）检测条件的选择　超声波检测的检测条件通常是指在检测时工件的透声条件和检测的规范要求，一般应包括以下几个方面：

1）耦合条件。板材检测多采用油、水或浆糊作为耦合剂。浆糊主要用于工件表面较粗糙的场合，以便耦合稳定。水多用于液浸法检测，为预防工件生锈，可在水中加入防锈剂，当然在必要场合也可采用油浸法检测工件。油多用于普通接触法超声检测。

2）检测频率和灵敏度。根据板厚和材质情况，一般可选择2～5MHz的检测频率。如压力容器用钢板超声检测时标准规定的工作频率是2.5MHz，而对于变形量不大以及晶粒较粗大的厚板材料，也可采用较低的1.25 MHz的工作频率。

检测灵敏度通常是通过平底孔对比试块进行调节的。平底孔的直径根据相应的技术条件要求确定，其埋深根据板厚和加工余量确定。

3）**扫查方式**。根据板材使用要求的不同，可选择不同的扫查方式。一般分为全面扫查、格子线扫查、边缘扫查和列线扫查。

全面扫查：对板材进行100%的扫查，要求相邻扫查线之间至少应有10%的有效声束覆盖。单晶片纵波直探头的移动方向应垂直于板的压延方向。

格子线扫查：如图4-8所示，在板的边缘，如50mm以内，作100%的扫查，其余部分画成方格线，如100mm×100mm，探头沿格子线扫查，发现缺陷后，再在缺陷附近扩大扫查范围，作进一步检查。

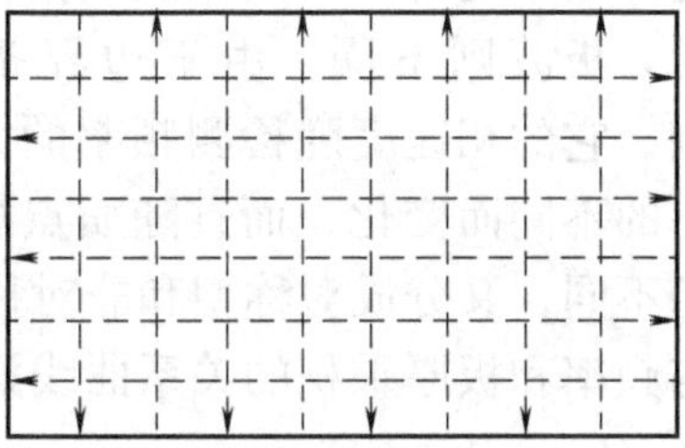

图4-8　格子线扫查

边缘检查：只在板材边缘一定区域内作100%扫查，或在焊接件坡口线两侧，如50mm范围内作100%扫查。

列线扫查：如图4-9所示，在整个板材检测面上，沿垂直压延方向划出一定间隔（如100mm）的直线，探头沿此直线扫查，发现缺陷后，再在缺陷周围扩大扫查范围。列线也可平行于压延方向，视产品要求而定。

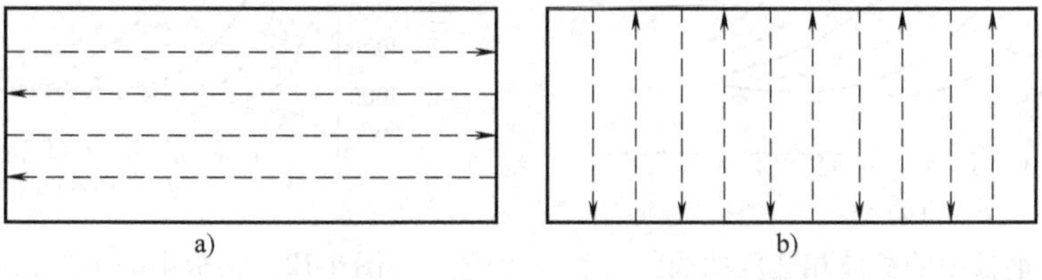

图4-9　列线扫查

a）垂直于压延方向　b）平行于压延方向

双晶探头扫查方向还应考虑缺陷的方向性。对于细长的缺陷，相对于缺陷延伸方向，双晶探头隔声层采用不同放置方向时，检测灵敏度明显不同。在测定缺陷的纵向长度时，探头

第四单元　超声检测的应用

隔声层可沿与缺陷延伸方向垂直的方向放置，并沿缺陷纵向移动；测定缺陷的宽度时，探头隔声层可沿与缺陷延伸方向一致的方向放置，并沿缺陷宽度方向移动。

2. 薄板检测方法与技术

薄板的超声检测方法很多，有板波法、直探头垂直入射法、连续穿透法等。薄板如果采用直探头垂直入射法进行检测，由于仪器存在盲区，无法在始波和底波之间进行缺陷波的分辨；而采用板波检测薄板时，不仅能检测出板材的内部缺陷，而且能检测出表面缺陷。因此对于板厚小于6mm 的薄板，板波超声检测法已经得到了很广泛的应用。

（1）板波的波形　板波是在薄板中形成的一种特殊形式的波。由于薄板上、下界面的存在，而且板的厚度和超声波延伸方向相比很小，声波在其中不断被反射并相互干涉，最终在厚度方向形成驻波，而在板的延伸方向形成板波的传播。板波有对称型和不对称型两种基本形式，波形如图 4-10 所示。

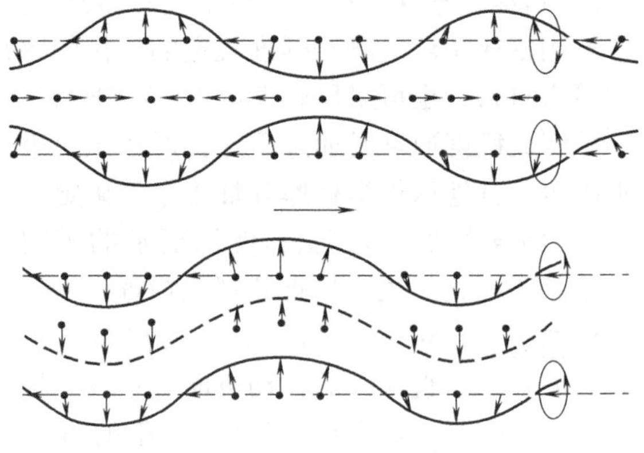

图 4-10　板波的波形

a）对称型板波波形　b）非对称型板波波形

（2）板波的速度　板波在板内传播时，由于频率的关系，相速度与群速度并不相同。通常所说的正弦波传播速度都是指相速度，相速度即由相同周期的振动质点的轨迹所形成的面在介质中移动的速度。对于纵波和横波，只要被探材质相同，无论检测频率和被探件的形状如何，纵波和横波的声速 c_L 和 c_S 总是固定不变时，即其相速度是固定不变的。板波则不同，由于边界条件的限制，它的相速度随检测频率的大小和板厚的不同而变化，而且随质点振动特点的不同，又分成对称型和非对称型两个系列的波群。通过计算得出的钢板、铝板中的相速度与频率和板厚乘积的关系曲线如图 4-11 和图 4-12 所示。

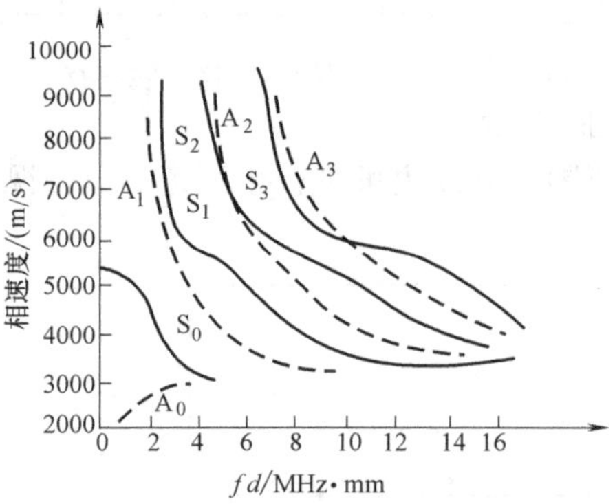

图 4-11　钢板中的板波相速度曲线

纵波速度 6350m/s，横波速度 3045m/s

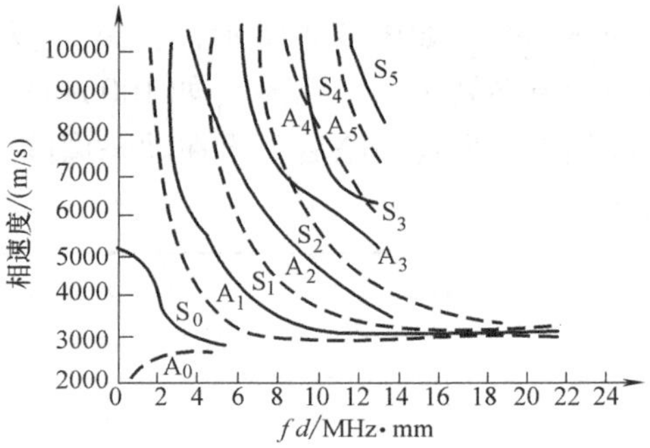

图 4-12　铝板中的板波相速度曲线

纵波速度 5790m/s，横波速度 3200m/s

板波的群速度属于具有复杂性质的非正弦波在色散媒质中传播时的一种特有现象。从上述的讨论中，已经建立了板波的相速度随频率和板厚而变化的概念，但是这种变化并不是单一的、孤立的变化，而往往是同时向前传播，互相影响，形成复杂的合振动，这种合振动的最大振幅的移动速度，即群速度。通过计算可以得到，板波的群速度也是随着频率、板厚和板波模式三个因素而变化的，如图4-13和图4-14所示。例如，用S_3模检测厚度为5mm的钢板，频率为2MHz，此时$fd=10\text{MHz}\cdot\text{mm}$，从图4-13中可查出群速度为5100m/s。

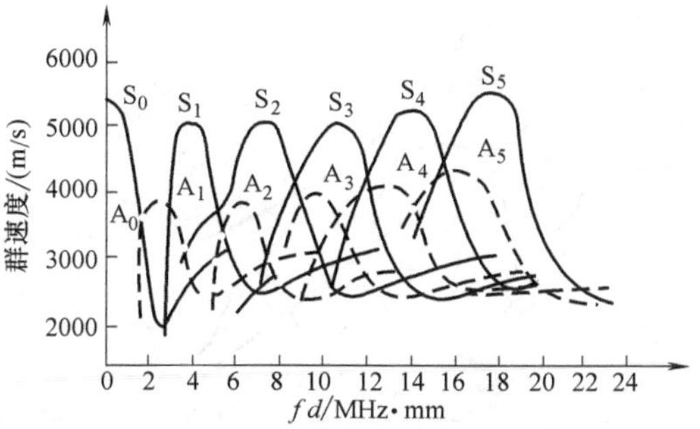

图4-13　钢板中的板波群速度曲线

纵波速度5790m/s，横波速度3200m/s

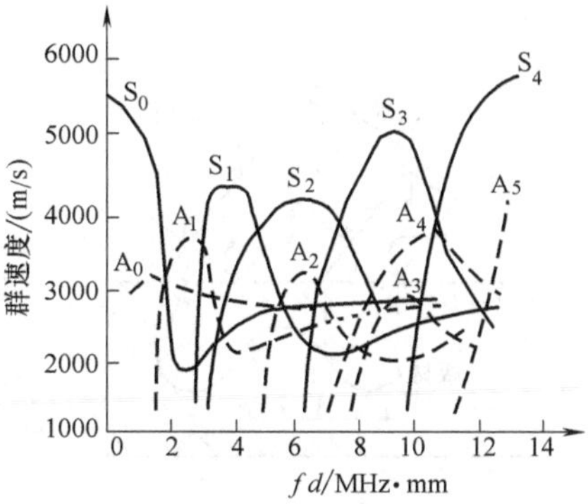

图4-14　铝板中的板波群速度曲线

纵波速度6350m/s，横波速度3045m/s

板波的速度计算见式（1-38）和式（1-39）。

（3）板波的激励和传播　目前最常用的产生板波的方法是通过透声斜楔将纵波斜入射至薄板，如图4-15所示。

为了得到较强的发射能量，入射角可由下式确定

$$\sin\alpha=\frac{c_1}{c_p} \tag{4-2}$$

式中　c_1——透声斜楔中纵波传播速度；

c_p——板中所激起的板波相速度。

根据上面的公式和相速度曲线，可以得到入射角α与fd的关系曲线。实际应用中，相速度可通过入射角和fd的关系曲线查得。

实际板波的激励与一般纵波、横波检测时的要求存在很大的不同，如为了易于激励板波，要求激励脉冲持续时间长，晶片尺寸大；为使激励的板波模式相对单一，超声检测仪发射脉冲的带宽和接收放大器的带宽要求尽可能窄。为了达到最佳检测效果，板波检测应选用具有窄带滤波的检测仪。

（4）板波的传播、衰减和反射　板波是在两界面范围内传播的，因此与在无限大介质中传播的纵波和横波的扩散损失相比损失较小。一般板波随着探头和端面距离的变化，其反射回波的衰减状况如图4-16所示，从图中可看出，板波的衰减与纵波、横波不同，它的衰减与距离不再成单纯的比例关系。

在液浸检测的条件下，反射回波将产生较大的衰减，这是由板面垂直方向的能量在水中产生损失引起的。此外，板波在附有油层的板面上的衰减也很大。在波长短的情况下，也容易引起板波的衰减。

值得注意的是，板波在传播过程中，如果遇到板的端面或缺陷，不仅会产生反射，而且根据缺陷形状的不同会产生板波模式的转换。

（5）板波检测条件的选择　板波检测条件选择的具体内容如下：

1）板波模式。对于某一给定材料的薄板，当工作频率和板厚确定时，可通过改变入射

角的方法在板中得到不同模式的板波。不同模式的板波，其灵敏度沿深度的分布也不同，为了可靠地发现距表面不同深度的缺陷，应选择两种甚至两种以上的模式分别对同一板材进行检测。模式的选择方法如下：

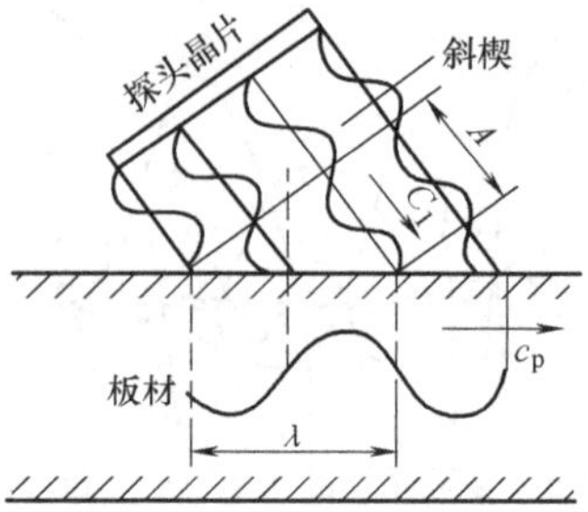

图 4-15 板波的斜楔法激励

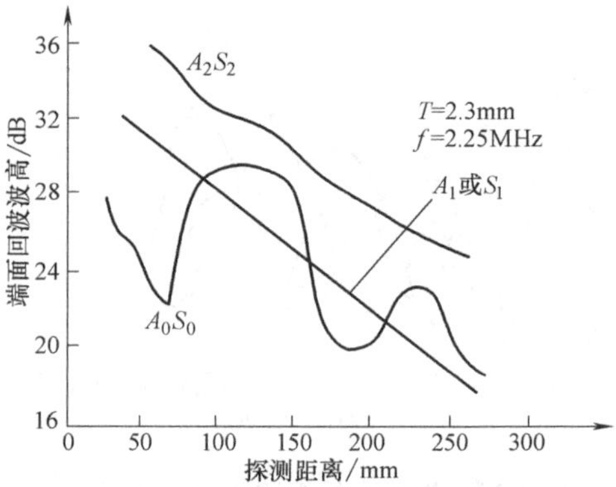

图 4-16 空气中实测板波随传播距离的衰减

① 根据测得的材料纵波速度和横波速度，计算并绘制该板材的相速度曲线和群速度曲线。

② 将选定频率的可变角探头放置在板材上，使其发射的超声束垂直于板的端面，在改变入射角的同时，观测板的端面反射信号的幅度变化，作出入射角与反射波高的关系曲线（图 4-17），根据 c_p 与 fd 的关系曲线，以及出现峰值时的相应入射角，确定各反射波的模式。

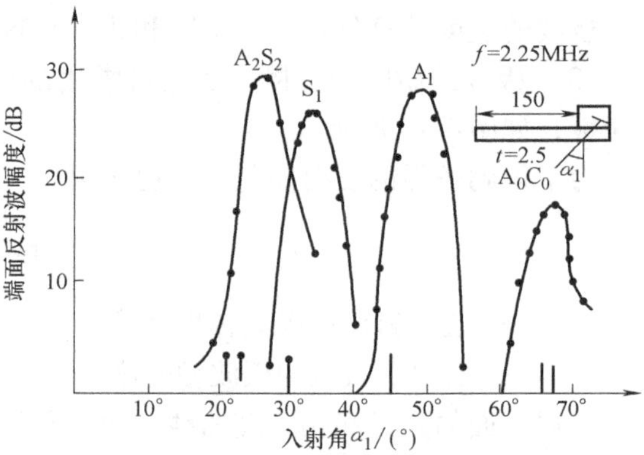

图 4-17 不同入射角的反射波幅度变化

2）灵敏度的调整。板波检测时常用试块法调整检测灵敏度。采用与工件相同的材质制作对比试块时，可在板材上距端面一定距离处加工通孔，或在板材端面厚度方向上的某些位置加工切槽。

调整灵敏度时，将探头对准人工通孔，使探头前沿与人工通孔的间距等于所确定的扫查行距，擦净探头至通孔间的耦合剂，调整检测仪增益，使通孔反射波高达到规定的高度。

3）扫查行距的确定。将探头对准人工通孔，调整仪器使孔反射回波达到调整灵敏度所要求的屏幕高度，然后将探头向通孔移近，当通孔反射波前沿与始波后沿刚好相交时，将探头后沿至通孔的距离作为探头的前沿盲区。

将探头对准人工通孔，移动探头逐渐远离通孔，并随时擦净探头至通孔间的耦合剂，调整检测仪，保持通孔反射波达到规定的高度，并保持通孔反射波与端面反射波位于显示屏上的适当位置。当通孔反射波与板材端面反射波在显示屏上能够清晰分辨时，将探头的前沿至通孔的最大距离作为最大扫查行距。如果探头远离通孔某一距离后，仪器灵敏度便不足以使通孔反射回波达到规定的高度，则以此距离为最大扫查行距。用最大扫查行距减去探头前沿盲区作为行扫查的有效检测范围。在实际检测时，可根据板材受检方向的尺寸和探头的有效检测范围合理地确定实际扫查行距。

4）扫查方式的选择。常采用列线法扫查。即按确定的扫查行距在板上沿轧制方向划线，探头从板边最近的一条线开始，使声传播方向垂直于轧制方向和侧边沿此线移动，扫查完毕后，再沿相邻的一条线继续扫查。全面扫查一遍后，将探头转 180°后再扫查一遍。改变入射角，按照同样方法，用另一模式对板材进行扫查。

由于板波在整个板厚范围内传播，只要模式选择得合适，在整个板厚范围内的灵敏度满足要求，板的检测从一面进行即可，无需正、反两面进行。扫查前必须将板的正、反面擦拭干净，在沿下一条线扫查时也要注意前一条线上的残留耦合剂是否擦拭干净，否则将影响波的正常传播。油滴、污物均可产生反射信号而造成误判。

5）缺陷的评定。缺陷在板中的位置可通过显示屏上端面反射波前的缺陷回波的位置确定，或在声束传播路径上利用油滴或用沾油的手指压按法判断，在缺陷迎波面边缘前拍打，缺陷反射波会减小或消失；在缺陷迎波面边缘后拍打，缺陷反射波幅度不变。

板波的反射波高与缺陷迎波面的形态有关，与缺陷面积无关。因此，板波检测不能根据反射波高度确定缺陷的大小。对于大面积的缺陷（如分层），可使波从四周入射，以确定边界或长度。

3. 复合板的检测方法与技术

复合板的检测主要是检查复合层与母材之间的结合情况，这种缺陷类似于普通板材中的分层缺陷，因此常采用垂直纵波检测法。对于结合良好的复合板，由于母材与复合层声阻抗不同，声波入射到结合面上也会产生反射，形成结合面回波信号。结合面回波信号的强弱与复合板基材和复合层声阻抗差异的大小有关，通常可分为两种情况：

（1）复合层与母材的声阻抗差异较小　当复合层与母材的声阻抗差异较小时，如两种材料结合良好，超声波在结合面处几乎全透射，好像不存在界面一样，因此显示屏上的结合面回波很低或不产生结合面回波信号，如不锈钢/碳钢复合板。若结合不良，则在显示屏上出现结合面回波，同时底波降低，如图 4-18 所示。另外，如果结合不良的面积较大，则底波反射信号会减弱或消失。

（2）复合层与母材的声阻抗差异较大　当复合层与母材的声阻抗差异较大时，即使结合很好，也会出现较强的结合面回波信号，如钛/碳钢复合板。这时缺陷的判别较困难，为此常利用图 4-19 所示的对比试块来比较。根据多次反射的结合面回波宽度、高度和底波的变化与对比试块进行比较来判别。

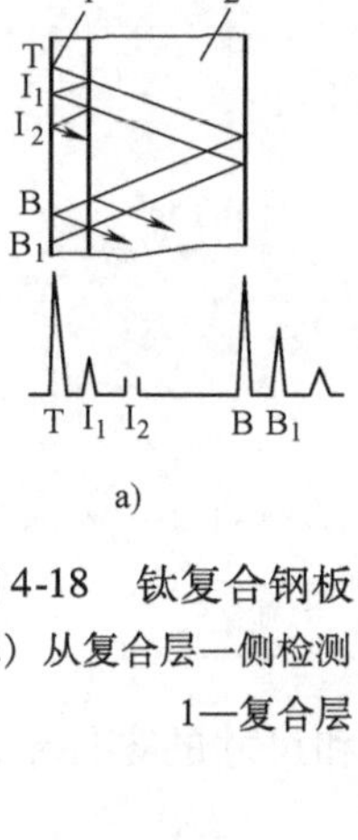

图 4-18　钛复合钢板中超声波的波形特点

a）从复合层一侧检测　b）从母材一侧检测

1—复合层　2—母材

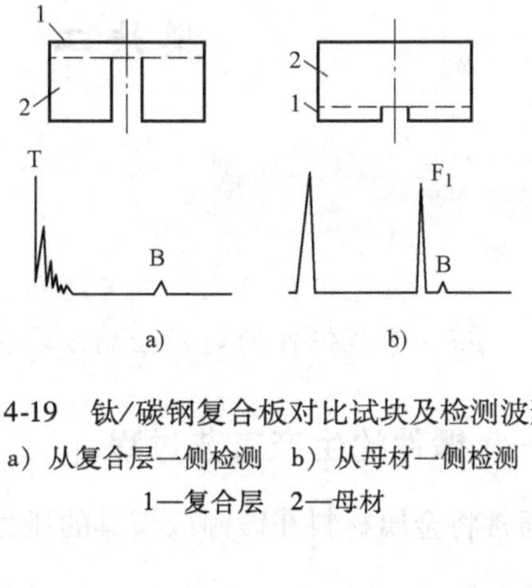

图 4-19　钛/碳钢复合板对比试块及检测波形

a）从复合层一侧检测　b）从母材一侧检测

1—复合层　2—母材

表4-1列出了基体为碳钢，复合层分别为不锈钢和钛时的声压反射系数。可以看到，复合层为18-8不锈钢时，结合面反射回波极小；若为钛复合钢板，则结合面反射回波相当大。

表4-1 复合钢板复合层的声压反射系数（钢 $Z_2 = 46 \times 10^6 kg/m^2 \cdot s$）

复合层	Z_1/（$\times 10^6 kg/m^2 \cdot s$）	Z_1/Z_2	声压反射系数 r
18-8不锈钢	45.7	0.993	0.0035
钛	27.4	0.596	0.253

【课后习题】

1. 钢板超声检测主要应采用（　　）。

A. 纵波直探头　　B. 表面波探头

C. 横波直探头　　D. 聚焦探头

2. 钢板厚为30mm，用水浸法检测，当水层厚度为15mm时，第三次底面回波显示于（　　）。

A. 二次界面回波之前　　B. 二次界面回波之后

C. 一次界面回波之前　　D. 不一定

3. 复合材料检测，由于两介质声阻抗不同，在界面处有回波出现，为了检查复合层结合质量，下面（　　）叙述是正确的。

A. 两介质声阻抗接近，界面回波小，不易检查

B. 两介质声阻抗接近，界面回波大，容易检查

C. 两介质声阻抗差别大，界面回波大，不易检查

D. 两介质声阻抗差别大，界面回波小，容易检查

4. 简要说明钢板超声检测中，引起底波消失的几种可能情况。

5. 超声检测钢板时，常采用哪几种方法进行扫查？各适用于什么情况？

6. 钢板水浸局部超声检测，已知探头有机玻璃的曲率半径为40mm，板厚为30mm，求水层厚度。

模块二　锻件的超声检测

知识目标

※ 熟悉锻件的生产工艺过程，并了解常见的缺陷类型。

※ 掌握锻件的超声检测方法和技术要点。

一、锻件的生产工艺过程

通常将金属材料在锻锤或模具的压力作用下形成的具有规定形状和尺寸的零件毛坯称为

锻件。根据生产过程中锻造设备和方法的不同，锻件可以分为自由锻件和模锻件。

锻造的过程也是一个热处理的过程，经过反复锻打以后，不仅使得材料中的晶粒变得更加细小，同时缺陷的取向、形态和分布情况受变形量和变形方向的影响比较明显，因此锻件中的缺陷多呈现面积形和长条形。

二、锻件中的常见缺陷及波形分析

锻件中存在各种类型的缺陷，其形成的机理也较为复杂，要全面地发现这些缺陷，必须采用多种手段。其中超声检测所能发现的缺陷，按其形成工艺过程可分为两类：一类是冶炼和铸造过程中形成的缺陷；另一类是在锻造和热处理过程中形成的缺陷。

1. 冶炼和铸造过程中形成的常见缺陷

（1）**缩孔和缩管**　缩孔和缩管都是在浇注钢锭的过程中形成的。当液体金属注入钢锭型后，其凝固顺序是从四周向中心，由底部向上逐渐进行的，同时发生体积收缩。如果在凝固过程中不能随时补充金属，那么将在最后凝固的钢锭上部冒口部位形成空洞，即缩孔。缩孔一般呈喇叭口状。

当缩孔比较严重，具有较大的长度时，又称为缩管，如图 4-20 所示。

锻件中的缩孔已不是它的原始形态，而是在锻造后未完全切除的残余缩孔。因此它们的位置都处于冒口端的锻件中心部位，从一端向锻件内部延伸。在锻造时随着金属的延伸而被拉长，有时在锻件中可长达 2m。

（2）**疏松**　疏松形成的机理和缩孔基本相同，它可以看作集中于某一区域的、分散的、细小的缩孔。疏松的形成是由于液体金属冷凝速度过快，金属不能产生集中的体积收缩，因而形成了弥散分布的小孔洞。

疏松往往随缩孔同时存在，经锻造后疏松情况能够得到不同程度的改善。由于疏松也大都存在于冒口端，所以超声检测时底波明显降低，甚至消失，有时会出现很小的丛生的缺陷反射信号。锻件中的疏松及检测波形如图 4-21 所示。

图 4-20　锻件中的缩管

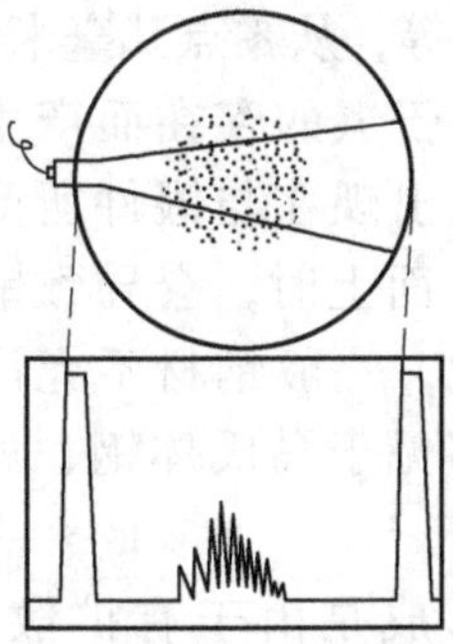

图 4-21　锻件中的疏松及检测波形

（3）**夹杂**　根据夹杂物的性质，可将其分为金属夹杂和非金属夹杂。

金属夹杂是金属冶炼过程中加入较多较大尺寸的合金，或者浇注时飞溅小粒或异种金属落入后未被熔化而形成的缺陷。

非金属夹杂又分为内在非金属夹杂和外来非金属夹杂两类。内在非金属夹杂是铸锭中包含的脱氧剂、合金元素等与气体的反应产物，这种夹杂物体积细小，常被熔液漂浮呈弥散分布，一般超声波较难发现。但在浇注时由于这类夹杂物与金属的熔点不同，在冷凝过程中将集中于钢锭中心或钢锭的某些区域内，这种现象称为区域偏析。在锻件中最常见的偏析区有两种：一种是密集于锻件中心部位，称为中心夹杂物；一种是离开锻件的中心部位，而成方锥形，称为方形偏析。

对于中心夹杂物，缺陷反射信号在显示屏上相对于锻件的中心位置呈从状波形，如图4-22所示。

对于方形偏析，缺陷的反射信号在显示屏上将出现一中心对称的两从波形，如图4-23所示。

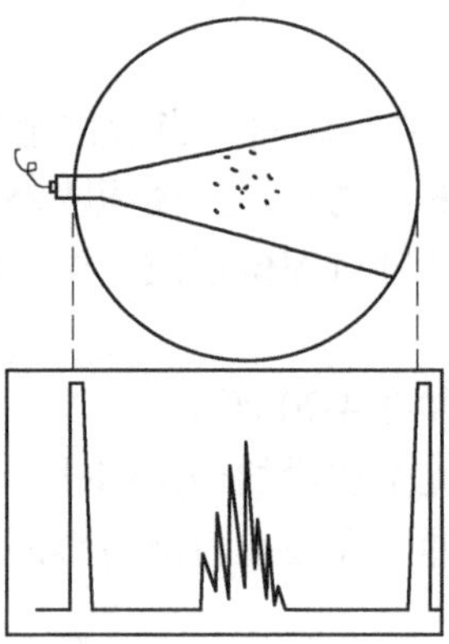

图4-22 锻件中的中心夹杂物及波形

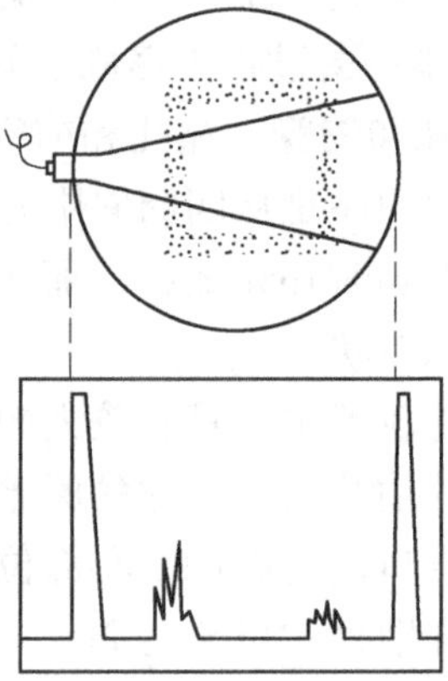

图4-23 锻件中的方形偏析及波形

外来非金属夹杂是冶炼、浇注过程中混入的耐火材料或杂质，这类夹杂物体积较大，常混杂于铸锭的底部。

2. 锻造和热处理过程中形成的常见缺陷

（1）**白点** 在某些金属的断口上，有时会发现表面光滑呈银白色的圆形和椭圆形斑点，其直径大小不等，从零点几毫米到十几毫米，这种缺陷称为白点，如图4-24所示。

白点是由于氢的存在而产生的小裂纹。当白点出现在与锻件所受应力作用垂直的平面上时，会导致锻件突然断裂，因此，一般钢材不允许出现白点。白点多见于马氏体钢、贝氏体钢和高碳钢中。

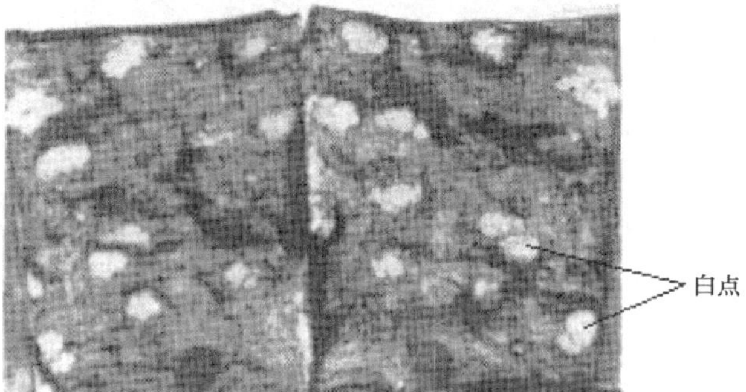

图4-24 $34CrNi_3$ 钢中的白点

白点的形成是由于有扩散现象，因此其在不同大小的锻件中形成的位置有差别。对于小截面锻件，一般形成在中心部位，超声检测时，在相对于锻件中心的部位出现林状波。对于某些大截面的锻件，加热后冷却较慢，存在着明显的扩散现象，白点呈辐射状分布在锻件圆周的某一深度范围内。超声检测时，将出现与中心对称的两处林状波，而且较浅的一处缺陷反射幅度高，较深的一处缺陷反射幅度低。锻件中白点缺陷的超声检测波形如图 4-25 所示。

（2）**裂纹** 锻件的裂纹很常见，其形成原因有很多种，主要有以下几种：

1）因为冶金缺陷在锻造时扩大形成的裂纹。如锻造过程中加热温度过高、加热速度过快、变形不均匀、变形量过大、冷却速度过快而形成的裂纹。

2）热处理过程中形成的裂纹。如淬火时温度过高、冷却不当、回火不及时或不当而引起的裂纹。最典型的中心锻造裂纹如图 4-26 所示。

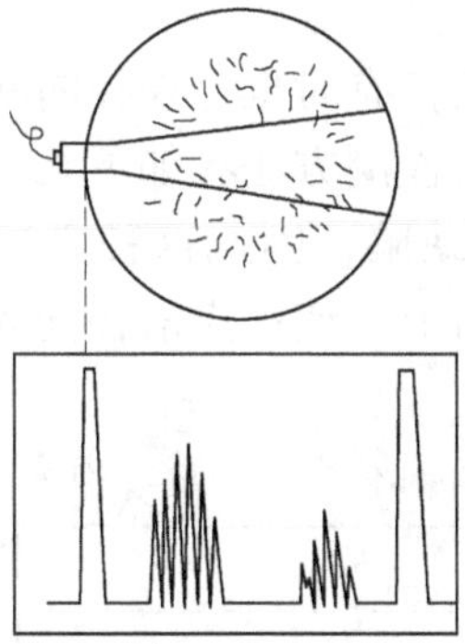

图 4-25 锻件中白点缺陷的超声检测波形

图 4-26 中心锻造裂纹

（3）**折叠** 折叠多见于锻件的内圆角和尖角处。折叠是因为热金属的突出部位被压折并压入锻件表面而形成的缺陷。

想一想

常见的锻件的缺陷有哪几种？哪种缺陷是最严重的？

三、锻件的超声检测方法与技术

进行锻件超声检测之前，应先熟悉锻件的加工工艺过程，根据设计要求和锻件中常见缺陷的形状和取向，合理地确定最佳检测面和检测方法。

锻件的检测时间原则上应选择热处理后，冲孔、开槽等精加工工序之前。因为孔、槽、台阶等复杂形状会形成超声声束无法到达的区域，增加了检测的盲区，并且有可能产生因形状复杂引起的非缺陷性干扰波，从而影响检测的精确度。在热处理后进行检测，有利于发现热处理过程中产生的缺陷，如热处理裂纹等。

不同形状、不同质量要求的锻件有着不同的锻造工艺，产生的缺陷类型、取向也不相同。可选择的超声检测方法有纵波垂直入射检测、纵波斜入射检测、横波检测等，具体的方式可采用接触法和水浸法两种方法进行检测。但是，绝大部分锻件晶粒细小，因此可用较高频率的超声波探伤，如选择 2. 5MHz 以上的频率。除非锻件的尺寸很大，为减小声衰减、提高其穿透力，可以选择频率稍低的超声波。

想一想

什么条件下使用纵波直入射检测、纵波斜入射检测、横波检测？什么时候综合使用纵波检测和横波检测？

常见的锻件有轴形、饼盘形和毛面锻件等。针对不同类型的锻件，检测时所采用的方法也不同。

1. 轴形锻件的超声检测

轴形锻件的常见缺陷是位于中心沿轴线方向延伸的缺陷，有时也存在径向和其他方向的缺陷。为了全面、精确地发现不同类型的缺陷，轴形锻件的检测方法有如下几种：

（1）**直探头径向检测** 直探头径向检测最易发现轴向缺陷，因此这种方法对轴形锻件是比较常用的。检测时，将纵波直探头放置在轴件的外圆面上，使声束沿径向入射，如图4-27所示。

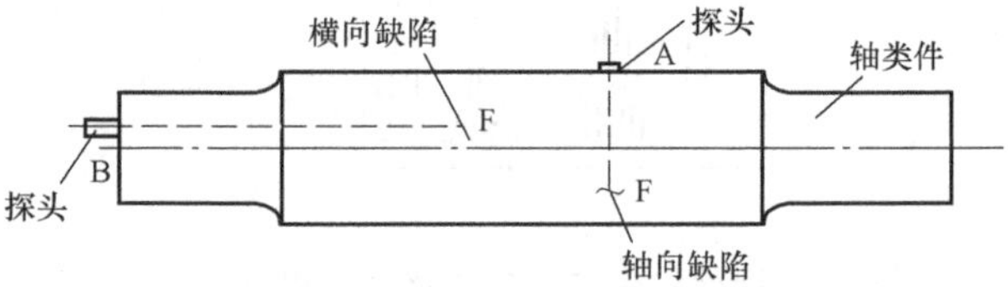

图4-27 轴形锻件检测示意图

不同外形的轴形锻件应采用不同方式调整径向检测的灵敏度。当轴的直径大于探头近场区长度的3倍时，可以选择底波计算法。底波计算法采用轴的底面作为灵敏度校验基准，因此应选择完好无缺陷的、波束没有射及的侧面位置进行灵敏度调整。采用底波计算法可以不用制作试块，但是却不能对3倍近场区长度内的缺陷进行评定。当轴的直径小于探头近场区长度的3倍时，可采用试块法检测。采用试块法时，最好使用材质、外形和表面粗糙度均与轴形锻件相同的试块进行灵敏度调整和缺陷评定，以避免修正的困难。如果轴的直径特别大、轴的外表曲面接近平面，可采用平面试块，并根据检测条件和零件情况进行适当修正。

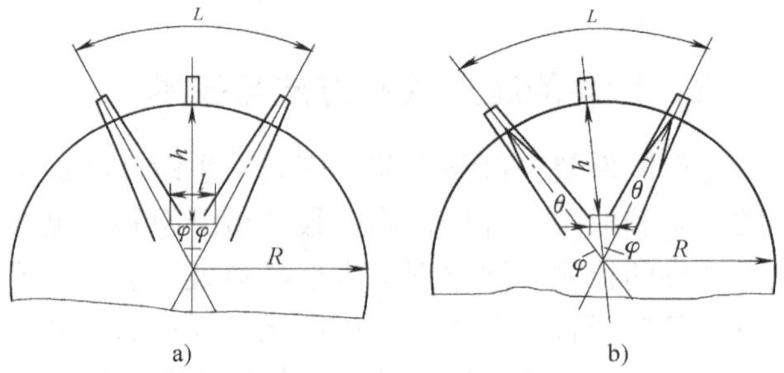

图4-28 缺陷测长法

当纵波直探头沿周向移动以确定缺陷的横向长度时，受几何形状的影响，探头移动的距离比缺陷延伸长度要大很多，这时需要通过计算来修正。一种修正方法是6dB法，修正公式为 $l \approx \frac{L(R-h)}{R}$，如图4-28a所示。另一种为20dB法，修正公式为 $l = \frac{L(R-h)}{R} - 2h\tan\theta$，如图4-28b所示。

（2）**直探头轴向检测** 轴向检测主要用来发现与轴线垂直的横向缺陷。检测时，将纵波直探头放置在轴件的端面上，并在轴端作全面扫查。进行轴向检测时，如果轴的长度很长，应从两端面分别进行检测，并注意侧壁对检测结果的影响。但当轴有多个直径不等的轴段时，会有声束扫查不到的死区，此法有一定的局限性。

（3）**斜探头周向检测** 当缺陷在径向位置且呈单片状时，直探头径向和横向检测方式很难发现这些缺陷，这时需要采用有适当折射角的斜探头作周向检测，使波束尽可能入射到缺陷上（图 4-29a），或通过双探头串列接收缺陷反射回波（图 4-29b）。

斜探头检测时，可将斜探头与工件的接触面磨成与检测面曲率相同或相近的弧面，以增加接触面积，改善耦合条件。另外，斜探头的周向检测可分别沿正、反两个方向进行，以防止遗漏缺陷。

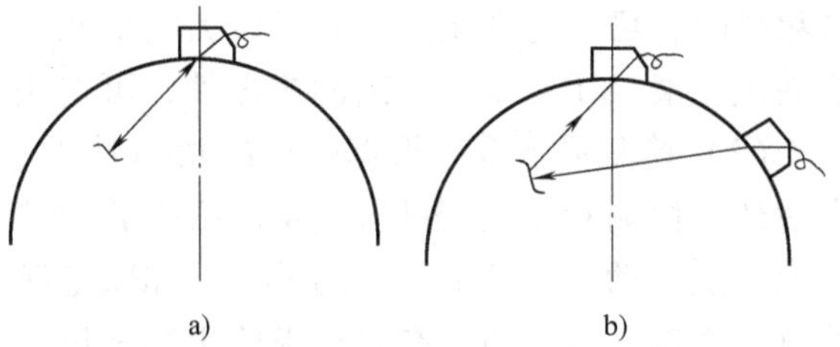

图 4-29　斜探头周向检测
a）单斜探头　b）双斜探头

（4）**斜探头轴向检测**　当轴的长度很长，直探头从端面检测存在未能覆盖的检测区域或横向检测灵敏度不够时，可采用单斜探头或双斜探头串列法进行检测（图 4-30）。斜探头的轴向检测与周向检测一样，也分别沿正、反两个方向进行。

轴形锻件常用脉冲反射法进行检测，检测频率为 2～10MHz。对于尺寸较大的零件或配料，一般采用晶片直径大的探头，使足够的声能入射到检测部位。纵波直探头轴向检测时，也采用大尺寸探头。常用晶片直径是 ϕ20mm 或 ϕ25mm 的探头。

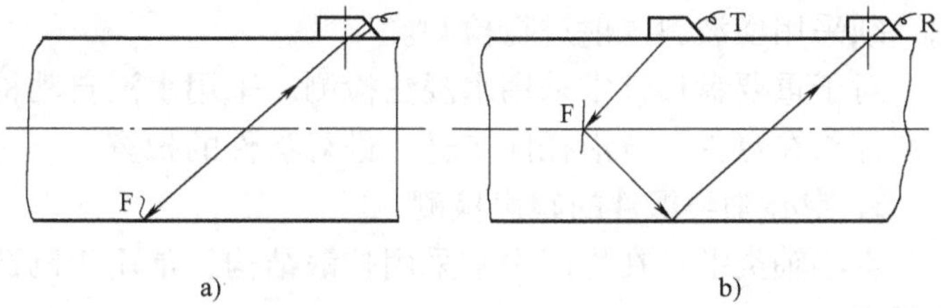

图 4-30　斜探头轴向检测
a）单斜探头　b）双斜探头

检测轴形锻件时，常将轴水平放置，这样就导致轴件外表面上的耦合剂容易流失，影响耦合效果；如果采用平面探头，探头和轴圆周面的接触面积很小，也会影响耦合效果。因此，在检测时除了给探头施加稳定、均匀的压力外，还应选用粘度较大的耦合剂，以改善耦合条件。由于轴形锻件检测时耦合比较困难，实际操作可以使用高灵敏度检测，以避免因耦合条件不好、灵敏度下降造成的漏检现象。

想一想

直探头检测的优点是什么？缺点是什么？斜探头检测的优点和缺点有哪些？

2. 饼盘形锻件的超声检测

饼盘形锻件的锻坯一般采用棒材或铸锭镦粗锻造而成，锻造主流线通常沿表面形状延伸。冶金缺陷方向多与金属流动方向一致，并有可能在锻造变形的过程中破碎，沿金属流动方向分布，而金属流向基本平行于端面。因此对于饼形件，两端面是主要锻造受力面，是可供选择的合适的声束入射面。所以，饼盘形锻件超声检测常采用纵波垂直入射技术，在端面上进行检测。饼盘形锻件中心部位是缺陷集中的地方，因此，中心部位是超声检测的重点部位。

纵波常用检测条件如下。

（1）探头　常用频率为 2～10MHz，晶片直径常用 ϕ(10～30) mm。当厚度很大，表面较粗糙时，可考虑选用晶片直径较大的探头，增加入射声波的能量；反之，对于厚度较小、表面较光滑、质量要求较高的饼盘件，可选用 5 ~ 10MHz 甚至更高频率的探头。

（2）检测灵敏度　根据锻件的材料特性、使用部位和要求，在锻件技术条件或图样中会对超声检测验收级别进行规定。根据验收要求，在检验规程中应给出灵敏度的调整方法。一般来说，动态条件下工作的锻件，如航空航天发动机用的转动件，其检测要求较高，相应检测灵敏度要求也高，有时要求验出当量尺寸为 ϕ0. 8mm 的缺陷，调整灵敏度用的平底孔为 ϕ0. 8mm；对于封头类的静态下工作的盘形件，调整灵敏度常用的平底孔为 ϕ4mm。

但是对于变形量较大的饼盘形件，在饼盘形件外缘或某些特殊部位可能存在与端面倾斜的流线，此时，除了纵波垂直入射检测外，还需要根据流线分布，增加特定角度的纵波斜入射检测和横波检测。

有些材料的饼盘形件在锻造过程中容易产生危险性较大的裂纹，如钛合金常产生与表面成 45°的裂纹，某些高温合金容易产生垂直于端面的径向裂纹，此时，纵波垂直入射不宜检出，须采用横波斜入射进行检测。

对于重要盘形件常采用水浸法检测。采用水浸自动检测设备，放置盘件的转盘自转，而水浸探头在盘件上方沿径向步进，进行盘件的扫查。

3. 空心轴类锻件的超声检测

空心轴类锻件在生产中常采用整锻结构，常用于制造承受高压运转的部件，因此质量要求很高。

空心轴类锻件锻造一般采用镦粗、冲孔、扩孔、拔长等过程，造成缺陷的取向复杂，并且既有表面缺陷，也有内部缺陷。根据空心轴类锻件制造工艺不同，应选择以下一种或几种方式进行检测：

（1）**直探头径向和轴向检测**　如图 4-31 所示，直探头在外圆周径向检测，其目的是检测与轴线平行的周向缺陷，如分层；直探头在端面轴向检测，其目的是检测与轴线垂直的横向缺陷，但仅适用于长度不大的空心轴类锻件，如环形件。如果筒壁较薄或需要检测近表面缺陷，则可以选用双晶探头。

（2）**斜探头周向检测**　如图 4-32 所示，斜探头置于筒体外圆作周向扫查，主要用于发现外壁和内壁的径向缺陷。通常呈径向的缺陷多数为裂纹，其危害性很大，因此斜探头周向检测常常是空心轴类锻件检测的主要方式之一。

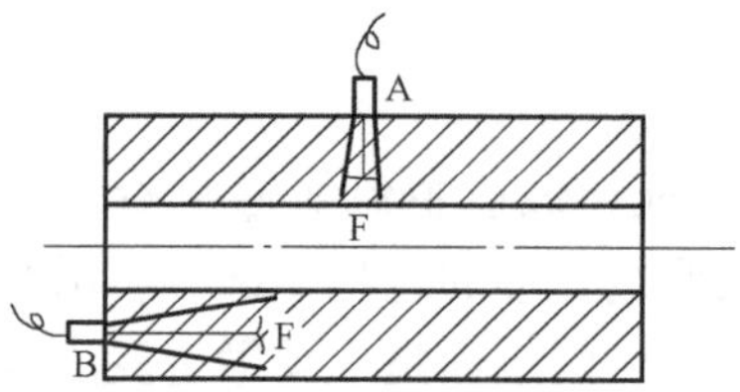

图 4-31　直探头径向和轴向检测

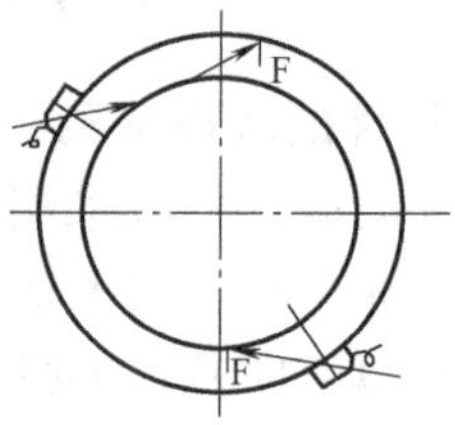

图 4-32　斜探头周向检测

（3）**斜探头轴向检测**　如图 4-33 所示，斜探头放置于筒体外圆作轴向扫查，主要用于发现内壁和外壁的横向缺陷，主要是横向裂纹。

在空心轴类锻件实际检测时，常常需要在了解被检空心轴类件的制造工艺和变形特点，分析该筒形件中可能出现的缺陷的取向和分布后，确定应采用的检测技术。下面以环形轧制件为例，说明检测技术的选择过程。环形轧制件的制造过程一般为：将坯料镦粗、冲孔后，放在轧机上旋转的轧辊之间，通过轧辊的压力作用产生塑性变形，不断扩孔，从而获得规定尺寸和性能要求的环形件。如果轧制扩孔的变形量很大，则认为该变形方向为主要变形方向，同时环形件壁厚尺寸较小，如环形件高度与壁厚之比大于3∶1，此时可考虑选择外圆周纵波径向检测为主要检测方式，同时根据变形工艺和材料特性，与制造人员共同分析裂纹出现的可能性和加工余量等情况，再确定是否进行周向或横向横波斜探头检测。

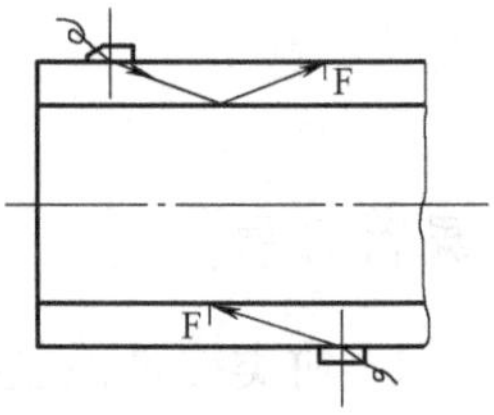

图 4-33　斜探头轴向检测

4. 毛面锻件的超声检测

经锻造后未经加工的锻造表面，有两个因素对超声检测是不利的。其一是经锻造的工件表面存在较厚的氧化皮。由于氧化皮和金属母材之间组织及致密性的不一致，往往使超声波通过时造成较大的能量损失，有时由于氧化皮本身已与金属基体脱开，因此声波便无法射入金属基体，更谈不上达到检测的目的。其二是有时表面粗糙度过大、波长长，因此声波未射入工件就产生了很大的散射，并且还造成了不好的和不稳定的声耦合，进一步使声能传送受到影响，使检测结果很难获得再现。

虽然毛面检测有很大的困难，但也有不少方法可供选用。最常用的是非接触的电磁超声检测和低频大直径的聚焦声束法，以及进行适当改进后的接触法检测。

（1）非接触的电磁超声法　非接触的电磁超声法是实现毛面检测的一种方法，它不但可以实现对工件不接触检测，而且由于锻件表面氧化皮的组织（Fe_3O_4）具有强烈的磁性，对非接触电磁超声检测更为有利，因此提高了检测灵敏度。

（2）低频大直径聚焦声束法　采用低频大直径聚焦声束是改善毛面检测的有效途径。低频的选用使表面粗糙的散射影响以及氧化皮不致密的影响有所降低。在此，采用大直径和聚焦都是为了提高被探区域的声能。

（3）改进后的接触法　实现以上两种方法都必须具备一定的条件，而对一般工厂来说有一定困难。对于常规接触法，在一定的检测工艺条件下还是可以使用的，但必须做一些适当的准备工作。

1）无论采用哪种方法，首先应把与金属基体脱开的氧化皮清理掉。其次是对表面粗糙的地方进行打磨，以改善声耦合。

2）选用较低的检测频率。

3）增大发射功率和提高灵敏度。

4）采用“地毯法”，即选用粘度较大的耦合介质，如润滑脂、水玻璃等。

实现毛面超声检测的意义很重大。大型锻件生产工序多、生产周期长，如能用毛面检测的方法判定其质量，可保证产品按计划或提前完成。如大型锻件经毛面检测发现严重质量问题而及早报废，可节约大量机加工工时和及早重新投料，补救生产周期。其次可以及时发现锻件中存在的问题，查明其规律和性质，以便改进热加工工艺，及时提高产品的内在质量。另外，根据毛面检测所确定的缺陷位置、范围、性质，采取相应加工措施，以便在以后的加工中去掉这些缺陷，对有缺陷的产品进行挽救。

【课后习题】

1. 饼类锻件最主要的检测方法是（　　）。

A. 直探头端面检测　　B. 直探头侧面检测

C. 斜探头端面检测　　D. 斜探头侧面检测

2. 锻件一般分哪几类？各采用什么方法检测？

3. 利用锻件底波调节灵敏度有何好处？对锻件有何要求？

4. 用2.5MHz、ϕ20mm直探头检测厚度为300mm的锻钢件，要求不漏检不小于ϕ2的当量缺陷，利用工件底面如何调节检测灵敏度？如在此灵敏度下探测时发现距检测面200mm处有一缺陷，其波高为15dB，求此缺陷的平底孔当量。

模块三　焊缝的超声检测

知识目标

※　熟悉焊缝的生产工艺过程，并了解常见的缺陷类型。

※　掌握焊缝的超声检测方法和技术要点。

许多金属结构都是采用焊接的方法制造的。目前，检测焊缝内部质量最常用的是射线和超声检测法。对于焊缝中的危险缺陷——裂纹、未焊透，尤其是微裂纹和轻微未焊透，用超声检测比用射线更容易发现，而且超声检测还具有仪器简单、检查速度快等特点，因此被广泛采用。超声检测是对焊接接头质量进行评价的重要检测手段之一。为了能够合理地选择检测条件，并对检测结果作出正确的评判，要求检测人员了解有关的焊接基本知识，如焊接接头形式、焊接坡口形式、焊接方法和焊接缺陷等。

一、焊接加工过程

1. 焊接过程

焊接是通过加热或加压或两者并用，用填充材料或不用填充材料使两个分离的材料达到原子结合的一种加工方法。焊接工艺有熔焊和压焊等，超声检测的主要对象是熔焊焊缝。熔焊过程实际上是一个冶炼和铸造的过程，首先利用电能或其他形式的能产生高温使金属熔化，形成熔池，熔融金属在熔池中经过冶金反应后冷却，将两母材牢固地结合在一起。常用的焊接方法有焊条电弧焊、埋弧焊、气体保护焊、电渣焊、等离子弧焊、激光焊和电子束焊等。

焊条电弧焊是使电极和母材之间产生电弧，靠电弧的高温熔化焊条和部分母材来连接母材的焊接方法。焊条中的焊芯就是传导焊接电流的电极和焊缝的填充金属，而焊芯上涂覆的一定厚度的药皮，在高温下则会分解产生中性或还原性气体作为保护层，防止空气中的氧、氮进入熔融金属。药皮还有在焊接过程中对焊缝金属起脱氧、脱硫，向焊缝渗入合金元素，缓和焊缝金属凝固和冷却速度等作用。焊条电弧焊焊缝是超声检测的主要对象。

电渣焊是利用电流通过液态熔渣时产生的电阻热熔化母材和填充金属进行焊接的。埋弧焊是利用液体焊剂做保护层，利用焊剂层下的电弧加热并熔化金属进行焊接，一般适用于厚钢板结构、大型容器的焊接。气体保护焊是利用氩气或二氧化碳等保护气体做保护层的电弧焊方法。

2. 焊接接头形式

焊接接头主要有**对接、角接、搭接**和 **T 形接头**等几种形式，如图 4-34 所示。对接是指两个零件截面的中心线或边线在一条直线上进行拼接，常用于板的焊接（图 4-34a）；搭接接头则常见于角焊的板材结合（图 4-34b）；T 形接头常见于装配部件的角焊；角接是指两个零件中心线成 90°进行拼接，常见于箱形部件的边角焊接（图 4-34d）。

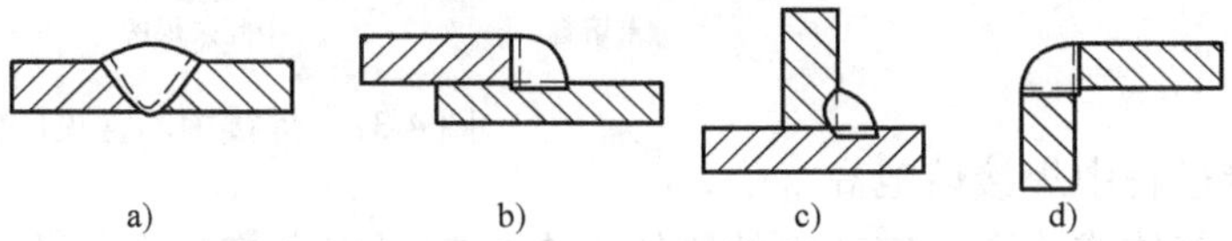

图 4-34　焊接接头形式

a）对接　b）搭接　c）T 形接头　d）角接

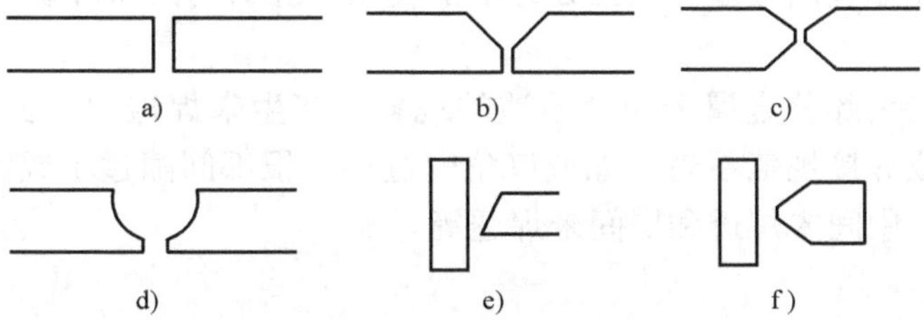

图 4-35　焊接坡口形式

a）I 形　b）V 形　c）X 形　d）U 形　e）单 V 形　f）K 形

3. 坡口形式

为保证两母材施焊后能完全熔合，焊前应把接合处的母材加工成一定的形状，这种加工后的形状称为坡口形式。根据板厚、焊接方法、接头形式和要求不同，可采用不同的坡口形式。常见对接和角接接头的坡口形式如图 4-35 所示。V 形坡口焊接接头各部分的名称如图 4-36 所示。

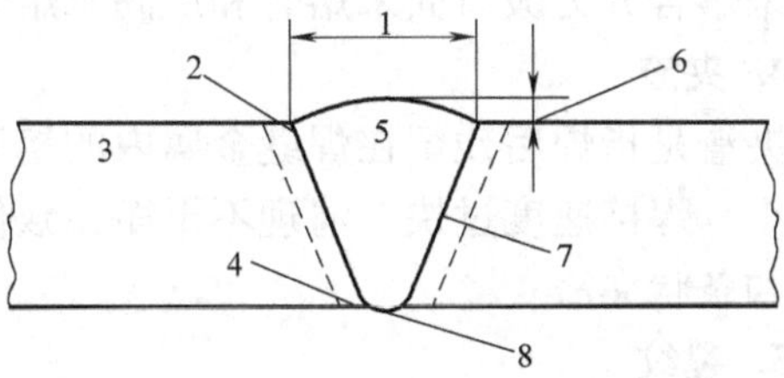

图 4-36　V 形坡口焊接接头各部分的名称

1—焊缝宽度　2—焊道缝边　3—母材　4—根部
5—焊缝金属　6—余高　7—热影响区　8—焊趾

想一想

对接焊缝主要容易存在哪些缺陷？角接焊缝容易存在哪些缺陷？

二、焊缝中的常见缺陷

所谓焊接接头包括焊缝金属和与之相邻的母材热影响区。焊接接头的缺陷包括外部缺陷和内部缺陷。

外部缺陷有焊缝尺寸不符合要求、未焊透、咬边、焊瘤、表面气孔、表面裂纹等，通常采用目视检测、磁粉检测、渗透检测等方法对这些缺陷进行检测。焊接接头中常见的内部缺陷有气孔、夹渣、未焊透、未熔合和裂纹等，如图4-37所示。超声检测的主要目的是检测出焊接接头中存在的内部缺陷。

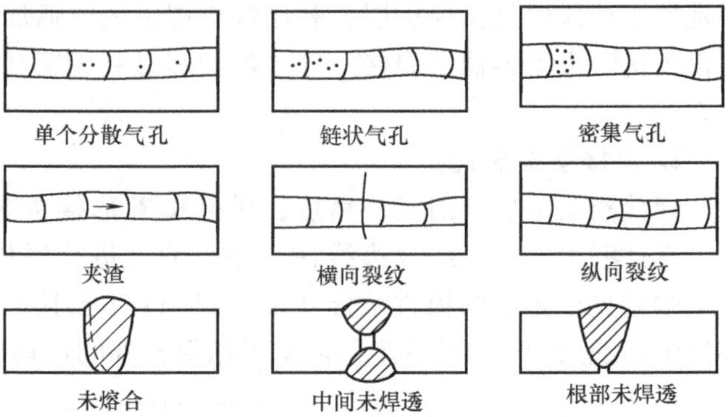

图4-37 焊接中的常见缺陷

1. 气孔

气孔是在焊接过程中焊接熔池高温时吸收了过量的气体或冶金反应产生的气体，在冷却凝固之前来不及逸出而残留在焊缝金属内所形成的空穴。产生气孔的主要原因是焊条或焊剂在焊前未烘干、焊件表面污物清理不净等。气孔大多呈球形或椭圆形。气孔分为单个气孔、链状气孔和密集气孔。

2. 未焊透

未焊透是焊接接头部分金属未完全熔透的现象。产生未焊透的主要原因是焊接电流过小、运条速度太快或焊接规范不当（如坡口角度过小、根部间隙过小或钝边过大等）。未焊透分为根部未焊透、中间未焊透和层间未焊透等。

3. 未熔合

未熔合主要是指填充金属与母材之间没有熔合在一起或填充金属层之间没有熔合在一起。产生未熔合的主要原因是坡口不干净、运条速度太快、焊接电流过小、焊条角度不当等。未熔合分为坡口面未熔合和层间未熔合。

4. 夹渣

夹渣是指焊后残留在焊缝金属内的熔渣或非金属夹杂物。产生夹渣的主要原因是焊接电流过小、焊接速度过快、清理不干净，致使熔渣或非金属夹杂物来不及浮起。夹渣分为点状夹渣和条状夹渣。

5. 裂纹

裂纹是指在焊接过程中或焊后，在焊缝或母材的热影响区局部破裂的缝隙。裂纹按其成因分为热裂纹、冷裂纹和再热裂纹等。热裂纹是由于焊接工艺不当在施焊时产生的；冷裂纹是由焊接应力过高，焊条焊剂中含氢量过高或焊件刚性差异过大造成的。冷裂纹常在焊件冷却到一定温度后才产生，因此又称延迟裂纹。再热裂纹一般是焊件在焊后再次加热（消除应力热处理或其他加热过程）而产生的裂纹。按裂纹的分布还可分为焊缝区裂纹和热影响区裂纹。按裂纹的取向可分为纵向裂纹和横向裂纹。

三、焊缝的超声检测方法与技术

在焊缝检测中，由于焊缝余高的影响及焊缝中存在的缺陷往往是与检测面近于垂直或形成一定角度，所以在一般情况下采用超声波倾斜入射到工件内部的检测方法，即横波检测法。

1. 中厚板对接焊缝的检测

对接焊缝按板厚大致分为四类：板厚在 12mm 以下的薄板焊缝；板厚为 12 ~ 46mm 的中薄板焊缝；板厚为 46 ~ 80mm 的中厚板焊缝和板厚在 80mm 以上的厚板焊缝。薄板不适合用超声检测，其原因主要有两点：一是薄板检测区在近场范围内，受到超声场近场声压不规律的严重影响，在缺陷定位、定量分析中引起较大误差；二是薄板声程短，检测仪与探头匹配后杂波多、信噪比差，容易引起误判。中板和厚板非常适合采用超声检测法。

（1）检测前的准备　在正式进行工件的检测前，必须完成工件表面清理、检测设备选择等一系列准备工作，通常包括以下几个方面：

1）**检测面的修整**。由于在超声检测过程中，检测探头要在被检测面上左右上下前后移动，因此必须对检测面进行修整。先清除焊接试件表面的飞溅物、氧化皮、凹坑及锈蚀等。一般使用砂轮机、锉刀、喷砂机、钢丝刷、磨石、砂纸等对检测面进行修整，表面粗糙度值一般不大于 6.3μm。

焊缝两侧检测面的修整宽度应至少等于探头的移动区。可根据母材厚度、所用探头的 K 值（或折射角 β）和探头的尺寸 A 确定（图 4-38）。

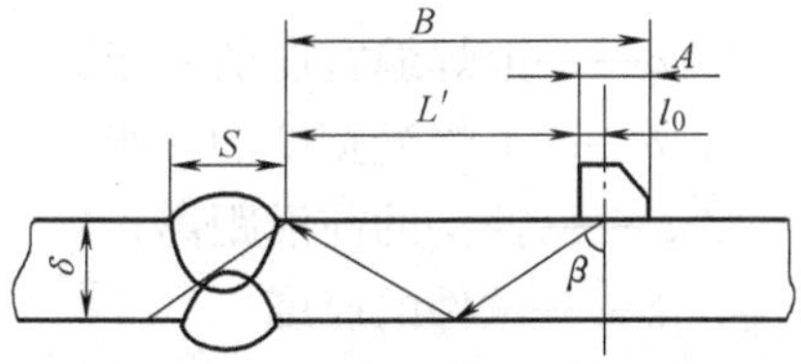

图 4-38　检测面修磨宽度的确定

以 P 表示跨距，则

$$P = 2\delta\tan\beta = 2\delta K \qquad (4\text{-}3)$$

式中　K——探头的 K 值；

δ——试件厚度；

β——折射角。

通常，要求被检测面的修整宽度

$$B \geqslant L' + A$$

式中

$$L' = \begin{cases} 0.5P - l_0 & （一次波法） \\ P - l_0 & （二次波法） \end{cases} \qquad (4\text{-}4)$$

上式中，l_0 表示斜探头的前沿长度。关于检测面修整宽度的具体计算方法，各标准中有不同的规定。如 GB/T 11345—1989《钢焊缝手工超声波探伤方法和检测结果分级》和 JB/T 4730.3—2005《承压设备无损检测　第 3 部分：超声检测》中规定：采用一次反射法（二次波法）检测时，探头移动区应大于 1.25P；采用直射法（一次波法）检测时，探头移动区应大于 0.75P。因此，检测面的修整宽度应不小于上述要求。

2）**耦合剂的选择**。在焊缝超声检测中，常用的耦合剂有水、润滑油、甘油、浆糊、水玻璃等。目前，实际检测中用得最多的是润滑油与浆糊。浆糊有一定的粘性，可用于不同方位的焊缝检测，且易于清洗，特别适用于垂直面或顶面的检测。因为碱对铝合金有腐蚀作用，所以铝焊缝检测应避免使用碱性耦合剂。

3）**频率的选择**。频率应根据被检测工件的材质和厚度来选择。一般情况下，频率越高，灵敏度越高，越容易确定缺陷的位置和尺寸；但是频率越高，声波的衰减也越大，能检测的板厚就越薄。

一般来说，当板厚越小时，采用高频；当板厚较大或材料对声波的衰减明显时，应选用低频。焊缝检测中，薄板焊缝的检测频率多采用2.5～5MHz，中厚板焊缝的检测频率多采用2～2.5MHz。

4）**探头 *K* 值或折射角的选择**。探头 *K* 值或折射角的选择应从以下三方面考虑：

① 能使声束扫查到整个焊缝截面。焊缝坡口形式和尺寸的影响如图4-39所示，用一、二次波单面检测双面焊接接头时，一次波只能扫查到 d_1 以下的部分（受余高限制），二次波只能扫查到 d_2 以上的部分（受余高限制）。其中 $d_1 = (a + l_0)/K, d_2 = b/K$。

为保证能扫查整个焊缝截面，必须满足

$$d_1 + d_2 \leqslant \delta \qquad (4\text{-}5)$$

从而得到

$$K \geqslant \frac{a + b + l_0}{\delta} \qquad (4\text{-}6)$$

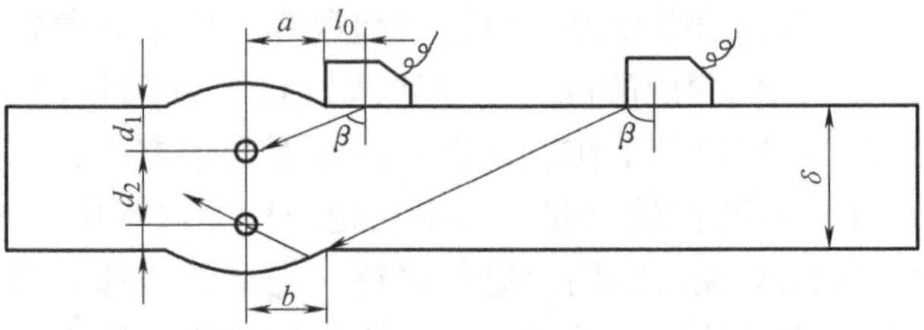

图4-39　焊缝坡口形式和尺寸的影响

式中　a——上焊缝宽度的一半；
b——下焊缝宽度的一半；
l_0——探头的前沿距离；
δ——试件的厚度。

对于单面焊，b 可忽略不计。

② 使声束中心线尽量与主要危险性缺陷垂直。在检测时，主要根据各种缺陷的产生部位、缺陷的取向，保证声束可以到达缺陷位置，声束入射方向应尽量与缺陷主要反射面垂直。

③ 保证有足够的检测灵敏度。如果 *K* 值选择得比较大，声程变长，扩散角也变大。若工件很厚，由于声能在工件中的衰减，会使检测灵敏度降低，选择 *K* 值时需要注意这个问题。

综合考虑以上三个方面后，可按表4-2选取 *K* 值。

表4-2　检测面及 *K* 值的选择

板厚/mm	检测面			检测方法	折射角或 *K* 值
	A	B	C		
≤25	单面单侧	单侧双面（位置1和2或3和4）或双面单侧（1和3或2和4）		直射法及一次反射法	70°（K2.5，K2.0）
>25～50					70°或60°（K2.5，K2.0，K1.5）
>50～100	—			直射法	45°或60°；45°和60°，45°和70°并用（K1或K1.5；K1和K1.5，K1和K2.0并用）
>100	—	双面双侧			45°和60°并用（K1和K1.5或K2.0并用）

想一想

若对接焊缝的板比较厚，探头 K 值应选择大一些的还是小一些的？若对接焊缝两侧板厚不一致，适合用什么检测方法？

5）**检测方向和检测面的选择**。质量要求越高的焊缝，要求的声束入射方向越多，以尽可能发现不同取向的缺陷。其中检测方向最少为一种角度的单面单侧检测，其要求较高时，可用两种角度单面双侧或双面单侧检测，并附加串列式扫查，也可要求将余高磨平，以及增加用于检测横向缺陷的平行扫查、斜平行扫查。

厚度大的焊缝，要求从多个方向或角度入射，以保证声束对整个焊缝的覆盖，并检测不同取向的缺陷。如可采用两种角度双面双侧检测。

6）**检测级别的选择**。不同标准中，根据质量要求规定了不同的检测级别，并对检测面和检测方向给出了原则性的规定。

例如，在 JB/T 4730.3—2005 中，根据焊缝质量要求，将检测等级分为 A、B、C 三级，检测的完善程度和难度系数按 A、B、C 的顺序逐级增高。各等级的检验范围要求如下：

A 级检测采用一种角度的探头，在焊缝的单面单侧进行检测，而且允许只对扫查到的焊缝截面进行检测，一般不要求检测横向缺陷；当母材厚度大于 50mm 时，不得采用 A 级检测。

B 级检测原则上采用一种角度的探头，在焊缝的单面双侧进行检测，而且应该对整个焊缝截面进行检测：当母材厚度大于或等于 100mm 时，应采用双面双侧检测；受几何条件限制，可在焊缝的双面单侧采用两种角度的探头进行检测；条件允许时，还应检测横向缺陷。

C 级检测至少要用两种角度的探头，在焊缝的单面双侧进行检测，并且要用两种探头角度从两个扫查方向检测横向缺陷：当母材厚度大于 100mm 时，则要采用双面双侧检测。此外，对接焊缝的余高要磨平，以便探头在焊缝上作平行扫查；焊缝两侧斜探头扫查经过的母材部分要用直探头作检查；母材厚度大于或等于 100mm，窄间隙焊缝母材厚度大于或等于 40mm 时，一般要增加串列式扫查。

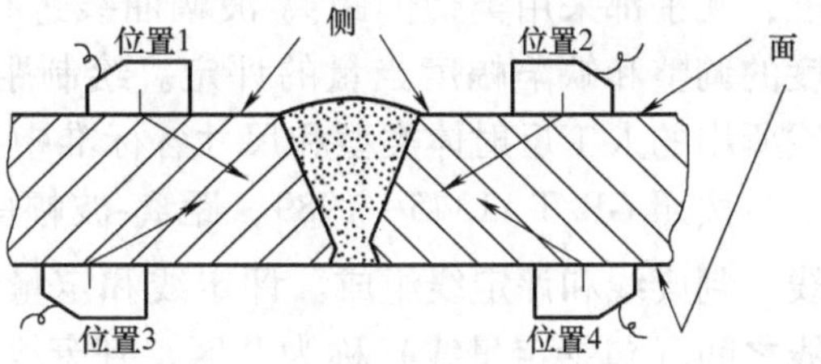

图 4-40　焊缝的检测方向和检测面

按照 JB/T 4730.3—2005 的推荐，为了发现纵向缺陷，一般应按图 4-40 和表 4-2 选择检测面。

7）检测横向缺陷时常采用以下方式：

平行扫查：在已磨平的焊缝及热影响区表面以一种（或两种）K 值探头用一次波在焊缝两面作正、反两个方向的全面扫查，如图 4-41a 所示。

斜平行扫查：用一种（或两种）K 值探头的一次波在焊缝两面双侧作斜平行检测。声束轴线与焊缝中心线的夹角为 10°～20°，如图 4-41b 所示。

交叉扫查：对于电渣焊中的人字形横裂，可用 $K1$ 探头在 45°方向以一次波在焊缝两面双侧进行检测，如图 4-41c 所示。

在其他标准中，根据质量要求的不同，对不同的厚度区间，规定有不同数量的角度和检测面。

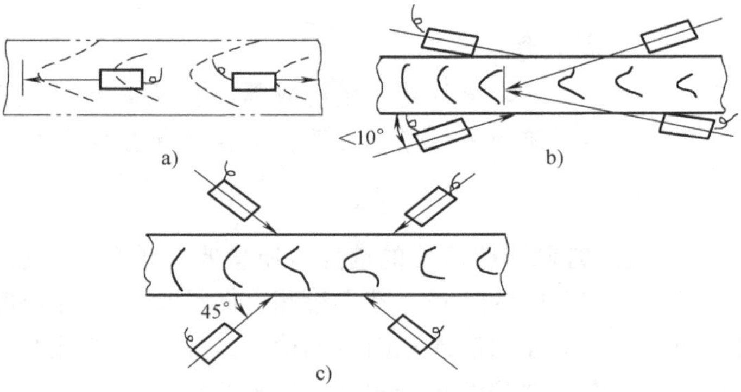

图4-41　焊缝横向缺陷的检测
a）平行扫查　b）斜平行扫查　c）交叉扫查

（2）仪器调节　仪器调节包括调节时基线扫描比例、绘制距离-波幅曲线和确定检测灵敏度等工作。

1）时基线的调整。时基线调整得正确与否，直接关系着缺陷定位的准确性。若调整不准确，容易造成误判。在焊缝检测中，时基线的调整方法有三种，即声程调节法、水平定位法和垂直定位法，在第三单元中有详细介绍。当板厚小于20mm时，常用水平调节法；当板厚大于20mm时，常用深度调节法。声程调节法多用于非K值探头。近年来，数字式仪器在焊缝检测中应用较广，因其可自动给出缺陷的各位置参数，通常也采用声程调节法。

需要注意的是，调节时基线的试块应选择与被检试件声速相同的材料制作，如检测铝焊缝时，应选用铝试块进行调整。

2）距离-波幅曲线的绘制。描述某一确定反射体回波高度随距离变化关系的曲线称为距离-波幅曲线，它是AVG曲线的特例。焊缝检测中常用的距离-波幅曲线如图4-42所示。国内外关于焊缝检测方法的标准，几乎都采用类似的距离-波幅曲线进行检测灵敏度的调整和缺陷幅度当量的评定。绘制距离-波幅曲线所用的人工反射体类型和尺寸各标准中有所不同。

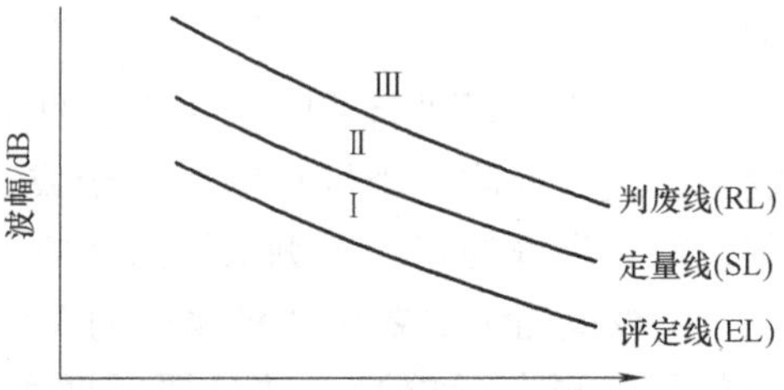

图4-42　距离-波幅曲线示意图

按照GB/T 11345—1989，距离-波幅曲线由定量线、判废线和评定线组成。评定线和定量线之间（包括评定线）称为Ⅰ区，定量线与判废线之间（包括定量线）称为Ⅱ区，判废线及其以上区域称为Ⅲ区。距离-波幅曲线所代表的灵敏度见表4-3。

表4-3　GB/T 11345—1989中距离-波幅曲线的灵敏度

级别 板厚	A	B	C
DAC	8～50	8～300	8～300
判废线	DAC	DAC-4dB	DAC-2dB
定量线	DAC-10dB	DAC-10dB	DAC-8dB
评定线	DAC-16dB	DAC-16dB	DAC-14dB

在不同的标准中，距离-波幅曲线的绘制方法大同小异。例如：GB/T 3559—2011《船舶钢焊缝手工超声波检测工艺和质量分级》采用ϕ3mm横孔作为测量距离-波幅曲线用的试块中的人工反射体；JB/T 4730.3—2005标准则采用ϕ2mm长横孔和ϕ1mm×6mm短横孔两种

人工反射体，并规定了不同的距离-波幅曲线灵敏度。各标准中分区的方式是相似的。

实用中，距离-波幅曲线有两种形式：一种是用 dB 值表示的波幅作为纵坐标、距离为横坐标，称为距离-dB 曲线；另一种是用以毫米（或%）表示的波幅作为纵坐标，距离为横坐标，实际检测中将其绘在示波屏面板上，称为面板曲线。

实际检测中，距离-波幅曲线通常是利用试块实测得到的。下面以 RB-2 试块为例介绍距离-波幅曲线的绘制方法。

距离-波幅曲线的绘制方法如下：

① 测定探头的入射点和 K 值，并根据板厚按水平、深度或声程调节时基线。

② 探头置于 RB-2 试块上，选择试块上孔深与被检件厚度相同或相近的横孔作为第一基准孔，使声束对准第一基准孔，移动探头，找到第一基准孔的最高回波。

③ 调节增益旋钮和衰减器旋钮，使第一基准孔回波达基准高度（例如，达垂直满刻度的 60%）。此时，衰减器应保留比评定线高 10dB 的灵敏度（例如，评定线为 ϕ3mm－16dB 时，衰减器应保留 26dB 的灵敏度），记下第一基准孔深 h_1 和衰减器读数 V_1。

④ 调节衰减器，依次测定其他各孔（比第一基准孔浅的各孔），并记下 h_2、V_2，h_3、$V_3 \cdots h_i$、V_i。

⑤ 以检测距离（孔深、声程或水平距离）为横坐标，以波幅（dB）为纵坐标，在坐标纸上标记出相应的点，将标记的各点光滑连接成曲线，该曲线即为距离-波幅曲线的基准线。

⑥ 根据规定的距离-波幅曲线的灵敏度级别，在坐标纸上分别画出判废线、定量线、评定线，并标出波幅的Ⅰ区、Ⅱ区、Ⅲ区，则距离-波幅曲线制作完成。

距离-波幅曲线制作完成后，应用深度不同的两孔校验距离-波幅曲线，若不相符，则应重测。

实际检测中，对于现场操作，面板曲线使用更为方便，可根据屏幕上的缺陷波高直接确定缺陷当量和区域。面板曲线的制作步骤如下：

① 测定探头的入射点和 K 值，根据板厚按深度、水平或声程调节时基线。

② 将探头放到试块上，在检测的所有孔中选取能产生最高回波的孔作为第一基准孔，调节增益旋钮和衰减器旋钮，使第一基准孔回波高度为垂直满刻度的 80%，并将波峰标记在显示屏前的辅助面板上（此时，衰减器应保留比评定线灵敏度高 10dB 的余量）。

③ 固定增益和衰减器旋钮，依次检测其他横孔，找到最高回波，并在面板上标记相应波峰对应的点。将各标记点连接成圆滑曲线，即 ϕ3mm 横孔距离-波幅面板曲线的基准线，如图 4-43 所示。

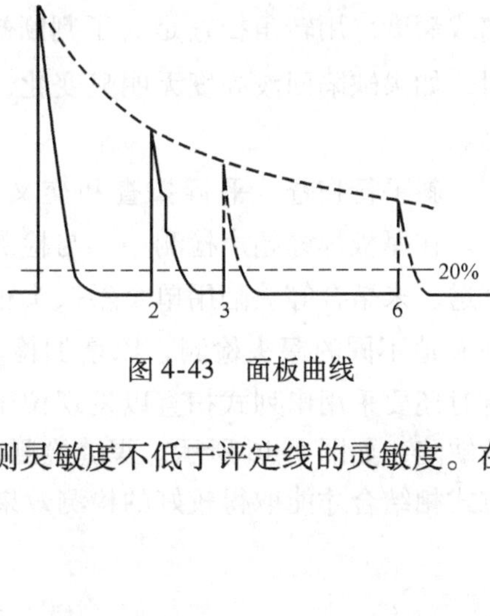

图 4-43　面板曲线

④ 根据规定的距离-波幅曲线的灵敏度级别，将仪器增益旋钮分别提高基准线与判废线、定量线、评定线之间相差的分贝数，则该线即代表相应的各线。

3）检测灵敏度的调节。焊缝检测灵敏度的调节，同样是为了保证所要求检测的信号具有足够高的幅度，以便在显示屏上显示出来。为此，在标准中通常规定检测灵敏度不低于评定线的灵敏度。在检测横向缺陷时，应将各线灵敏度均提高 6dB。

灵敏度调节的具体方法有以下三种：

① 用对比试块调节灵敏度。对比试块的材质、表面粗糙度等应和被检试件相同或相近，其中人工反射体与由相关标准规定的用于制作距离-波幅曲线的人工反射体一致。人工反射体的声程应大于或等于检测时所用的最大声程。

将探头放到试块上，声束对准选定的人工反射体，移动探头，使人工反射体的回波达到最高。调节增益旋钮，使最高回波达到所要求的基准高度。再用衰减器增益检测灵敏度所规定的分贝值（如评定线要求 ϕ3mm-16dB，即在 ϕ3mm 横孔调到基准波高的基础上，提高16dB），则灵敏度调节完毕。

② 用面板曲线调节灵敏度。先用对比试块校验面板曲线，然后用衰减器增益基准线与评定线的分贝差，即完成了灵敏度调节（若母材与对比试块存在耦合损失差，可测出传输修正值，在调好灵敏度的基础上，用衰减器旋钮再增益测得的分贝值）。

③ 先用距离-波幅曲线调节灵敏度用对比试块校验距离-波幅曲线。根据母材厚度，在距离-波幅曲线上查出横坐标值与母材厚度（一次波检测）或与2倍母材厚度（二次波检测）相对应的评定线上的波幅值。将衰减器旋钮读数调节到查得的波幅值，则完成了灵敏度调节（若母材与对比试块存在耦合损失差，则与面板曲线方法一样，应进行传输修正）。

（3）扫查方式　焊缝的扫查方式多种多样，除了**前后扫查、左右扫查、环绕扫查**和**转角扫查**四种基本扫查方式外（图4-44），还有锯齿形扫查、斜平行扫查、串列扫查、V形扫查、交叉扫查等特殊的扫查方式。运用不同的扫查方式，可实现不同的检测目的。

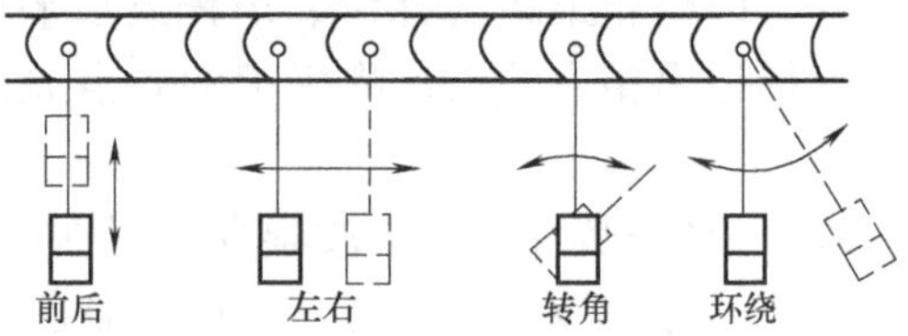

图4-44　焊缝的基本扫查方式

通常检测纵向缺陷时，将探头放在焊缝一侧，声束方向垂直于焊缝轴线，沿锯齿形路线进行扫查（图4-45），其目的是发现焊缝中的缺陷。扫查时，探头要作10°~15°的转动，以便发现与焊缝倾斜的缺陷。相邻两次探头移动的间距应保证至少探头宽度10%的重叠。

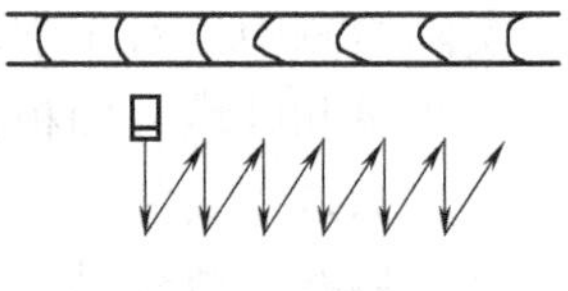
图4-45　锯齿形扫查

当用锯齿形扫查发现缺陷时，可用左右扫查和前后扫查找到回波的最大值，用左右扫查来确定缺陷沿焊缝方向的长度，用前后扫查来确定缺陷的水平距离或深度。用转角扫查是为了判断缺陷的方向。用环绕扫查是为了判断缺陷的形状。扫查时，如果缺陷回波高度无明显变化，可以判断为气孔等点状缺陷。

斜平行扫查、平行扫查和交叉扫查均是为了发现横向缺陷。在厚板焊缝超声检测中，与检测面接近垂直方向的内部未焊透、未熔合等缺陷用单个斜探头很难检出。此时，可采用两种 K 值不同的探头检测，以增加检出不同取向缺陷的可能性。有时还要采用串列式扫查以发现位于焊缝中部的垂直于检测面的缺陷，如图4-46所示。焊缝检测时，通常需要采用多种扫查方式相结合才能取得较好的检测效果。

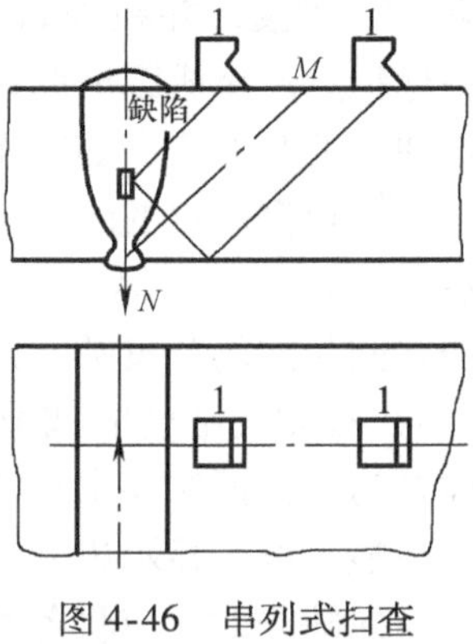

图4-46　串列式扫查

想一想

若焊缝中的缺陷主要是裂纹，选择哪种扫查方式比较合适？串列式扫查的间隙取什么距离合适？

（4）缺陷的评定　焊接接头缺陷的评定包括**缺陷位置的评定、缺陷幅度的评定**和**缺陷指示长度的评定**。超声检测发现缺陷以后，首先要判断缺陷的位置是否位于焊缝中，之后对缺陷幅度进行评定，确定缺陷幅度在距离-波幅曲线上所在区域，并对缺陷指示长度进行测定。缺陷的幅度区域和指示长度确定之后，需要结合标准中的规定，评定焊缝的质量级别。

1）缺陷位置的确定。焊缝中发现缺陷以后，可根据缺陷回波在时基线上的位置，采用第三单元中所介绍的方法，确定缺陷的水平位置与垂直深度。但焊缝缺陷的定位还需考虑缺陷是否在焊缝中。

在平板对接焊缝检测时，一般情况下，探头不在焊缝上，声束经过的路径中有很大部分是通过母材的，因此，有时显示屏上出现的缺陷回波并不是焊缝中的缺陷。如果将此缺陷回波误认为是焊缝中的缺陷，就会给焊缝质量评定及焊缝返修带来错误。所以，在焊缝检测缺陷定位时首先要确定缺陷是否在焊缝中，具体可采用如下方法：

首先采用第三单元中的方法，确定缺陷到探头入射点的水平距离 l_f，用直尺测量出缺陷波幅度最大时探头入射点到焊缝边缘的距离 l 及焊缝的宽度 a。如果 $l < l_f < l + a$，则缺陷在焊缝中；如果 $l_f < l$ 或 $l_f > l + a$，则缺陷不在焊缝中，不属于焊接缺陷（图4-47）。

实际检测时，可在缺陷波幅度最大时的探头实际位置直接用尺子量出所对应的 l_f 缺陷位置，从而直接判断缺陷是否在焊缝中。

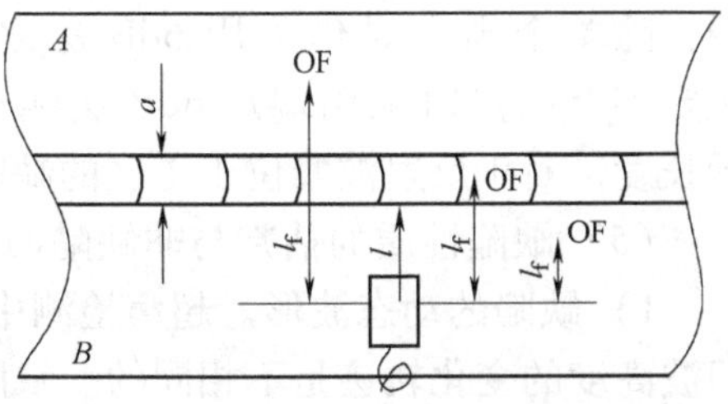

图 4-47　焊缝检测缺陷位置的确定

2）缺陷幅度的确定。焊缝检测中发现缺陷信号以后，先要确定缺陷信号的最大幅度在距离-波幅曲线上所在的区域。根据缺陷波幅度所在区域，以及测定的缺陷指示长度，才能评定缺陷的级别。

缺陷幅度的表示方法是：以距离-波幅曲线上某一条线为基准，用缺陷信号的最大峰值高于或低于该线的分贝数表示缺陷的幅度。如缺陷信号高于定量线上同深度处的幅度 3dB，可称缺陷幅度为定量线 + 3dB；若定量线幅度为 ϕ3mm－10dB，则缺陷幅度也可表示为 ϕ3mm－7dB。

① 用距离-波幅曲线确定缺陷幅度大小和所在区域。在检测中，当发现缺陷回波时，找到缺陷的最高回波，测出缺陷最高回波达基准高度的 dB 值 V 和缺陷的距离 h。在距离-波幅曲线图中找出横坐标为 h、纵坐标为 V 的点。如果该点在基准线以上，说明缺陷的幅度大于基准孔的幅度，用 ϕd + ΔdB 表示；如果该点在基准线以下，则表明缺陷的幅度小于基准孔的幅度，用 ϕd－ΔdB 表示。

由该点在曲线图上的位置可以直接确定缺陷所在的区域。

② 用面板曲线确定缺陷幅度大小和所在区域。例如，基准孔的孔径为 ϕ3mm，按 GB 11345—1989 的 B 级检验，则判废线为 ϕ3mm－4dB，定量线为 ϕ3mm－10dB，评定线为 ϕ3mm－16dB。

检测时，按评定线调节仪器灵敏度进行检测，发现缺陷信号后，若缺陷峰值幅度低于参考线，则说明缺陷波低于评定线，可以不予考虑；若缺陷波高于参考线，则用衰减旋钮将缺陷波调至参考线，根据衰减的 dB 值求出缺陷的幅度和区域。当缺陷回波与评定线的分贝差等于或大于 12dB 时，该缺陷在Ⅲ区；当缺陷回波与评定线的分贝差等于或大于 6dB 而小于 12dB 时，该缺陷在Ⅱ区。例如，衰减值为＋4dB，则缺陷幅度为 ϕ3mm－12dB，在Ⅰ区；衰减值为＋8dB，则缺陷幅度为 ϕ3mm－8dB，在Ⅱ区。

③ 缺陷指示长度的测量。缺陷指示长度的测定可参照第三单元的相关内容进行，第三单元中所介绍的 6dB 法、端点 6dB 法、绝对灵敏度法等均可用于焊缝缺陷指示长度的测定。

各个标准中规定了允许采用的测长方法。GB/T 11345—1989 规定：当缺陷波只有一个高点时，用 6dB 法测其指示长度（图 4-48）；当缺陷波有多个高点时，用端点峰值法测其指示长度。端点峰值测长法如图 4-48 所示。JB/T 4730. 3—2005 中，除单个高点时仍采用 6dB 法之外，规定多个高点时采用端点 6dB 法测试指示长度；对于反射波峰位于Ⅰ区的缺陷，以波幅降到评定线的绝对灵敏度法测定指示长度。

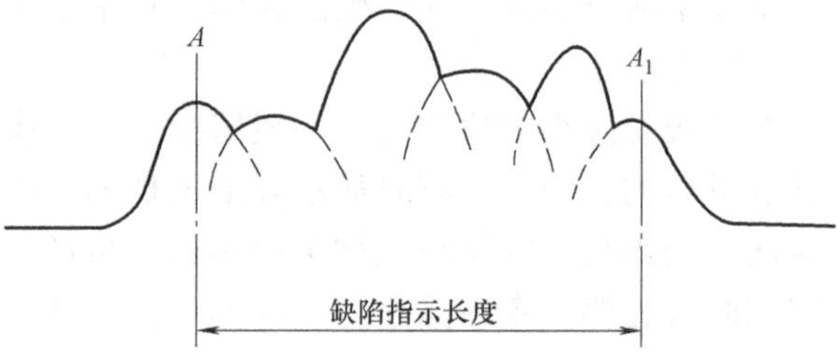

图 4-48　端点峰值测长法示意图

（5）缺陷性质的估判与非缺陷回波的判别

1）缺陷的动态波形。超声检测中发现缺陷时，随着探头的移动，不同形态的缺陷，其回波高度的变化轨迹是不相同的。缺陷反射波幅度随探头运动距离变化的曲线称为缺陷的动态波形。通过观察动态波形，可以为缺陷的形状以至缺陷性质的评估提供辅助信息。

例如，用横波斜探头进行焊缝检测时，常根据用四种基本的探头扫查方式（前后扫查、左右扫查、环绕扫查和转角扫查）扫查所得的四种动态波形对缺陷性质进行综合评定。

2）缺陷性质的估判。焊接接头超声检测发现缺陷后，应在不同的方向对该缺陷进行检测，根据缺陷的动态波形和回波幅度高低，结合缺陷的位置和焊接工艺，对缺陷的性质进行综合判断，见表 4-4。但是到目前为止，超声检测对缺陷性质的判断还是不可靠的，只是进行估判。

下面简单介绍典型缺陷的估判方法。

① 气孔。气孔的形状呈球形或椭球形，可分为单个气孔和密集气孔。单个气孔回波高度低，波形较稳定。采用环绕扫查方式进行检测时，反射波高大致相同，但探头位置稍一移动信号就消失。密集气孔为一簇反射波，其波高随气孔的大小而不同，当探头作定点转动时，会出现此起彼落的现象，如图 4-49 所示。

② 夹渣。夹渣的特点是表面不规则，依其长短分为点状夹渣和条状夹渣。点状夹渣的回波信号与点状气孔相似。条状夹渣回波信号多呈锯齿状，一般波幅不高，波形常呈树枝状，主峰边上有小峰（图 4-50）。探头平移时，波幅有变动，从各个方向检测时，反射波幅

不相同。

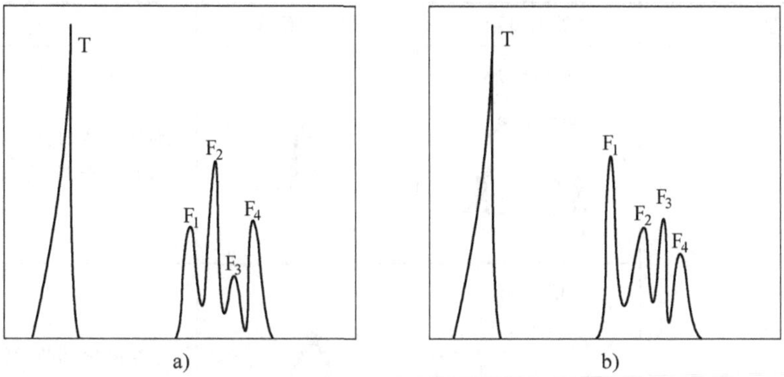

图 4-49　密集气孔的动态波形

表 4-4　两类典型缺陷的波形特征

缺陷类型	波形显示	波形包络线	特　　征
孤立的气孔或圆形杂质 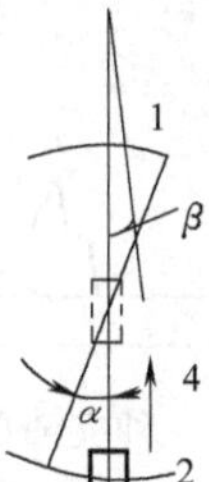	信号游动 a→b→a 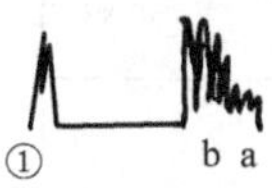	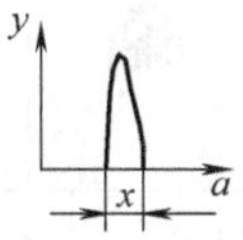	包络线尖锐，消失得很快，x 值由缺陷大小决定
	不游动 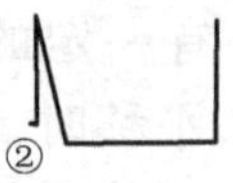	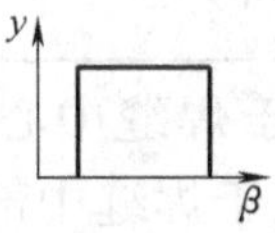	缺陷反射波高一定，不消失，包络线是方形的
	游动 a→b→a 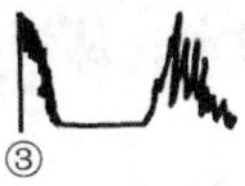	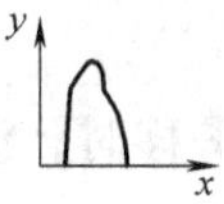	与①类似，宽度稍大，顶部稍圆
	游动 a→b 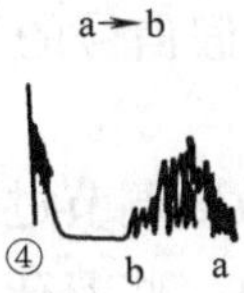	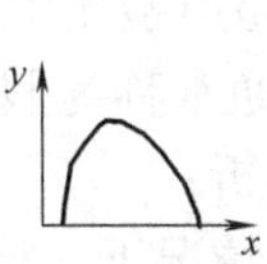	探头向前移动，波高增加较快，探头再向前，波高继续缓慢增加，波高消失很快

第四单元　超声检测的应用

（续）

缺陷类型	波形显示	波形包络线	特　征
凹凸状缺陷 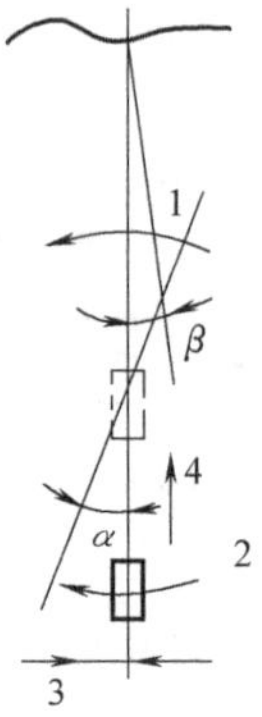 	信号游动 a→b→a 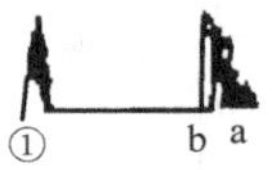 	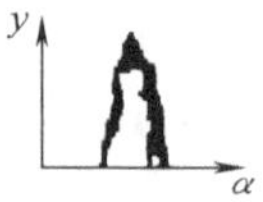 	对凹凸状的裂纹缺陷，包络线顶端的起伏是由于声束折射造成波高忽高忽低
	信号游动 a→b→a 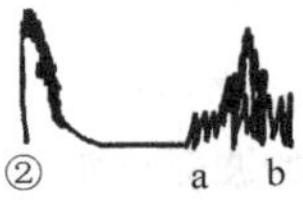 	 	包络线呈凹凸形状，或在顶端形成若干尖峰
	游动不大 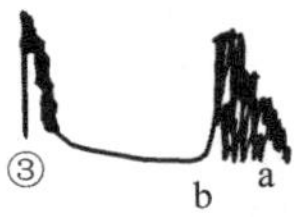 	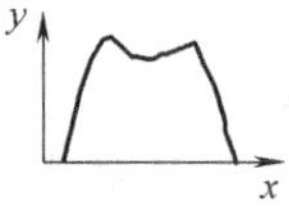 	探头横向移动时，信号的游动与缺陷位置有关，游动中信号幅度增加，表示探头到缺陷距离发生变化，x 值由缺陷大小决定
	游动 a→b 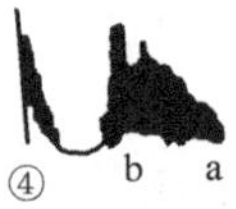 	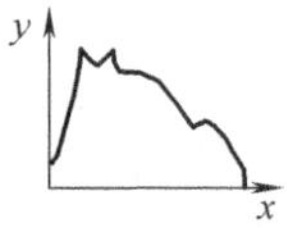 	探头向缺陷方向前进时，声束刚和缺陷接触，反射波波高就迅速上升；继续前进，波高下降得很快。x 由缺陷深度决定，但也受探头角度影响

③ 未焊透。未焊透一般位于焊缝中心线上，有一定的长度。在厚板双面焊缝中，未焊透位于焊缝中部，探头平移时，未焊透波形较稳定。从焊缝两侧检测时，能得到大致相同的反射波幅。

④ 未熔合。当超声波垂直入射到未熔合表面时，可以得到较高的回波幅度。但如果检测方法和折射角选择不当，就有可能漏检。

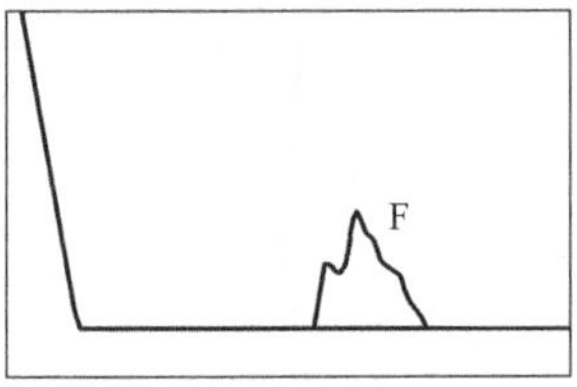

图 4-50　一种夹渣的波形

未熔合反射波的特征是：探头平移时，波形较稳定；从焊缝两侧检测时，反射波幅度不同，有时只能从焊缝的一侧检测到。

⑤ 裂纹。一般来说，裂纹的回波高度较大，波幅宽，会出现多峰。探头平移时，反射波连续出现，波幅有变动；探头转动时，波峰有上、下错动现象。

3）真假缺陷波的辨别。焊缝超声检测中，显示屏上除了出现缺陷回波以外，还会出现一些其他的回波（非缺陷回波），通常称为假信号。假信号的种类很多，下面对常见的容易造成误判的反射波信号进行简单分析：

① 仪器杂波。在不接探头的情况下，检测灵敏度调节过高时，仪器显示屏上出现单峰的或者多峰的波形，单峰较为多见。连接探头工作时，此波在显示屏上的位置固定不变。一

般情况下，降低灵敏度后，此波即消失。

② 探头杂波。仪器接上探头后，即在显示屏上显示出脉冲幅度很高、很宽的信号。无论探头是否接触试件，它都存在，且位置不随探头移动而移动，即固定不变。此种假信号容易识别。其产生的原因主要有探头阻尼不充分、有机玻璃斜楔设计不合理、探头磨损过大等。

③ 耦合剂反射波。如果探头的折射角较大，而检测灵敏度又调得较高，则有一部分能量转换成表面波，这种表面波传播到探头前沿耦合剂堆积处，也会形成反射信号。这种信号很不稳定，探头固定不动时，随着耦合剂的流失，波幅会慢慢降低。用手擦掉探头前面的耦合剂时，信号即消失。

④ 咬边。咬边的反射波的位置分别出现在一次和二次波的前面，当探头在焊缝两侧检测时，如图 4-51 所示，探头在 *A* 处的位置，往往会认为是焊缝余高的反射，当探头放在 *B* 处，在下表面焊缝的 *B* 侧边缘若有反射波出现，就认为是咬边引起的。

⑤ 焊瘤。焊瘤是正常焊缝外多余的焊缝金属，它是焊接时由于熔池温度过高，液态金属凝固较慢，在其自重下下坠而成的。焊瘤多在单面焊的根部。当探头从两侧检测时能发现，其缺陷波在一次波的后面，如图 4-52 所示，而探头的位置接近焊缝中心，则多为焊瘤反射。

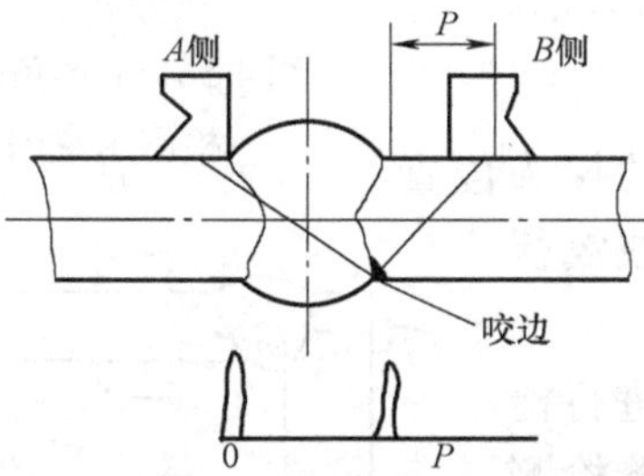

图 4-51 咬边的判别

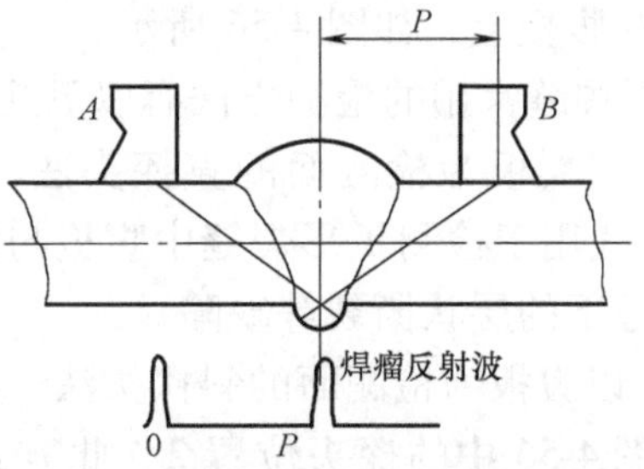

图 4-52 焊瘤的判别

⑥ 焊缝表面的沟槽。多道焊的焊缝表面会形成一道道沟槽，当超声波扫查到沟槽时，会引起反射。鉴别的方法是：在一次波位或稍偏后的位置，当探头移动到焊缝边缘时，若显示屏上出现 a 点反射，则认为是焊缝中的缺陷，如图 4-53 所示。若两侧检测一次波前没有 a 点反射波则认为是沟槽的反射。

⑦ 焊偏。如图 4-54 所示，由于焊缝上下焊偏，在 *A* 侧检测时，焊脚反射波很像焊缝的内部缺陷，当探头在 *B* 侧检测时，若在一次波前面没有反射波，则说明是焊偏；如果在两侧检测时，探头前的水平距离相等，则认为是焊缝中的缺陷。

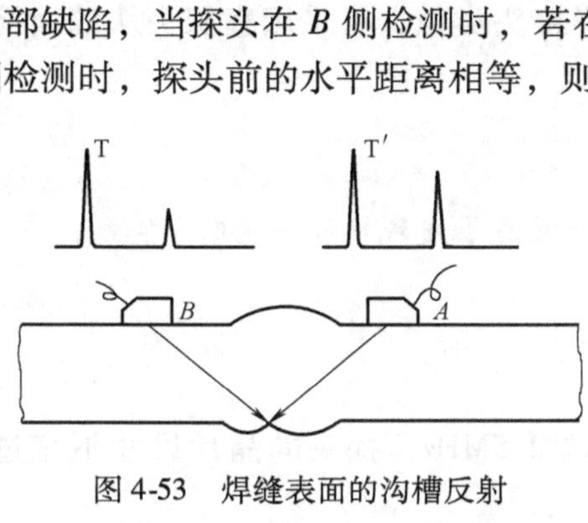

图 4-53 焊缝表面的沟槽反射

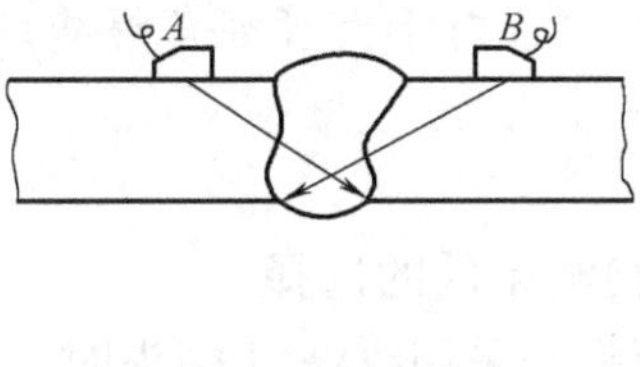

图 4-54 焊偏的辨别

⑧　焊脚回波。焊缝一般都有一定的余高，余高与母材的交界处产生的回波称为焊脚回波，如图4-55所示，焊脚回波的特点是：探头在 *A* 位置处会有焊脚回波产生，在 *B* 位置处则无焊脚回波产生；焊脚回波高度与余高高度有关，余高高时焊脚回波高度也高。如果根据最高焊脚回波的位置计算出它的水平距离和垂直距离，计算出的焊脚位置与工件上的实际焊脚位置相同。如果用手指沾上油轻轻敲击工件的焊脚处，焊脚回波会上下跳动。根据焊脚回波的这些特点就可对其进行识别。

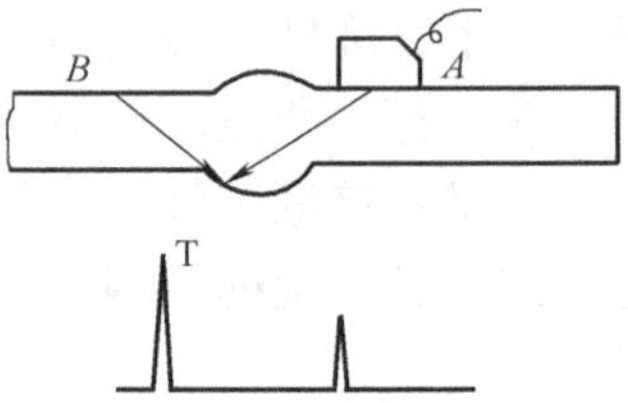

图4-55　焊脚回波

在焊缝检测中，由于受检件结构特殊、表面状况和焊接状况等原因，还会产生一些其他的非缺陷回波。只要仔细观察工件结构、表面状况、焊接状况，精确地对回波进行定位，认真分析回波特点，寻找反射条件，就可以识别非缺陷回波，避免误判。

2. 角焊缝的检测

角焊缝的形式较多，常见的有T形角焊缝、搭接角焊缝和管座角焊缝。

（1）T形角焊缝的检测　T形角焊缝由翼板和腹板焊接而成，坡口开在腹板上，如图4-56所示。

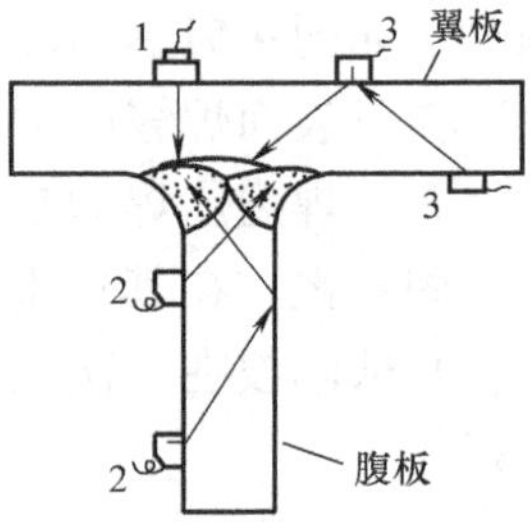

图4-56　T形角焊缝检测示意图

T形焊缝常用的检测方法有以下几种：

1）以翼板为检测面的直探头法。如图4-56所示的探头位置1，此方式用于检测T形焊缝中腹板与翼板间的未焊透或翼板一侧焊缝下的层状撕裂等缺陷。

2）以腹板为检测面的斜探头法。利用一、二次波进行检测，如图4-56中的探头位置2，此方式与平板对接焊缝检测方法相似。

3）以翼板外侧或内侧为检测面的斜探头法。如图4-56中探头位置3，探头置于外侧时利用一次波检测，探头置于内侧时利用二次波检测。相比较而言，外侧一次波检测灵敏度高，定位方便，不但可以检测纵向缺陷，而且可以检测横向缺陷。其不足之处在于外侧看不到焊缝，检测前要先测定并标出焊缝的位置。

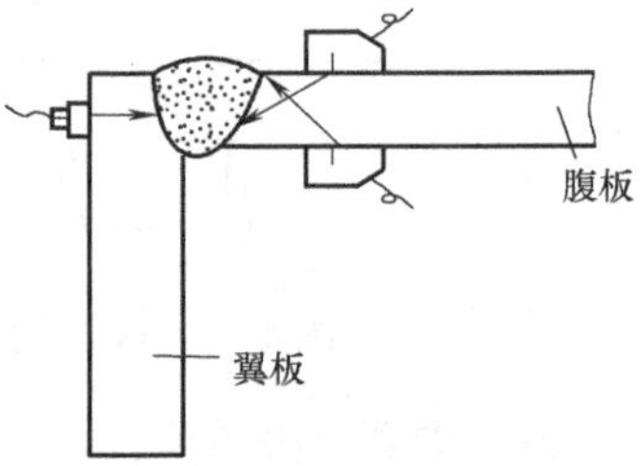

图4-57　角接接头检测示意图

对于图4-57所示的角接接头，检测方法与T形接头类似，可采用直探头从端面检测，也可采用斜探头从腹板两面进行检测。

想一想

对于大管径角焊缝，选择什么检测位置易于发现焊缝中的缺陷？

（2）检测条件的选择

1）探头。采用纵波直探头时，探头的频率可选2.5MHz，探头的晶片尺寸不宜过大。常用的直探头有2.5*P*10*Z*，2.5*P*14*Z*等。

采用斜探头横波检测时，斜探头的频率为2.5～5.0MHz。在腹板上检测的探头折射角根据腹板厚度来选择，见表4-5。板厚较小时，选用*K*值探头。

表4-5 腹板厚度与折射角

腹板厚度/mm	<25	25～50	>50
折射角 β	70°（K2.5）	60°（K2.5，K2.0）	45°（K1.5，K1.0）

翼板外侧检测，常用折射角为45°的斜探头。角接接头检测时，斜探头的折射角一般也为45°。

2）耦合剂。T形接头和角接接头焊缝检测中，常用的耦合剂有全损耗系统用油、浆糊等。

（3）仪器的调整

1）时基线比例调整。纵波直探头检测时，利用T形焊缝的翼板或试块调整；横波斜探头检测时，调整方法与平板对接焊缝相同。

2）检测灵敏度调整。纵波直探头检测时，利用翼板底波或平底孔试块调整灵敏度，灵敏度要求按相关标准规定；斜探头检测时，按平板对接焊缝的方法进行调节。

（4）扫查

1）确定焊缝的位置。在T形焊缝外侧检测时，焊缝位置不可见，检测前要在翼板外侧测定并标出腹板的中心线及焊缝的位置。方法如下：

斜探头在焊缝两侧移动，使焊脚反射波在显示屏上的同一位置出现，如图4-58所示。同时标记两探头前沿的位置和二者的中点，用同样的方法确定另一中心点，则这两个中点的连线即焊缝中心线。根据腹板的厚度可确定焊缝的位置。

此外，也可用直探头来确定腹板中心线和焊缝位置，方法与斜探头类似，不同之处是两侧探头位置为底波下降一半处。

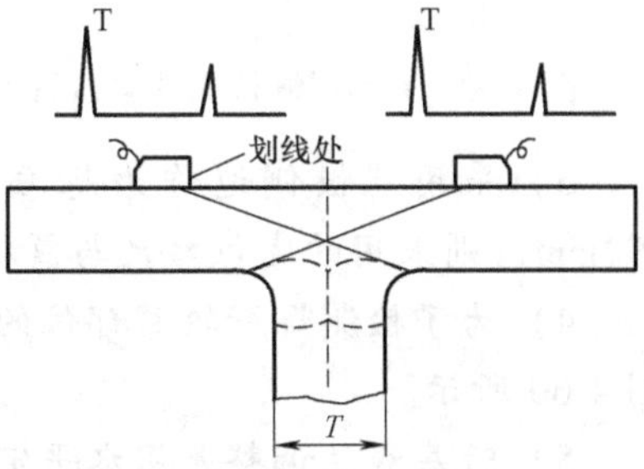

图4-58 T形焊缝中心线的确定

2）扫查方式。纵波直探头检测时，探头扫查范围应覆盖焊缝及热影响区；斜探头横波检测时，探头需在腹板和翼板上作垂直于焊缝的锯齿形扫查，每次移动的间距不大于晶片直径，同时在移动过程中作10°～15°的摆动。

（5）缺陷的判别 采用直探头检测时，要注意区分底波与焊缝中的未焊透和层状撕裂。发现缺陷后，确定缺陷的位置、指示长度和当量大小。

斜探头检测时，探头在焊缝两侧沿垂直于焊缝的方向扫查，焊脚反射强烈。当焊缝中存在缺陷时，缺陷波一般出现在焊脚反射波前面。焊缝中缺陷的位置、当量大小和指示长度的测定方法同平板对接焊缝。

案例分析

如图4-59所示的一T形焊缝，允许有未焊透的超声检测。

检测方法如下：

1）测出探头的*a*值和*K*值。

2）确定声束中心通过焊缝截面的位置：以 O 点（翼板与腹板的交点）为原点，翼板方向为 x 轴，腹板方向为 y 轴，建立直角坐标系，如图 4-60 所示。则 a_y（0，10），a_x（10，0）为焊缝与腹板和翼板的交点。由 O 向 a_ya_x 作垂线交于 A（5，5）。为了易于发现接近焊缝表面的缺陷，取靠近 A 点的 B 点（4，4）作为声束中心第一次通过点，此时，探头所在位置称为第（Ⅰ）检测位置，探头的位置 $h=24-a+8$，若 $a=17$，则 $h=15\text{mm}$（探头 K1，如图 4-59 所示）。

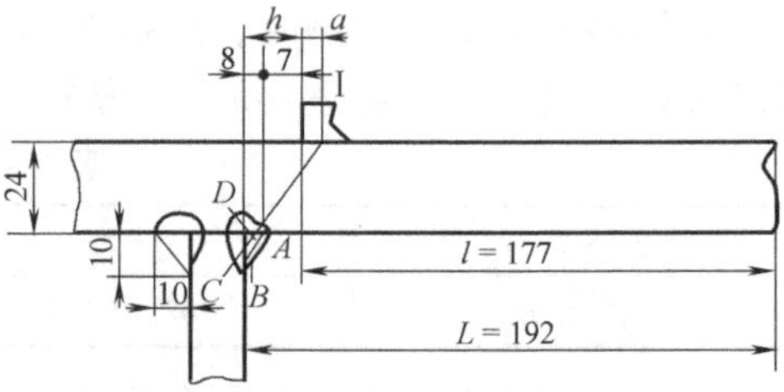

图 4-59　T 形焊缝检测实例

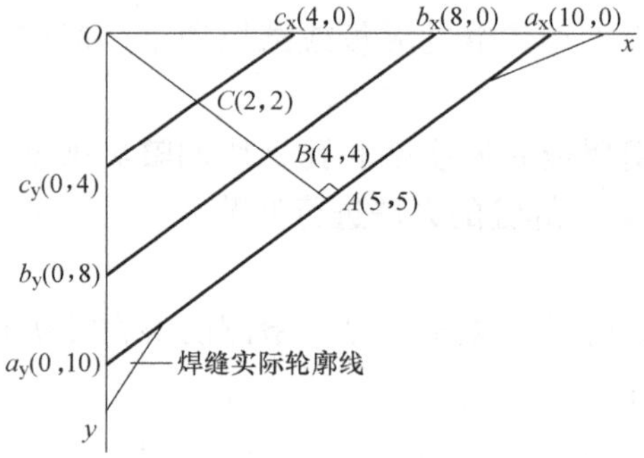

图 4-60　T 形焊缝检测缺陷位置的估测方法

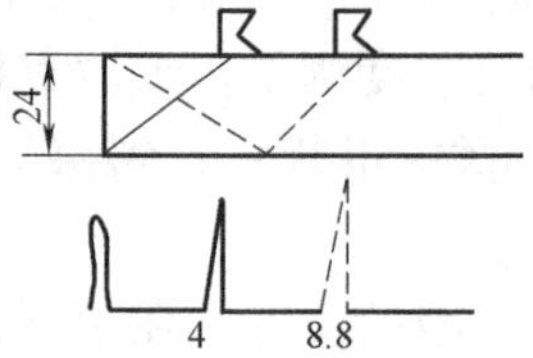

图 4-61　T 形焊缝检测的一种定位方法

3）采用翼板侧边作为基准定位。如图 4-59 所示，已知腹板与翼板侧边的距离 $L=192\text{mm}$，则采用的定位靠尺与翼板侧边的距离为 $l=L-h=192\text{mm}-15\text{mm}=177\text{mm}$。

4）为了检测焊缝较深部位的缺陷，应将探头向左移动 4mm，使声束中心通过 C 点，如图 4-60 所示。

5）时基线的调整采用水平定位法。首先将探头前沿与试块对齐，在显示屏上得到试块（如 $\delta=24\text{mm}$）边角的反射波。调节仪器上的“微调”旋钮，使该波跳到 4 格处。然后向后移动探头，使第二次反射波调节到 8.8 格处，如图 4-61 所示。此时，第一次反射波和第二次反射波在显示屏上的距离为 88mm（8.8 格）－40mm（4 格）＝48mm，翼板厚度为 24mm，则显示屏上的距离与实际深度的比例为 2∶1。为方便计算，不考虑翼板的厚度，均把第一次反射波调到 4 格处。

6）调节灵敏度。

7）放好定位靠尺，先用第（Ⅰ）检测位置（$l=177\text{mm}$），探头沿定位靠尺横向移动，然后移动探头至 177mm＋4mm＝181mm 处进行扫查。

8）缺陷的分辨和定位。

探头处于（Ⅰ）检测位置，即声束中心通过 B 点。

①　若示波屏上无缺陷波或仅有位于 4 格与 8 格之间的底波或无底波，说明焊缝无缺陷，如图 4-62 中 b 所示。

②　若示波屏上 4 格处有反射波，说明沿焊缝的 NN 线上（翼板面上）有缺陷，如图 4-62 中 c 所示。若反射波出现在 4 格前，则缺陷在翼板内。当焊脚 a_x 处有咬边时，4 格处也

会有反射波。区别方法是用手蘸耦合剂进行拍打，若反射波有明显的跳动即是咬边的反射。

③ 若显示屏上 4.8 格处有反射波，则缺陷位于过 *B* 点的 *MM* 线上，距 *NN* 面距离为（48mm－40mm）/2＝4mm，如图 4-62 中 *d* 所示。

④ 若显示屏上 5 处有反射波，则缺陷处在 *A* 点的 *SS* 线上，距 *NN* 面为（50mm－40mm）/2＝5mm，如图 4-62 中 *e* 所示，其他类推。

因此，缺陷波出现的位置始终在 3.5 格到 6 格之间。

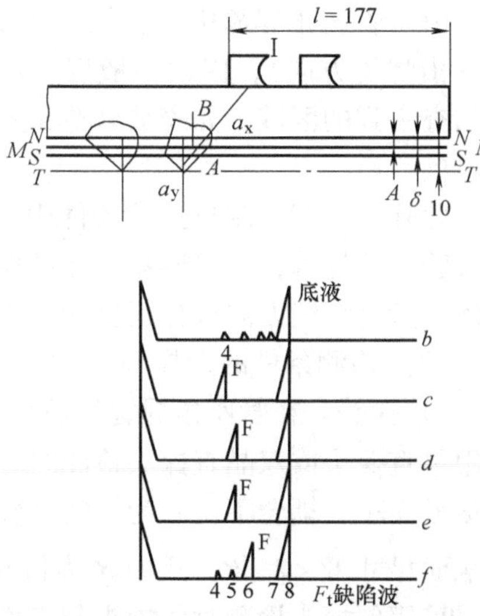

图 4-62 T 形焊缝的回波分析

3. 搭接焊缝的检测

如图 4-63 所示，将探头放在 *a* 位置上，可以得到焊脚的反射波。当探头移到 *b* 处，得到焊缝根部的反射波。然后在显示屏上确定这两点的位置，凡是在距离 *d* 之中出现的反射波均为缺陷波。

4. 管座角焊缝的检测

（1）结构特点与检测方法 管座角焊缝的结构形式有插入式和安放式两种。

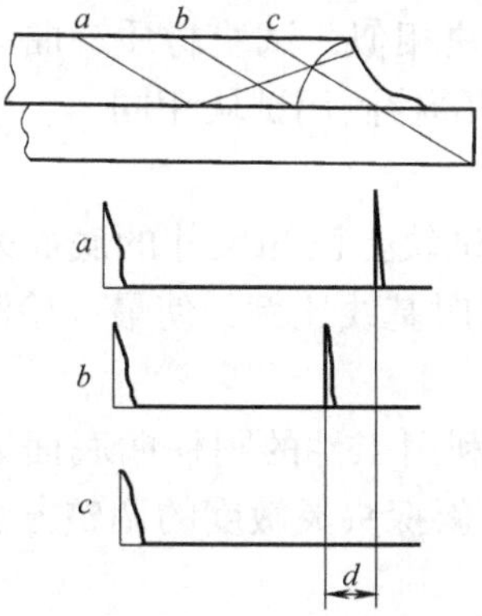

图 4-63 搭接焊缝的检测示意图

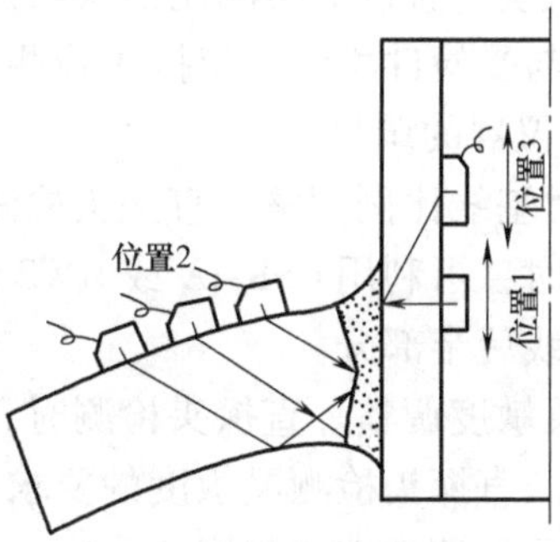

图 4-64 插入式管座角焊缝

插入式管座角焊缝是接管插入容器筒件内焊接而成的，如图 4-64 所示，可采用以下几种方式检测：

1）采用直探头在接管内壁进行检测，如图 4-64 中探头位置 1。

2）采用斜探头在容器筒体外壁利用一、二次波进行检测，如图 4-64 中探头位置 2。

3）采用斜探头在接管内壁利用一次波检测，如图 4-64 中探头位置 3。也可在接管外壁利用二次波检测，但后者灵敏度较低。

安放式管座角焊缝是接管安放在容器筒体上焊接而成的，如图 4-65 所示，可采用以下几种方式检测：

1）采用直探头在容器筒体内壁进行检测，如图 4-65 中探头位置 1。

2）采用斜探头在接管外壁利用二次波进行检测，如图 4-65 中探头位置 2。

3）采用斜探头在接管内壁利用一次波进行检测，如图 4-65 中探头位置 3。

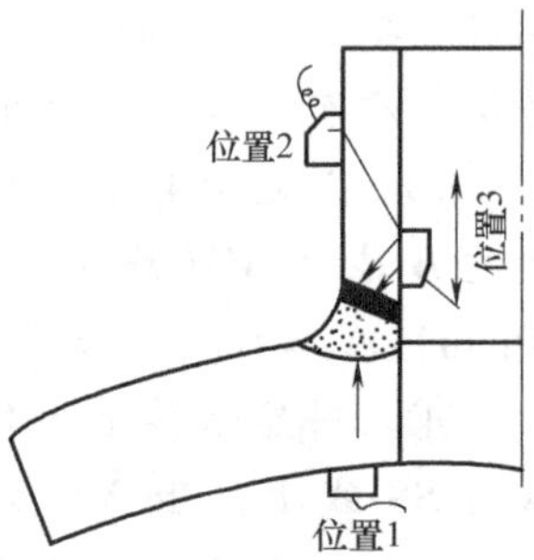

图 4-65　安放式管座角焊缝

由于管座角焊缝中危害最大的缺陷是未熔合和裂纹等纵向缺陷（沿焊缝方向），因此一般以纵波直探头检测为主。对于直探头扫查不到的区域，如安放式焊缝根部，需要另加斜探头进行检测。

此外，凡产品制造技术条件中规定要检测焊缝横向缺陷的插入式管座角焊缝，应将容器筒体内壁加工平，利用大 K 值探头在筒体内壁沿焊缝方向进行正反两个方向的检测。

（2）检测条件的选择

1）探头。在管座角焊缝检测中，检测频率为 2.5 ~ 5.0MHz。采用单直探头或双晶直探头检测时，由于容器筒体或接管表面为曲面，探头表面为平面，二者接触面小，耦合不良。为了实现较好的耦合，探头的尺寸不宜过大。一般推荐探头与工件接触面尺寸 $W<2\sqrt{R}$，式中 R 为检测面曲率半径。

采用斜探头检测时，探头与工件接触面尺寸应满足以下要求

$$a(\text{或}\ b) \leqslant \sqrt{\frac{D}{2}} \tag{4-7}$$

2）耦合剂。管座角焊缝检测中，常用的耦合剂有全损耗系统用油、化学浆糊等。检测面应打磨得平整光洁，表面粗糙度值 $Ra \leqslant 6.3\mu m$。

3）试块。直探头检测用试块与锻件检测用平底孔试块相似，试块材质、曲率半径、表面粗糙度与受检件相同。斜探头检测用试块与平板对接焊缝检测用试块相同。

（3）仪器的调整

1）时基线比例调整。直探头检测时，可利用工件或试块上已知尺寸的底面来调整。斜探头检测时，可利用 CSK-IA 或 IIW2 试块按声程调整仪器时基线比例，使最大检测声程位于仪器时基线后半部分。

2）灵敏度调整。直探头检测时，可用试块对比法或利用工件的圆柱曲底面以底波计算法来调节。直探头检测灵敏度的要求一般不低于平底孔。斜探头灵敏度的调整方法与平板对接焊缝检测的调整方法相同。

（4）距离-波幅曲线　直探头检测时，平底孔的距离-波幅曲线可在含不同埋深平底孔的试块上测试。GB/T 11345—1989 中规定，距离-波幅曲线的灵敏度按表 4-6 确定。

其他国内标准中规定的灵敏度与表 4-6 基本相同，有的标准只取其中一个级别的灵敏度。采用斜探头检测时，距离-波幅曲线的测定与平板对接焊缝的方法相同。

表 4-6　GB/T 11345—1989 规定的平底孔距离-波幅曲线灵敏度　（单位：mm）

灵敏度 \ 检测等级	A	B	C
评定灵敏度	ϕ3	ϕ2	ϕ2
定量灵敏度	ϕ4	ϕ3	ϕ3
判废灵敏度	ϕ6	ϕ6	ϕ4

（5）缺陷的评定　超声检测过程中发现超过定量线的缺陷时，要测定缺陷的位置、当

量大小和指示长度。

缺陷当量：直探头检测时，可用当量计算法或试块比较法来确定；斜探头检测时，按平板对接焊缝方法测定缺陷幅度和所在区域。

缺陷指示长度：当缺陷反射波只有一个高点时，用 6dB 法测长；当缺陷反射有多个高点时，用端点峰值法或端点 6dB 法测长。

【课后习题】

1. 通常要求焊缝检测在焊后 24h 进行是因为（　　）。

A. 让工件充分冷却　　B. 焊缝材料组织稳定

C. 冷却缝有延时产生的特点　　D. 以上都对

2. 在对接焊缝超声检测时，探头平行于焊缝方向的扫查，其目的是探测（　　）。

A. 横向裂缝　　B. 夹渣

C. 纵向缺陷　　D. 以上都对

3. 横波检测焊缝时，选择探头 K 值应依据哪些原则？

4. 焊缝检测中，测定缺陷指示长度的方法有哪几种？各适用于什么情况？

5. 板厚为 20mm 的焊缝，外表面焊缝宽度为 30mm，内表面焊缝宽度为 20mm，用前沿距离为 18mm 的斜探头检测，为保证声束中心能扫查到整个焊缝，探头 K 值应如何选择？

模块四　管材的超声检测

知识目标

※　熟悉管材的生产工艺过程，并了解常见的缺陷类型。

※　掌握管材的超声检测方法和技术要点。

管材是工程中的常用型材。管材的种类很多，按材料可分为钢铁金属管、非铁金属管和非金属管。从尺寸来分，可分为小直径管材与大直径管材，厚壁管与薄壁管等。按制造工艺的不同，可分为无缝管、焊接管、复合管等。一般需要作超声检测的管材，主要是指长期在高温、高压、特殊环境中工作的管材，如锅炉压力容器用管、航空用管、石油天然气输送用管等。这些管材的外径从 ϕ8mm 到几米，壁厚从 0.8mm 到 80mm 甚至更厚，在外径和壁厚尺寸上相差很大，在超声检测的方法和技术上也差别较大。

一、管材的生产工艺过程

无缝钢管的制造工艺有穿孔法和高速挤压法两种。穿孔法是将圆钢在轧辊滚轧的同时用穿孔机穿孔，再通过心棒轧管机或定径机平整成形。高速挤压法是将表面润滑的原材料在挤压机中直接挤压成形，加工出来的管材尺寸精度较高。

焊接管有两种，一种是电阻焊焊接管；另一种是埋弧自动焊接管，主要用于大口径管子的加工。焊接管焊缝中的常见缺陷是裂纹、气孔、未焊透、未熔合等。焊接管的检测可考虑在原板材中进行缺陷的检测和焊接缺陷的检测，在此不作详细介绍。本节将主要以不同尺寸的无缝管为例，介绍其超声检测方法和特点。

一般从超声检测的角度，将外径大于 ϕ100mm 的管材称作大直径管，外径小于或等于100mm 的管材称作小直径管。将壁厚与管外径之比不大于 0.2 的金属管材称作薄壁管，大于 0.2 的金属管材称作厚壁管。薄壁管与厚壁管的区分，是以折射横波是否可以到达管材内壁来区分的，这在下面横波的产生中将详细阐述。

二、管材的主要缺陷

无缝管材中的缺陷主要有裂纹、折叠、分层、夹杂等，由于在管子的制造过程中，壁厚方向的受力变形为沿管轴方向的压延拔长，因此缺陷通常与管轴方向平行且在轴向上被拉伸，如图 4-66 所示。

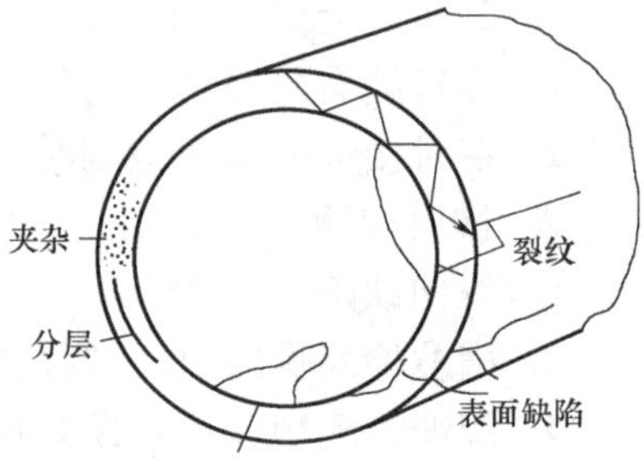

图 4-66 管材中主要缺陷类型示意图

三、管材的超声检测方法与技术

管材超声检测的目的是发现管材制造过程中产生的各种缺陷，避免将带有危险缺陷的管材投入使用，在役管材可能存在的疲劳裂纹也可采用同样的检测方法进行质量监控。

管材的超声检测一般都采用脉冲反射法。具体地划分，又可以分为多种方法。如按超声波波形来分，有纵波、横波、表面波等检测法；按操作方式来分，有接触法和水浸法。就一般管材而言，除离层缺陷需用纵波脉冲反射法测厚的原理进行检测外，横波检测则是广泛采用的方法。在操作方式上，目前通常采用水浸法。

想一想

为什么管材超声检测中很少使用纵波垂直入射法？

1. 检测方向的确定

管材检测的方法与管材的管径、壁厚、缺陷的存在形式关系很大，超声检测的方向则由被测管材缺陷的反射条件而定。对于与管轴方向平行的夹层缺陷，一般采用垂直入射或联合双斜探头进行检测，如图 4-67 所示。对于垂直于管轴的径向缺陷，可采用与管轴在同一平面内的斜入射进行检测，如图 4-68 所示。对于平行于管轴的径向缺陷，可采用垂直于管轴的斜入射方向进行检测，如图 4-69 所示。双斜探头检测方向示意图如图 4-70 所示。

2. 横波的产生

对于横波的产生，不管是直接接触法还是水浸法进行超声检测，都是利用纵波倾斜入射时在两种介质界面上发生折射和波形转换的原理实现的。在实际检测时，通常希望管材中存在的波形单一，形成的 A 显示波形清晰简单，以便于缺陷信号的正确判断和解释。因此，

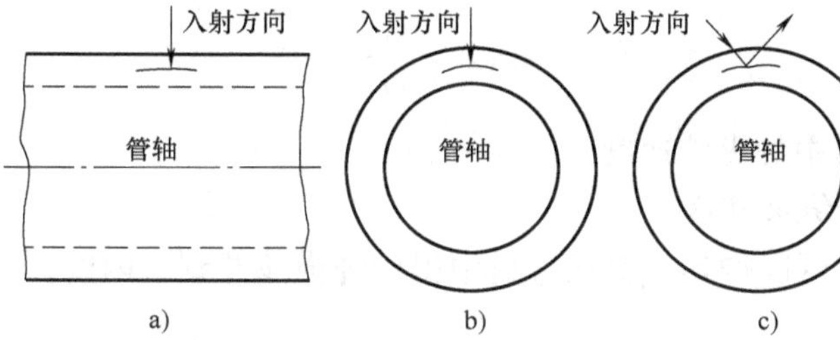

图 4-67　平行于轴向夹层的检测方向

常将管材检测的声束入射角选择在第一临界角和第二临界角之间，选择管材中只存在纯横波进行检测。

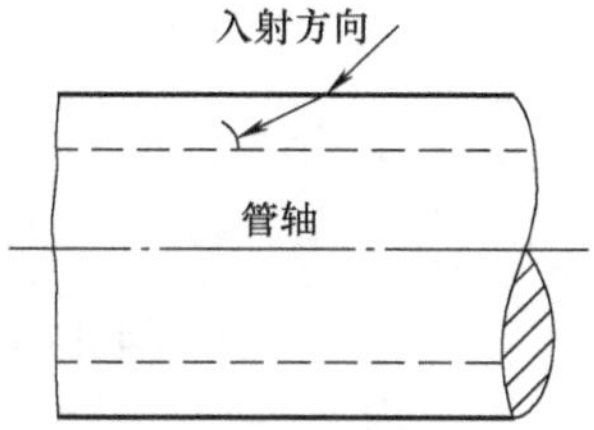

图 4-68　垂直于管轴的径向缺陷的检测方向

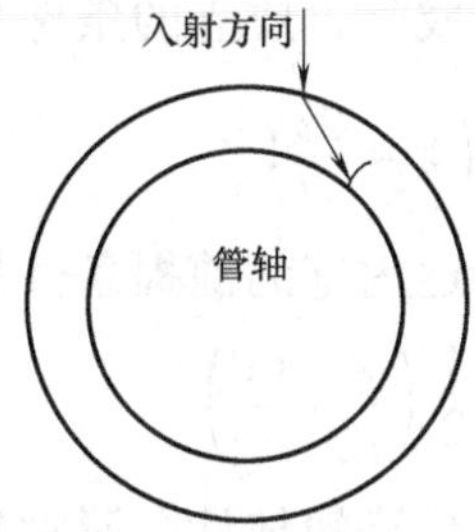

图 4-69　平行于管轴的径向缺陷的检测方向

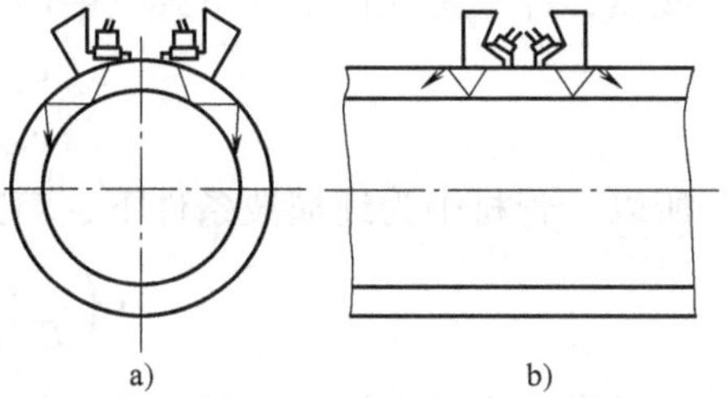

图 4-70　双斜探头检测方向示意图

如图 4-71 所示，当超声波束以纵波入射角 α 进入管材（壁厚为 t，外径为 D）时，折射角为 θ。声束按锯齿形路径传播，入射到管材内壁时，入射角为 θ_1，将折射声束的轴线 PQ 延长，并由圆心 O 引垂线与该延长线相交于 q。由直角三角形 PqO 和 QqO，可推导得到下面的关系式

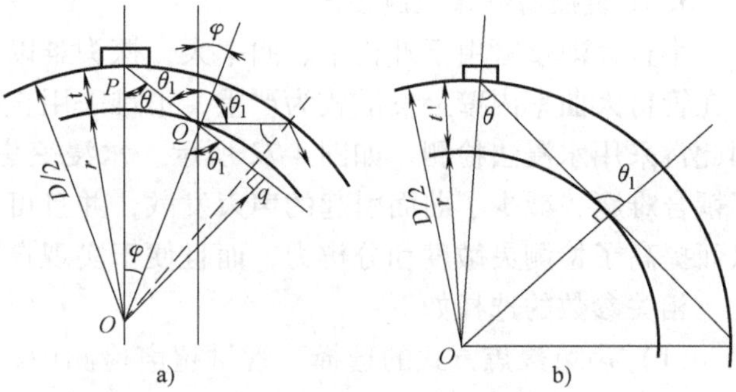

图 4-71　斜角入射纵波检测时管材中横波折射角及主声束传播情况

$$\sin\theta_1 = \frac{\sin\theta}{\left(1 - \frac{2t}{D}\right)} = \frac{\sin\theta}{\frac{r}{R}}$$

（r 为内径，R 为外径）

当 $\theta_1 = 90°$时，声束轴线与管子内壁相切，为声束到达内壁的临界状态，折射角 θ 满足下列关系

$$\sin\theta = 1 - \frac{2t}{D} = \frac{r}{R} \tag{4-8}$$

由几何关系得到声束到达管材内壁的条件是

$$\sin\theta < 1 - \frac{2t}{D} = \frac{r}{R}$$

由第一临界角公式得到产生纯横波的条件是

$$\sin\alpha > \frac{c_{L_1}}{c_{L_2}} \tag{4-9}$$

式中　c_{L_1}——入射介质中的纵波速度；

c_{L_2}——管材中的纵波速度。

结合上面两个条件可以得到，要在管材中得到纯横波并到达内壁，入射角必须满足以下条件

$$\frac{c_{L_1}}{c_{L_2}} < \sin\alpha = \frac{c_{L_1}}{c_{S_2}}\sin\theta < \frac{c_{L_1}}{c_{S_2}}\left(1 - \frac{2t}{D}\right) \tag{4-10}$$

式中　c_{S_2}——管材中的横波速度。

显然，并不是任何条件下式（4-10）均可成立，成立的条件是

$$\frac{c_{L_1}}{c_{L_2}} < \frac{c_{L_1}}{c_{S_2}}\left(1 - \frac{2t}{D}\right)$$

所以，管材中为纯横波条件下，声束可到达内壁的前提条件是

$$\left(\frac{t}{D}\right)_{临界} < \frac{1}{2}\left(1 - \frac{c_{S_2}}{c_{L_2}}\right) \tag{4-11}$$

通过类比有关金属，如钢、铁、铝和铜，粗略地估计金属管材能否用横波检测时，通常用厚度与外径比是否小于0.2作为判据，小于或等于0.2，则认为可以检测，并称这样的管材为薄壁管。

3. 小直径薄壁管检测技术

小直径薄壁管由于外径小、曲率大，探头难以与管材表面直接耦合。同时，管壁薄，声束在管材大曲率内壁上发散较为严重，很难采用直接接触法检测，因此常采用水浸法检测，如图4-72所示。水浸聚焦检测不仅解决了耦合难题，减少了曲面引起的声束发散，并且可采用聚焦探头，从而提高了检测灵敏度和分辨力，而且便于实现自动化检测。

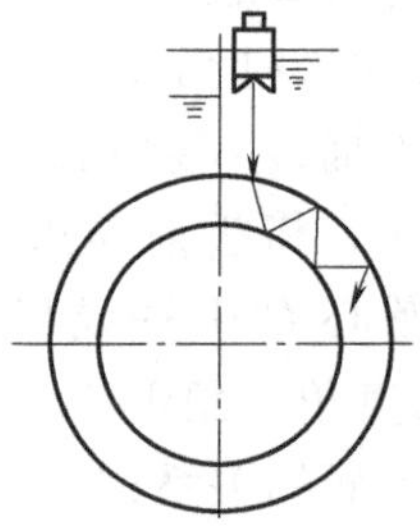

图4-72　水浸检测示意图

相关参数的选择如下：

（1）声束聚焦方式的选择　管材超声检测中，通常采用的声束聚焦方式有两种，如图4-73和图4-74所示。一种是**线聚焦**，即将超声束聚焦成一条直线，聚焦方法可以采用圆柱面的声透镜，也可以采用瓦形晶片，线聚焦探头在管材上形成的是沿轴线延长的线状聚焦区。另一种是**点聚焦**，即将超声束聚焦成一个圆点，聚焦方法一般采用球面声透镜，点聚焦探头在管材上形成的是点状聚焦区。

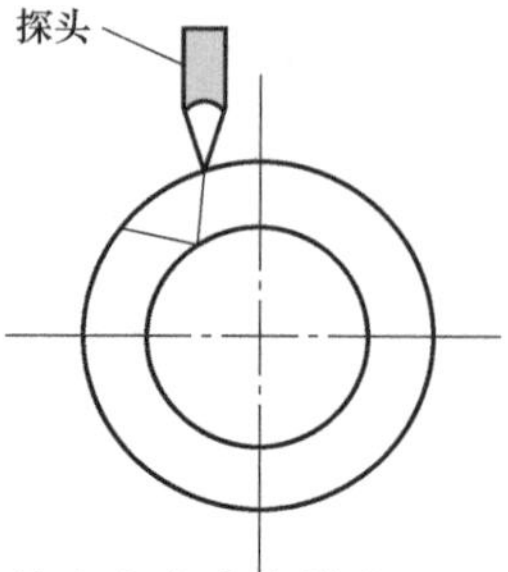

图4-73　点、线聚焦声束在横截面上的检测示意图

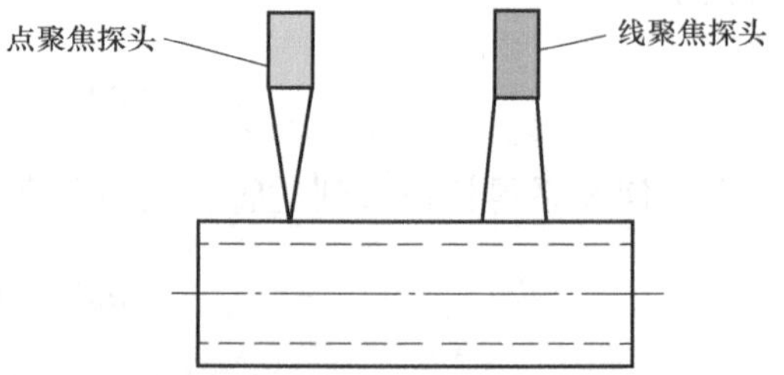

图4-74　点、线聚焦声束在纵截面上检测示意图

想一想

若管材中的缺陷是气孔，适合用哪种声聚焦方式？若是大片层状缺陷，适合用哪种声聚焦方式？

在探头与管材相对旋转速度相同的情况下，线聚焦探头可以较快地完成管材圆周的扫查。因此，前者检测速度快，后者检测速度慢。但是由于声能分布情况不同，两种探头的检测结果却大不相同。例如，使用同频率、同直径的线聚焦和点聚焦探头，分别检测相同深度和宽度而长度不同的纵向人工缺陷，根据试验结果，可以作出如图 4-75 所示的图线。

图中，A 表示线聚焦探头，B 表示点聚焦探头。由图可以看出：

1）用点聚焦探头检测时，人工缺陷的长度变化，伤波幅度不变。用线聚焦探头检测时，人工缺陷的长度变化，伤波幅度也发生显著变化。

2）两条波幅曲线有一个交点，此点所对应的人工缺陷长度称为线聚焦探头的临界长度。当自然缺陷的当量大于或等于临界长度时，两种聚焦探头都可以将缺陷检出；而当自然缺陷的当量小于临界长度时，只有点聚焦探头才能将缺陷检出，线聚焦探头由于波幅降低而不能将缺陷检出。因此认为，点聚焦探头比线聚焦探头的检测灵敏度高，线聚焦探头不宜检测短伤，只适于检测聚焦线长度以上的长伤。

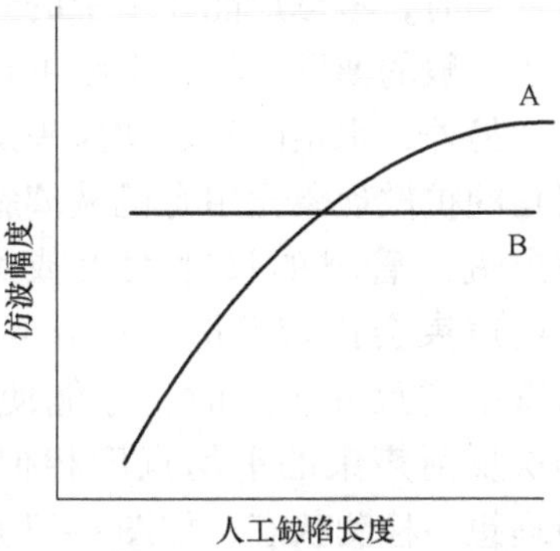

图 4-75　缺陷长度与反射幅度关系的实验结果

由此可知，声束聚焦方式是根据被检测管材的要求来选择的。质量要求一般的钢铁材料、非铁金属及部分稀有金属管材通常采用线聚焦方式检测；质量要求较高的管材才用点聚焦方式检测。

（2）检测频率的选择　水浸法检测频率的选择，需要注重考虑检测频率和聚焦效果的影响。例如，采用点聚焦探头时，频率提高，可以使声束的焦点变小，脉冲变窄，波形清晰，这对薄壁管材的检测显然是有利的。但是由于焦点小，检测速度将受到影响。另外，检测频率的提高对检测仪精度和机械传动装置的精度要求也随之提高。因此，应适当地选择检测频率，一般管材水浸法检测的频率通常选用 2.5～10MHz。

（3）偏心距的选择　偏心距是小直径薄壁管材检测的重要参数，决定着声束的入射角，对声束在管材中的传播方式和能量分布，管材中缺陷检测灵敏度都有直接影响。检测时将管子外壁与水接触而内部中空，如图 4-76 所示。调整探头位置，使管子外壁表面的反射信号最高，管壁反射次数最多，则入射声束垂直于管材表面，声束中心线通过管子圆心，沿与管轴线垂直的方向平移探头，使入射声束相对于入射点的法线成一定夹角，移动的距离称为偏心距 x。

偏心距选择的原则是使管壁内为纯横波且横波能够到达管材内壁。前面已经介绍了满足这一条件的前提是壁厚/外径之值要足够小，满足薄壁管条件。在这个前提下，要求入射角满足式（4-12）

则得到偏心距 x 为

$$\frac{c_{水}}{c_{L_{管}}}R < x < \frac{c_{水}}{c_{S_{管}}}r \tag{4-12}$$

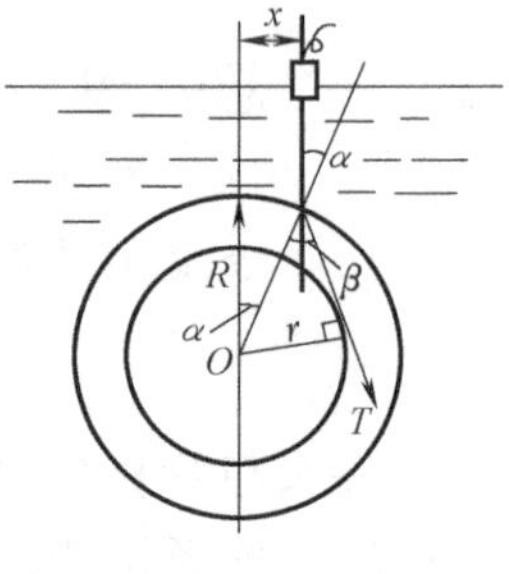

图 4-76　偏心距的选择

（4）水距的确定和探头焦距的选择　根据水浸检测的基本要求，如要求检测的最大声程为 S，为了避免显示屏上二次界面回波信号出现在管材内壁缺陷和外壁缺陷回波信号之前，干扰缺陷信号的识别和记录，水距 T 应满足

$$T \geqslant S\frac{c_{L_{水}}}{c_{S_{管}}} \tag{4-13}$$

同时，考虑声能在水中的衰减，为了达到较高的检测灵敏度，水距也不宜选择得过大，对于一般的薄壁管材，水距可在 10～30mm 之间选取。

另外，水距的确定和探头焦距的选择还需考虑折射角扩散的问题。在水浸法检测中，折射角的扩散现象比用有机玻璃斜楔接触法检测更为严重。应用几何光学的原理分析可得，当焦点进入管材的尺寸太大或太小时，折射声束会比较发散，只有当焦点进入管材的尺寸合适时，才能使管壁内两次反射声束的平均宽度相似，这是最理想的检测状态，如图 4-77 所示。

从理论上讲，当聚焦声束的焦点正好在与声束中心线相垂直的管子半径上时，如图 4-77 所示，聚焦声束在管外壁覆盖区内的折射角相差最小，从而使管中的声能最集中。此时焦距满足

$$F \geqslant T + \sqrt{R^2 - x^2} \tag{4-14}$$

式中　T——水距；

R——管外径；

x——偏心距。

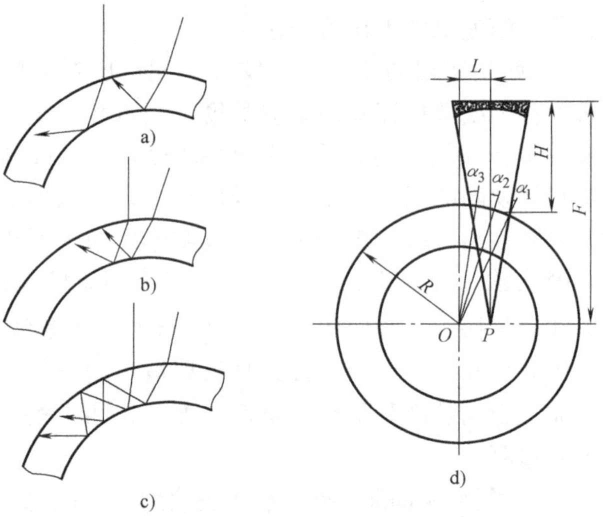

图 4-77　折射声束与焦距示意图

a）焦点进入管材的尺寸太大　b）焦点进入管材的尺寸太小

c）焦点进入管材的尺寸适当　d）最佳焦距

想一想

水距过大对管材的检测有什么影响？过小会怎样？

4. 自动检测设备简介

根据小直径薄壁管的特点和检测需要，通常采用水浸聚焦检测技术，使用自动检测设备进行自动化检测。图 4-78 所示为管材自动检测设备结构示意图。

自动检测设备主要由以下部分组成：

（1）超声检测仪　用于管材自动检测的 A 型超声检测仪除满足一般检测仪的要求外，通常还要求其具备多通道接收发射单元、门电路、干扰脉冲抑制电路、报警电路、记忆器

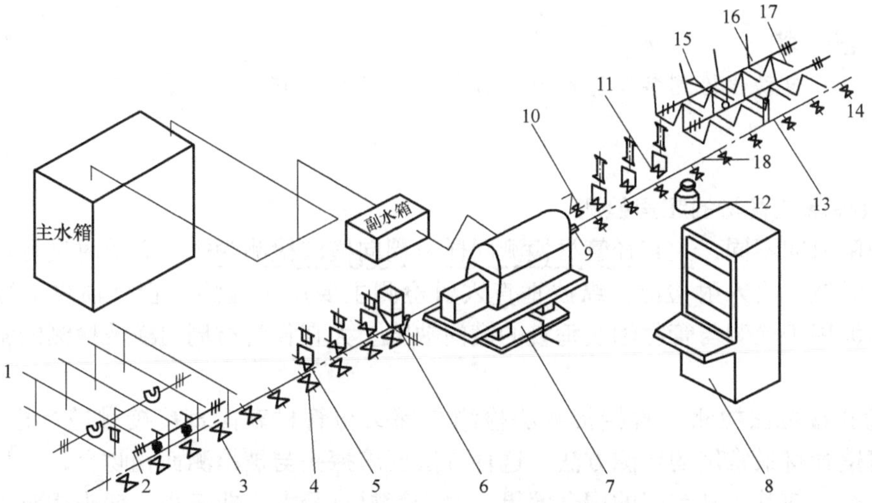

图 4-78　管材自动检测设备结构示意图

1—上料台架　2—上料装置　3—进料辊道　4—上料、上球开关　5—前定心轴　6—堵球装置　7—探头架　8—检测仪　9—落球开关　10—落球装置　11—后定心轴　12—标记装置　13—翻料装置　14—出料辊道　15—分选装置　16—合格品收集槽　17—不合格品收集槽　18—翻料开关

等，报警灵敏度可调且波动满足规定要求，并且要求发射脉冲宽度窄，仪器分辨力好。

（2）探头　按照不同的检测标准，可选择采用线聚焦或点聚焦方式的探头。要求探头与仪器匹配良好，分辨力和信噪比较好。对于薄壁管，要求有较高的频率、脉冲宽度窄、分辨力好。通常，检测壁厚为 0.5 ~ 6mm 的钢管和钛合金管时，探头频率为 5 ~ 10MHz。此外，聚焦探头的焦点直径也是影响小直径薄壁管检测效果的重要参数，一般应选择焦点直径小于壁厚 1/2 的探头，以保证声束进入管壁后的聚焦效果。

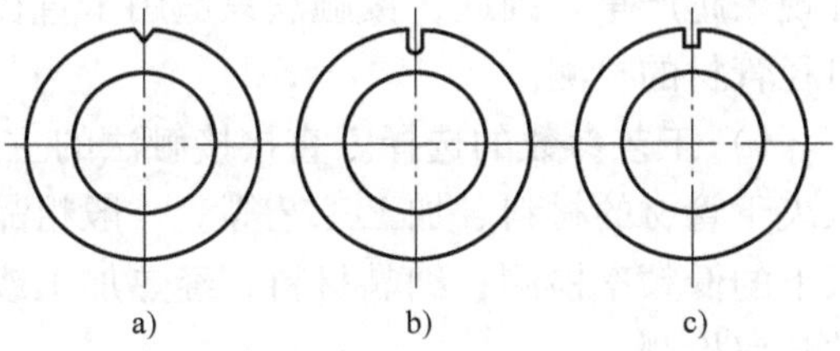

图 4-79　人工缺陷形状示意图

a）V 形槽　b）U 形槽　c）平底槽

在自动检测装置中，通常配备多个探头，以方便实现对沿圆周正反方向、轴向正反方向等多个方向的同时检测，提高检测效率。

（3）机械传动装置　机械传动装置的种类很多，可以是用于带动探头运动的、也可以是使管子运动的，或者是两者结合的。在使用机械传动装置时要注意：在运行时能保持探头与管材表面的间距一致，即探头旋转或管子作轴向与螺旋送进时彼此保持同轴；旋转或送进速度均匀，且可根据需要调节；不得对管子表面造成机械损伤；机械传动装置精度应满足检测要求。

（4）参考样管　参考样管由尺寸、材料、表面状态和热处理状态与被检测管材一致的管材制作，不同的检测标准对人工伤形状和尺寸有不同规定。槽伤是常用的人工缺陷类型，如图 4-79 所示，槽形状可为 U 形槽、V 形槽和平底槽。槽按方位可分为外表面纵向槽、外表面横向槽、内表面纵向槽、内表面横向槽等。

想一想

自动化检测装置适用于何种要求的产品，它有什么缺点？

5. 大直径薄壁管材的超声检测

根据缺陷取向不同，大直径管材检测同样以周向横波检测为主，必要时进行轴向横波检测和圆周面纵波垂直入射检测。纵波垂直入射检测主要用于检测与管材轴线平行的分层缺陷，轴向横波用于检测与管材轴线垂直的横向缺陷。大直径管材周向横波检测的常用方法有下面两种：

（1）直接接触法检测　直接接触法检测是探头与管材表面直接接触进行检测的方法，是大直径薄壁管材最常用的检测方法。这种方法要求探头与被检测面相吻合，并且要在管材表面涂耦合剂，使其达到较好的耦合效果。由于管材直径大、曲率小，探头相对来说比较容易与检测面稳定地接触。

由于接触法检测时，在探头与管材之间没有过多的耦合介质，所以声能衰减较小，周向有效检测范围较大。例如，直径为 ϕ50mm 左右的管材，周向有效检测范围可达 180°。因此，一般在两个相对的位置上检测即可。

但是，由于这种方法是将平面声束投射到曲面上，曲面上不同位置的入射角度差别较大，导致总的检测灵敏度降低，也造成了内、外壁检测灵敏度的不一致。曲率半径越小，这种现象越严重。因此，接触法只适用于直径在 ϕ40mm 以上管材的一般检测，而不适用于小口径管材的检测。

1）工艺参数的选择。直接接触法的主要工艺参数包括检测频率和入射角等。检测频率取决于管材的材料、加工工艺等。一般粗晶材料、铸造成形或质量要求低的管材用 2.5MHz 以下的低频率检测；细晶材料、经热加工或冷加工成形或质量要求高的管材用 2.5～10MHz 的频率检测。

入射角选择的原则是使进入管材的横波折射角为 45°左右。因而，入射角主要视管材和探头楔块的材质而定。例如，检测普通碳素钢管材，使用有机玻璃楔块时，根据折射定律计算得知，入射角应为 36°左右。

2）操作要点。直接接触法检测的实施过程中，需要注意保持探头与管材接触良好。耦合剂的用量不宜过多，以免出现假信号而造成误判。

伤信号的主要特点是随着探头作周向移动（检测纵向缺陷）或轴向移动（检测横向缺陷）时，伤波也沿水平方向移动。探头前进，伤波靠拢始波，且幅度增高；探头后退，伤波远离始波，且幅度降低。

检测过程中，应注意随时用人工标准伤样管校准探头和仪器。当由于探头磨损或仪器性能变化而引起检测灵敏度明显变化时，应及时更换探头或调整仪器。

（2）双探头横波接触法　两个探头相背并列，同时发、收超声波，同时得到一个缺陷的两个信号（图 4-80）。两个缺陷波的中间有一个参考波，可用于监控状况，以及判断超声波是否已扫查一周。超声波从两个方向同时进入管子，因此该方法需要在反方向再扫查一次。

6. 厚壁管的超声检测

对于厚壁管，横波声束无法到达管材内壁，因此用横波实现整个管壁横截面的检测是很困难的。一般采用下面两种方法进行检测。

（1）变形横波斜射法　以钢管为例，管子水浸法纯横波检测的最小入射角为14.8°，当入射角小于该角度时，进入管壁的有折射横波，也有折射纵波。折射横波不接触管壁，只在外壁上反射。如图4-81所示，取入射角为12.7°，则进入管材后纵波折射角为60°。当折射纵波入射到外壁上时，折射纵波在外壁上发生波形转换，产生反射横波，反射角为

$$\beta_1 = \arcsin\left(\frac{c_{S_{钢}}}{c_{L_{钢}}}\sin 60°\right) = 28.3°$$

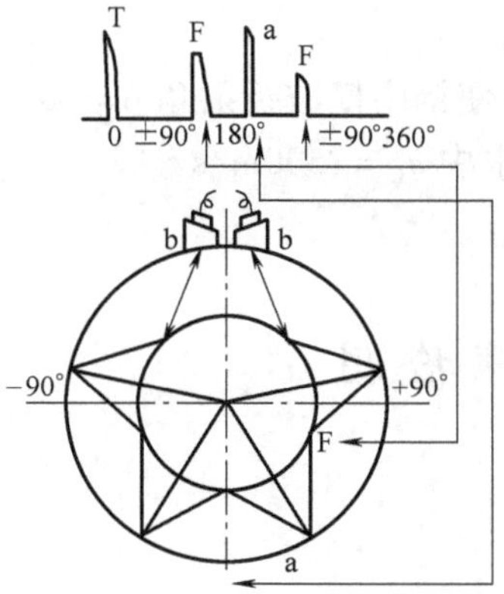

图4-80　双探头横波接触法
a—参考波　b—发收探头

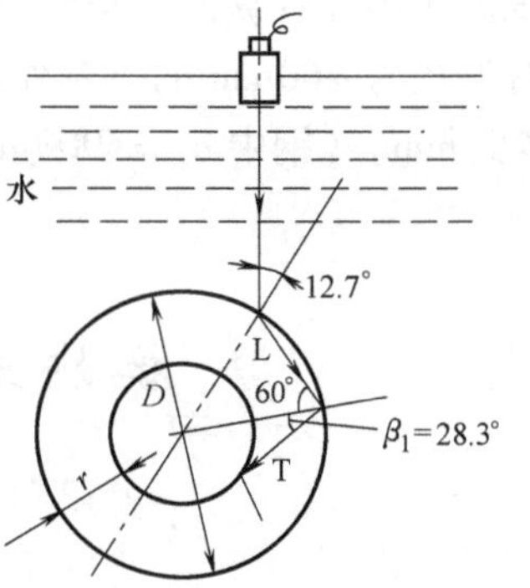

图4-81　变形横波斜射法示意图

此时，管壁厚和管外径之比 $t/D \leqslant 26.3\%$，如果对透入水中的超声能量忽略不计，经纵波-横波-纵波的声压往复反射率可为97%。入射角若小于此值，声压往复反射率就会减小，灵敏度降低。可见对于钢管来说，变形横波斜射法适用于壁厚和管外径之比为 $23\% < t/D < 26.3\%$ 的管材。

（2）纵波斜射法　在被检管材尺寸使变形横波检测法也难以采用的情况下，可采用纵波斜射法。选择第一临界角以下的小角度入射，进入管壁的超声波形既有纵波也有横波，但后者强度很弱，检测主要以纵波为主。纵波斜射法的缺点是检测时显示的除折射纵波外，还存在折射横波在内壁上产生的多次反射回波，波形比较复杂。同时，由于变形横波具有较高能量，因此纵波斜射法与变形横波检测法相比，检测灵敏度较低。

想一想

厚壁管检测中超声波束的入射角选择原则是什么？

【课后习题】

1. 管材横波接触法探伤时，入射角的允许范围与下列（　）因素有关。

A. 探头楔块中的纵波声速　　B. 管材中的纵、横波声速

C. 管子的规格　　D. 以上全部

2. 钢管原材料超声探伤试样中的参考反射体是（　　）。

A. 横材　　B. 平底孔　　C. 槽　　D. 竖孔

3. 钢管是怎样加工成形的？其常见缺陷有哪几种？

4. 试说明小径管纵向、横向缺陷的一般探伤方法。

5. 对外径为 ϕ60mm 的钢管作水浸法周向探伤。欲使钢中横波折射角 $\beta=40°$，求偏心距应为多少 mm。（钢中 $c_L=5900$m/s，$c_S=3200$m/s，水中 $c_L=1500$m/s）

模块五　铸件的超声检测

知识目标

※　熟悉铸件的生产工艺过程，并了解常见的缺陷类型。

※　掌握铸件的超声检测方法和技术要点。

一、铸件的生产工艺过程

铸件是将金属或合金熔化直接填充在静止铸型中，液体金属和合金在铸型中冷却，凝固成形后得到的零件。

二、铸件的特点

1. 晶粒粗大

铸件是液体金属或合金在铸型中冷却得到的零件，由于在冷却过程中，铸型中心和模壁内表面的液体金属温度降低的不均衡性，使得在模壁内表面的液体金属或合金先降温凝固成较细晶粒，而在铸型中心部位的液体金属或合金后凝固成较大的与模壁垂直方向平行的柱状晶粒，这造成了铸件的晶粒粗大，组织不均匀。

2. 组织不致密

液态金属的结晶是以树枝生长方式进行的，树枝间的液态金属最后凝固，但树枝间隙由金属液体全部填满，造成铸件普遍存在的不致密性。另外，液态金属在冷却凝固过程中体积会产生收缩，如果得不到及时、足够的补充，就会形成疏松或缩孔。

3. 表面粗糙

铸件是一次浇注成形的，形状往往复杂且不规则，表面粗糙。

4. 缺陷的种类

铸件中比较典型的缺陷有缩孔、疏松、气孔、夹砂、偏析和裂纹等。与锻件相比，铸件的内在缺陷种类和形状更为多样化。

三、铸件的超声检测方法与技术

铸件因为组织特殊，在超声检测方面有它的特殊性。铸件的晶粒比较粗大，组织不够致密，加上往往处于毛面状态就进行检测，导致其超声检测实施难度较大。

首先，铸件的晶粒粗大和不致密性造成了声能的极大衰减。并且不同铸造条件和状态的铸件对同一频率超声波的衰减也不同，因此要注意铸件的衰减系数。

对铸件进行超声波检测时要特别小心，防止误判和漏判，不要把铸件内由于组织的不均匀以及粗晶的反射回波误判为缺陷回波。同时也应注意，在粗大晶粒的铸件检测中，由于弹性的各向异性，会使声波的传播路线发生弯曲而造成缺陷定位不准。

铸件的缺陷检测要求较低，铸件中一般允许存在的缺陷尺寸较大，数量可较多，特别是工艺性的检测，有的只需检出危险性的缺陷，以便修补处理。

根据铸件的不同情况，可选择相应的检测技术。

1. 缺陷反射波法

厚度较大、表面较光滑的铸件，可采用纵波直探头检测，通过观察一次底回波之前是否出现缺陷信号进行检测。如需检测裂纹，或对于由于形状和缺陷取向原因无法采用纵波检测的部位，可采用斜探头检测。检测近表面缺陷时，可采用双晶探头。

2. 二次缺陷反射波法

对于厚度不大、表面较粗糙的铸件，可采用纵波直探头检测，通过观察一次底和二次底回波之间是否出现缺陷信号进行判断。

3. 多次回波法

厚度较薄、材质均匀、检测面与底面平行的铸件，可采用纵探头，通过底面多次回波法检测。

4. 分层检测法

厚度特别大的铸件一般采用分层法检测，即检测时将铸件厚度分为若干层，每一层分别采用该层的深度调整灵敏度进行检测。

想一想

在超声检测中怎样避免因为晶粒粗大引起的超声散射？铸件中的缺陷主要是面积形还是体积形的？

四、铸件超声检测的应用

1. 铸钢件的超声检测

超声波在一般铸钢中的衰减并不是特别大，可以适当地选择较低的检测灵敏度和检测频率（如2.5MHz以下）。

铸钢中常见的宏观缺陷是缩孔、疏松、气孔、夹砂、裂纹，其中疏松是铸钢中最普遍存在的缺陷。较大的疏松、缩孔会产生明显的反射回波，在检测仪显示屏上，反射波形有时是单个的，有时是丛生的，这要由疏松之间的距离、大小决定。但如果是细而密集的小疏松，则会造成声能的漫散射，以致声能严重衰减，在显示屏上使底波消失，出现所谓的无底波区。如果此时把仪器的灵敏度提高，有时也会出现底波和杂乱的缺陷反射波形。如果是大小掺杂的疏松，在显示屏上的波形将既有较高的伤波，又有明显的底波下降或无底波。

在某些形状复杂的铸钢件中，拐角部分往往会出现缩孔、疏松，因而检测灵敏度的选择和检测方法的选定是十分重要的，要根据实际情况来确定。

为了正确地选择超声检测灵敏度，采用超声-射线照相的方法效果更好些。就是将已有的铸钢射线照相的标准底片，按其零件使用的技术条件定出其中合格与不合格的界限，再用存在着这种界限的缺陷部分来调整超声波检测仪灵敏度的临界值，从而对整个零件进行检测并评级，可参照美国材料协会（ASTM）相关标准。

在铸钢件的超声检测中，往往结合伤波波形和铸件的加工工艺来综合分析判断缺陷的性质。图4-82所示是铸钢件超声检测中，由伤波波形分析缺陷性质的几个例子。

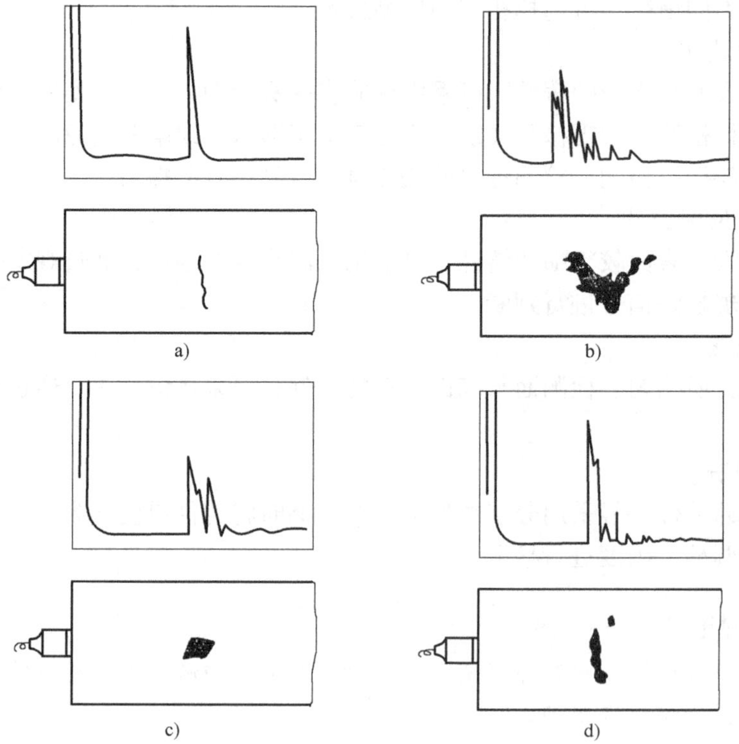

图4-82　铸钢件中的缺陷及其波形

a）裂纹及其波形　b）缩孔及其波形　c）夹砂及其波形　d）夹渣及其波形

由图4-82可看出，裂纹的反射波形较尖锐、整齐，也较高；而缩孔类的缺陷由于形状不规则，所以反射波不单纯，当其尺寸较大时，也会产生相当强的反射波。夹砂或夹渣类的波形与缩孔差不多，只是密集性差一些。

2. 奥氏体铸钢件的超声检测

奥氏体铸钢组织的晶粒粗大，可达几十毫米长，几毫米宽，而且大小不均匀，声的穿透性差，因此用超声检测有一定难度。针对这种粗大晶粒工件的超声检测，可采用一些办法来改进检测结果。

试验表明，利用双斜探头采用一发一收的方式对奥氏体铸钢进行检测，根据林状回波包络线的形状判断缺陷的性质和大小是较为有效的方法，但缺陷必须是能部分覆盖声束的较大缺陷。

检测方法为：用两个斜探头，由发射探头发出的超声波信号在被测工件上倾斜入射，其在底面上第一次反射的超声波信号用接收探头接收，两个探头的配置如图 4-83 所示。当声束透过材料内部时，在声程的路径上会产生杂乱的反射回波，其反射情况可以在检测仪的显示屏上进行观察。若将发射和接收两个探头组装在一起，使其在被测工件表面上同时移动时，移动波形的变化也可在检测仪的显示屏上观察。综合考虑上述观察结果，即可对缺陷进行判断和分析。

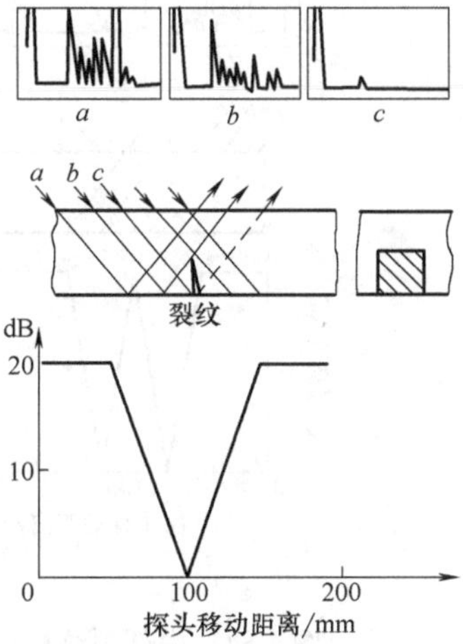

图 4-83　表面裂纹检测示意图

在进行奥氏体铸钢的检测时，为了尽量减少超声波的衰减，提高检测的灵敏度和分辨力，尽量缩短声波的传播路程是一种有效的方法。试验表明，将超声波的入射角选为 26°左右，使折射纵波产生全反射，这样既缩短了声波的路程，又能够保证进一步提高检测灵敏度。

在奥氏体铸钢中有三种常见缺陷，即裂纹、缩孔、气孔，这三种缺陷的检测波形如下：

图 4-83 所示为表面裂纹检测示意图。接收探头能够接收到经过底面一次反射的超声波 *a*，同时，晶界对超声波的反射也被接收，因而在显示屏上二次波的位置出现了强烈的接收波，而且在其周围有多数林状回波出现。

图 4-83 中超声波 *b* 波束的一部分被裂纹所阻挡，当穿透波束和杂乱反射波到达接收探头时，其中一部分波受到裂纹的阻挡而被减弱，而且探头几乎接收不到裂纹附近的杂乱反射波，在显示屏上，回波的高度也相应降低，特别是在二次波的位置，穿透波两侧的回波高度有显著的降低。

图 4-83 中超声波 *c* 波束完全被裂纹所遮挡，因为大部分超声波没有到达接收探头，林状回波大量减少，以致在检测仪的显示屏上几乎观察不到穿透波和反射波的波形。综合上述情况可以推断，在被探材料面上，探头移动一个距离与相应的位置上穿透波的高度的变化形成图中所示的 V 形（或 U 形）的变化。

图 4-84 所示为内部裂纹检测示意图。在裂纹的周围，接收探头接收穿透波及反射波的情况已显示在显示屏上。如上所述，随着探头的移动，穿透波高度的变化为如图所示的 W 形。

图 4-85 所示为缩孔检测示意图。当超声波波束通过没有缩孔的位置时，在显示屏上出现强烈的接收波和多数林状回波。当超声波波束在底面反射后被缩孔部分所阻挡时，可分三种情况：波束 *a* 的一部分被缩孔所阻挡，所以到达接收探头的声波减少了，在显示屏上二次

波的位置，穿透波和其他回波的高度都降低了；波束 *b* 完全被缩孔部分阻挡，此时穿透波和杂乱反射波到达接收探头的能量进一步减少；当入射声波直接射在缩孔上时，波束 *c* 在二次波的位置上林状回波本应相应地增加，但实际上在显示屏上全部回波的高度进一步降低了。这种降低和裂纹的情况是不同，由于缩孔部分对超声波产生了反射，所以在到达接收探头时，林状回波的数目不会过多地减少。因此，当探头移动一个跨距时，穿透波高度的变化能显示出如图 4-85 所示的锅底状。对上述情况作综合判断，可将它和裂纹特征加以区别。

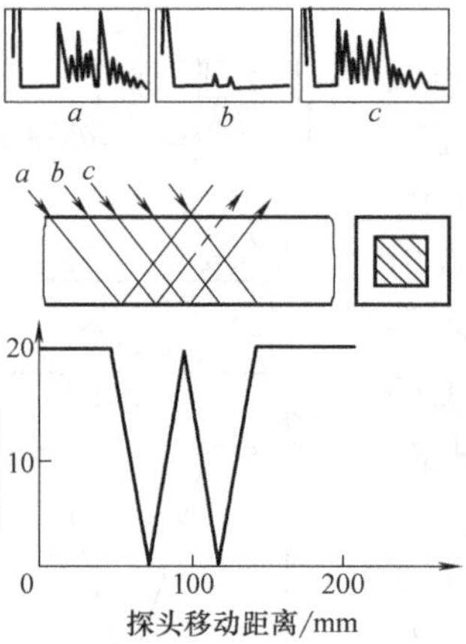

图 4-84　内部裂纹检测示意图

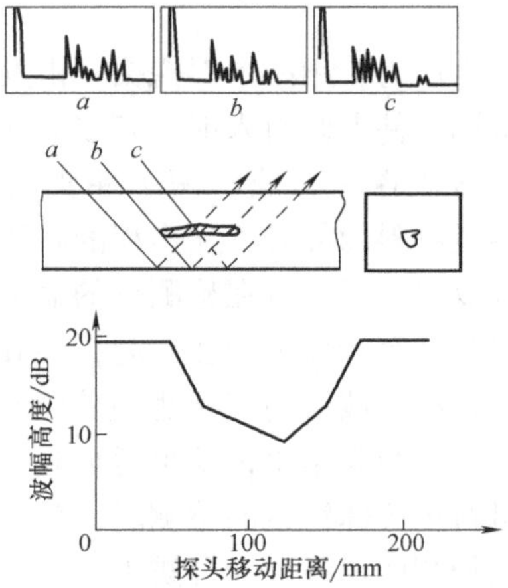

图 4-85　缩孔检测示意图

在铸锭过程中，伴随着钢液的凝固，由于有气体产生，在铸件内部往往会出现气孔。图 4-86 所示为聚集状气孔检测示意图。超声波波束从底面反射后，遇到气孔部位，由于气孔较小，所以有一部分声波能够穿过气孔而使其回波信号显示在显示屏上，如波束 *a*、波束 *b* 所示，整体回波的高度稍有降低。因为气孔的分布不同，故可以观察到回波高度的不断变化。当波束 *c* 直接穿过气孔时，它所产生的反射波在一跨距的声程内和缩孔的情况是相同的，而且林状回波的数目比前者还要多，不会出现林状回波减少或消失的情况。总之，在有气孔的部位，其显示特征和缩孔的情况大体相同，但回波高度的变化比缩孔小，依此可以推断出锅底状凹凸不平的浅窝正是气孔反射的特征。

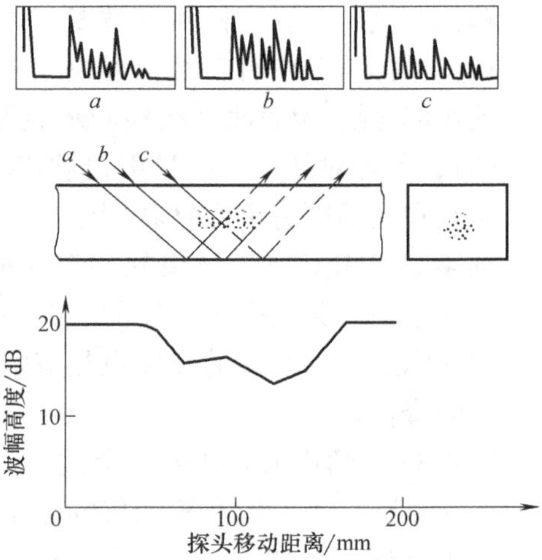

图 4-86　聚集状气孔检测示意图

3. 非铁金属铸件的超声检测

非铁金属铸件中存在缺陷的类型和形状多样，这些缺陷的形成与铸型的设计、材料的流动性、浇注工艺、补缩情况等有密切关系。因为非铁金属本身的种类很多，所以其合金的种类以及缺陷的存在情况就更复杂。因此非铁金属铸件与一般铸钢件相比，其检测情况也更复杂。一般认为，非铁金属铸件更易产生疏松，而且被检材料和内部缺陷之间由于声阻抗的差别较小，缺陷的反射率较低，由此给超声检验带来的困难也就较大，虽然如此，对非铁金属铸件还是能进行超声检测的。

检测铜及其合金时，由于铸铜的声穿透性差，而且有些铜材还容易出现林状回波，这就增加了检测的困难。由于它们的声速比较小，所以与钢材相比，入射超声波在频率相同的条件下波长就显得短，因而缺陷对声波的反射性能就比较好，一般情况下，用2.5MHz以下的频率进行检测有较好的效果。对于各种不同成分、不同材料配比的铜合金，其检测条件的选择也略有不同。如锰青铜铸件，频率选0.5MHz为宜，超过这个频率容易出现林状回波，而且很容易使底面回波下降或消失。而对黄铜铸锭进行检测时，试验结果表明，其声波穿透性的好坏（以观察第二次底面回波高度的变化作为判断依据）与其内部存在缺陷的多少有直接关系，从而可以此来判断铸锭的内部质量。另外，直接将对林状回波高度的分级作为评定铸铜内部质量的参考依据，也是一种有效的质量检验方法。

对于铝合金，除内部的缺陷外，合金组织中的化合物，包括单独的化合物或分散状的析出物，都能造成回波反射，在仪器的显示屏上被显示出来，从而为检验这些缺陷提供了可能性。

铸铝活塞是一种铝、铜、硅合金，它是发动机的关键部件之一，下面以此为例比较详细地介绍它的超声检测特点：

（1）缺陷存在的特点　在铸铝活塞使用过程中，顶部和销孔附近容易产生变形，有的顶部开裂甚至整块脱落。经断口分析表明，在这些部位一般存在较严重的铸造缺陷，因此必须对活塞的这些部位进行检测。经测量活塞的顶部厚度只有7.5mm，在销孔附近也只有16～21mm厚，如图4-87所示，接近仪器的盲区，无法用一般方法进行检测。

图4-87　铸铝活塞

（2）铸铝活塞的检测　活塞顶部的检测可按如下方法进行：采用2.5MHz的直探头，检测灵敏度调整到按无疏松部位作标定时仪器上保留有24dB以上的余量，调节增益旋钮，使底波有50mm的波高。以此作为检测的起始灵敏度，即可用底波衰减法检查活塞顶部的各个部位。对底波降低或无底波之处，用减少衰减分贝的方法使显示屏上获得与初始底波高度相等的底波，此时衰减的分贝值与缺陷之间存在着一定的对应关系，见表4-7。

表4-7　活塞顶部衰减的分贝值与缺陷大小对比

衰减分贝值	缺陷用射线验证情况
0	无缺陷
-3	轻微疏松
局部 -4～6	局部有中等疏松
大面积 -6	大面积有中等疏松
中心位置 -15	中心位置有严重疏松

对活塞销孔附近的检测，可按与上述方法基本相同的过程进行。采用2.5MHz频率的直探头，仪器灵敏度调整到检测深度为21mm处的底面反射波达显示屏的4/5高度，并留有不小于24dB的余量，即可用底波衰减法进行检查。

图4-88所示为三种代表性缺陷的实物解剖照片。对左侧活塞进行超声检测时，能出现饱和的底波，解剖结果无缺陷；中间活塞超声检测时无底波，解剖结果有明显缺陷；右侧活塞的左面，超声检测时厚16mm处有底波，厚21mm处无底波，右面厚16mm处无底波，厚21mm处有底波，解剖结果与检测结果基本一致。

图4-88　铸铝活塞实物解剖照片

对活塞进行检测的过程中应密切注意波形的变化，由于底波的变化与探头的耦合有密切关系，因此必须使探头与工件表面的耦合稳定，由于被探区厚度较小，有的表面又是毛面，耦合不良或对探头用力不均，底波的变化就会很大，有时甚至会消失。所以在无底波时，不应轻易判断，应用砂纸打磨被测部位并反复检测。另外，对仪器灵敏度的调节要适当，灵敏度太高，波形易杂乱无序；灵敏度太低，又妨碍波形的显示。

总结以上几例对不同类型、不同材料铸件的检测方法，可得到如下结论：除对内部质量较好的铸钢件，可以应用与锻件相同的缺陷反射波的方法来评定其质量外，对大部分铸件都采用对底波的衰减程度或对多次底波的衰减程度来评定，必要时还应与射线照相进行对照，以便对铸件的质量进行正确评定。即使在内在质量比较好的铸钢件中，也应该观察底波波形的变化。

【课后习题】

1. 大型铸件应用超声检测的主要困难是（　　）。

A. 组织不均匀　　B. 晶粒非常粗大　　C. 表面非常粗糙　　D. 以上都对

2. 铸件中的常见缺陷有哪几种？它们有何特点？

3. 铸件超声检测的困难是什么？

【综合训练】

一、选择题

1. 锻件探伤中，荧光屏上出现林状（丛状）波时，是由于（　　）。

A. 工件中有小而密集的缺陷　　B. 工件材料中有局部晶粒粗大区域

C. 工件中有疏松的缺陷　　D. 以上都有可能

2. 长轴类锻件从端面作轴向探测时，容易出现的非缺陷回波是（　　）。

A. 三角反射波　　B. 61°反射波　　C. 轮廓回波　　D. 迟到波

3. 在钢板的水浸探伤中，如果入射角为 33°（sin33° = 0.545），在板中将会产生（　　）。

A. 纵波　　B. 横波

C. 纵波与横波都有　　D. 没有纵波也没有横波

4. 管材自动探伤设备中，探头与管材相对运动的形式是（　　）。

A. 探头旋转，管材直线前进　　B. 探头静止，管材螺旋前进

C. 管材旋转，探头直线移动　　D. 以上均可

5. 为探测出焊缝中与表面成不同角度的缺陷，应采用的方法是（　　）。

A. 提高探测频率　　B. 用多种角度探头探测

C. 修磨探伤面　　D. 以上都可以

6. 板厚在 100mm 以上窄间隙焊缝的超声检测中，为探测边缘未熔合缺陷，最有效的扫查方式是（　　）。

A. 斜平行扫查　　B. 串列扫查　　C. 双晶斜探头前后扫查　　D. 交叉扫查

7. 对有加强层的焊缝作斜平行扫查探测焊缝横向缺陷时，应（　　）。

A. 保持灵敏度不变　　B. 适当提高灵敏度

C. 增加大折射角　　D. B 和 C

8. 已知厚 22mm 钢板对接焊缝的宽度为 18mm，焊缝加强高为 1.5mm，V 形坡口，使用 2.5MHz10 × 12mm 斜探头，其前沿长度（入射点至探头前端面的距离）为 11.5mm，最佳探头标称折射角度为（　　）。

A. 45°　　B. 60°　　C. 70°

9. 对圆筒形工件纵向焊缝作横波探伤时，跨距将（　　）。

A. 增大　　B. 减小

C. 不变　　D. 按外或内圆周面探测而增大或减小

10. 用单斜探头检测厚焊缝容易漏掉（　　）。

A. 线状夹渣　　B. 与探测面垂直的大而平的缺陷

C. 密集气孔　　D. 未焊透

二、判断题（正确的打“✓”，错误的打“×”）

1. 锻件的超声检测不采用斜探头进行探伤。（　　）

2. 用直探头在轴类锻件的圆周面上进行周向扫查时，如果有游动信号出现，就可以肯定存在径向缺陷。（　　）

3. 钢板探伤中，当同时存在底波和伤波时，说明钢板中存在小于声场直径的缺陷。（　　）

4. 网格扫查法是使用单斜探头横波检测焊缝的基本扫查方法之一。（　　）

5. 环绕扫查法是使用单斜探头横波检测焊缝的基本扫查方法之一。（　　）

6. 对复合板进行超声检测时，如果复合界面有分层，则其界面回波会降低。（　　）

7. 钢板探伤中若无底波出现则说明钢板中无缺陷。（　　）

8. 串列式双探头法探伤的实质为一发一收的穿透法。（　　）

9. 焊缝探伤所用斜探头，当楔块底面后部磨损较大时，其折射角将变小。（　）

10. 管材纯横波探伤，保证声束能探查到管内壁的条件是管壁厚与管外径之比大于0.2。（　）

三、问答与计算题

1. 板材有哪些种类？其缺陷特点是什么？
2. 中厚板材常用的检测技术有哪些？
3. 中厚板材中分层缺陷和尺寸较小的夹杂物的反射信号特征有什么区别？
4. 中厚板材缺陷位置确定和当量尺寸评定时应注意哪些问题？
5. 中厚板材水浸法检测时，水距应如何调整？
6. 板材穿透反射法常在什么情况下采用？该方法有哪些局限性？
7. 什么是兰姆波？兰姆波的声速有什么特点？
8. 激励兰姆波的常用方法是什么？与一般纵波、横波检测时的要求有什么不同？
9. 如何从板端反射波形的变化区分横波和兰姆波？
10. 兰姆波检查薄钢板发现缺陷反射信号时，可用哪些方法确定反射处的位置？
11. 兰姆波的反射波高与缺陷面积有无直接关系？为什么？
12. 复合板检测有什么特点？
13. 铸锻件中常见的缺陷种类及其形成原因是什么？
14. 锻件超声检测具有哪些特点？
15. 为什么锻件检测通常应选择在热处理之后，冲孔、开槽等精加工工序之前进行？
16. 实心轴类锻件常用的检测方式有哪些？其目的是什么？
17. 空心轴类工件的常用超声检测方式有哪些？其目的是什么？
18. 若盘件中存在与端面倾斜的缺陷，常采用哪些方式进行检测？
19. 焊缝中常见缺陷有哪几种？各有什么特点？
20. 焊缝超声检测为什么常采用横波？
21. 横波检测焊缝时，应如何选择探头的K值？
22. 为了进行超声检测，焊缝两侧检测面的修整宽度如何确定？
23. 焊缝中纵向缺陷和横向缺陷的检测各采用哪些方法？
24. 焊缝超声检测有哪些扫查方式？各用于什么目的？
25. 焊缝检测发现缺陷后，如何确定缺陷的位置？
26. 用$K3$横波斜探头检测20mm厚的钢板焊缝，仪器按水平1∶1调节横波扫查速度，检测中在水平刻度$\tau_f=36$mm处发现一缺陷波，求此缺陷的位置。
27. T形焊缝结构有什么特点？T形焊缝常用什么方法检测？
28. 管座角焊缝的结构有什么特点？管座角焊缝应如何进行检测？
29. 铝焊缝检测与钢焊缝检测有什么不同？
30. 管材检测最常用的超声检测技术是什么？用于检测哪类缺陷？
31. 从超声检测的角度，如何区分薄壁管与厚壁管？小直径薄壁管材的检测参数应如何调整？
32. 点聚焦与线聚焦检测比较有什么不同？各有什么优点和局限性？
33. 铸件检测时造成超声波穿透性差，杂波干扰严重的主要原因是什么？

34. 什么是铸件分层检测法？采用该方法的原因是什么？为什么说该方法是解决大厚度铸件检测时杂波干扰的一种有效措施？

35. 铸件检测时，频率的选择应考虑哪些因素？

36. 铸件检测时应如何选用耦合剂？

第五单元　超声检测工艺文件的编制与管理

内容导入

超声检测工艺规程和工艺卡是进行超声检测的指导性文件。超声检测工艺规程是在企业内部使用的针对行业间的检测标准编制的产品通用检测程序要求。超声检测工艺卡是针对某一产品的详细检测要求。要对产品进行超声检测，必须掌握这类产品的超声检测工艺规程和制订详细的超声检测工艺卡。

前面几单元对超声检测的原理、方法、应用作了详细的介绍，为了保证检测人员在实际操作中能正确操作仪器，完成检测任务，达到检测目的，除了做好检测人员的培训工作外，还需要编制必要的检测技术文件，将技术问题的考虑与确认结果以文件形式保存起来，作为今后从事相同检测工作的共同准则和依据，指导检测人员正确、安全地完成检测工作，使测量结果具有准确性、可靠性、可重复性和可比性。

控制超声检测过程需要一系列技术文件，包括各种标准与规范、检测规程与检测工艺卡等。通常由标准给出某种超声检测技术或某类产品超声检测的通用技术要求，其使用规范是由全国各行业或是某行业内部，或某企业内部给出的。检测工艺规程则是依据这些标准编制的针对某种或某类产品的检测程序要求，一般在企业内部使用。检测工艺卡是针对某一产品的详细检测要求。从内容上讲，标准、检测规程和检测工艺卡对对象的限定性是逐级增强的，相应的检测工艺参数也是逐级增加的。

标准是通用的技术要求或使用规范，供实际应用查阅、执行。本章主要对超声检测工艺规程和检测工艺卡的编制进行详细介绍。

模块一　工艺规程的编制

知识目标

※了解工艺规程的基本内容。

※基本具备编制超声检测工艺规程的能力。

一、超声检测工艺规程

超声检测工艺规程是检测单位根据委托单位的要求，结合工件的结构特点及有关法规、标准等而编制的。因此，检测工艺规程必须对委托方的要求一一明确回答。如有疑问，应向委托方询问清楚，最后征得委托方的认可。

在实际生产中，超声检测工艺规程通常由取得超声检测Ⅲ级资格的人员会同相关技术人员组织编写。有时，因产品数量较少或检测过程较简单，且有直接对应的标准可以遵循，也可依据标准直接编制检测工艺卡，而不必编写检测工艺规程。

超声检测工艺规程是超声检测质量保证体系中非常重要的技术文件。超声检测技术的选用与检测对象的具体情况关系十分密切，而工艺规程恰恰是根据企业实际情况，针对具体工件编制的，对检测工作的实施具有最直接的指导意义。

二、超声检测工艺规程的内容与编制要求

超声检测规程应包括以下内容：

1）总则：该规程的适用范围，所引用的法规、标准的名称代号，对检测人员的要求等。

2）规程所适用的被检材料或工件的范围，可包括受检件的名称、图号、材料及热处理状态。

3）验收标准或等效的技术要求。

4）实施规程的人员资格要求。

5）检测时机、工序号。

6）采用的超声检测技术。

7）实施规程所需要的超声检测仪的型号。

8）所用探头的类型、频率、尺寸、斜探头的角度等。

9）耦合剂的名称、牌号。

10）标准试块和对比试块的代号和名称。

11）被检部位及检测前的表面准备要求，可包括受检件的草图，并在图上标明各项要求。

12）校准方法，包括仪器、设备的各项调整要求。

13）扫查方式的要求。

14）缺陷评定方法的要求。

15）检测的标记和原始数据记录要求。

16）检测后的操作要求。

17）结果报告的要求。

18）规程编制者（Ⅲ级人员）的签名、规程批准者的签名。

从上面所列检测规程的各项内容来看，检测规程与方法标准相比，增加了验收标准、检测时机、仪器型号、探头型号、对比试块型号等与受检件情况和本单位情况关系更密切的内容。如在方法标准中规定仪器的性能要求，对探头的要求通常为较宽的频率范围和晶片尺寸范围，而在检测规程中，则可根据本单位情况写明仪器和探头的型号，但可以规定多个仪器、探头和辅助设备的型号。有些方法标准中规定了可选的不同超声检测技术（如水浸法或接触法均可采用），在检测规程中，则应根据本单位的情况规定一种适用的技术。

可见，检测工艺规程依据相应的检测方法标准编写，与方法标准相应的要求应是一致的，且其内容在很大程度上是相同的。针对这一情况，检测工艺规程的编写有两种不同的方式：一种是将方法标准的各项要求在检测规程中再次详细叙述，这种方式的好处是阅读检测

规程时不必再翻阅所依据的标准；另一种方式是把方法标准作为引用标准，在检测规程中只写明按照方法标准的哪一条进行操作，这种方式的优点是检测规程的形式较简明。

三、超声检测工艺规程示例

1. 适用范围

1）本规程适用于造船、修船、海洋工程及军工产品的船舶焊接焊缝的超声检测。

2）本规程适用于材料厚度不小于6mm的铁素体钢全焊透熔焊对接焊缝脉冲反射法手工超声波检测。

3）本规程不适用于铸钢及奥氏体不锈钢焊缝、外径小于ϕ159mm的钢管对接焊缝、内径小于ϕ200mm的管座角焊缝及外径小于ϕ250mm和内外径之比小于80%的纵向焊缝。

2. 引用标准

JB/T 4730—2005　承压设备无损检测。

JB/T 10062—1999　超声探伤用探头　性能测试方法。

JB/T 19799.1—2005　无损检测　超声检测　1号校准试块。

CB/T 3559—2011　船舶钢焊缝手工超声波检测工艺和质量分级。

GB/T 11345—1989　钢焊缝手工超声波探伤方法和探伤结果分级。

JIS Z 3060—2002　钢焊缝超声波探伤试验方法。

GJB A 64.1—1997　舰船船体规范　水面舰艇。

AWS D1.1—2001　美国焊接协会无损检验标准。

3. 检测人员

1）从事焊缝检测的检验者，应具有焊缝超声检测实践经验，并掌握一定的材料、焊接基础知识。

2）超声检测人员应具有国内外各船级社相互认可的Ⅱ级以上资格证书。

3）持有Ⅱ级以上资格证书的超声检测者，才能进行实际检测并签发检测报告。其资格证书必须在有效期内。

4. 检测仪、探头和系统性能

（1）检测仪　使用A型显示脉冲反射式检测仪，工作频率范围为1～5MHz，仪器配备衰减器或增益控制器，其精度为任意相邻12dB范围内误差在±1dB，步进级每挡不大于2dB，总调节量应大于60dB。水平线性误差不大于1.0%，垂直线性误差不大于5.0%。

（2）探头　探头参数选择如下：

1）探头规格型号应按JB/T 4730—2005标准的规定作出标志。

2）斜探头的公称折射角β为45°、60°、70°或K值为1.0、1.5、2.0、2.5。

3）折射角的实测值与公称值的偏差不大于2°。

4）探头频率通常使用2.5MHz或5MHz。

（3）系统性能　系统性能要求如下：

1）系统有效灵敏度必须比评定灵敏度大10dB以上。

2）斜探头远场分辨力$Z \geqslant 6$dB。

3）探伤仪、探头的系统性能，除灵敏度余量外，均按JB/T 9214—2010的规定方法进行测试。

4）超声探伤仪按标准规定，每三个月至六个月进行一次周期技术鉴定。

5. 检测用试块

1）对比试块应采用与被检工件相同或声学性能相近的材料制成，该材料用直探头检测，不得有≥ϕ2.0mm 平底孔当量直径的缺陷。

2）试块的制作应符合 GB/T 19799.1—2005 的规定。

3）试块一般采用 V1、V2、CSK-1A 以及与标准规定相对应的对比试块。

4）现场检测时，也可以采用其他形式的等效试块。

5）超声检测用标准试块应每年送计量部门进行一次检定。

6. 耦合剂及补偿

1）通常采用全损耗系统用油、浆糊、甘油和水等透声性好，且不损伤检测工件表面的耦合剂。

2）在现场检测和缺陷定量时，应对由工件表面粗糙度引起的能量损耗进行补偿（一般为 4～6dB）。

3）在现场检测和缺陷定量时，应对材料衰减引起的检测灵敏度降低和缺陷定量误差进行实测补偿。

7. 检测前的准备

（1）检测面　超声检测前，对检测面的要求如下：

1）探头扫查的区域范围内应无焊接飞溅物、氧化皮、油垢及其他杂质。被检测表面应平整光滑，便于探头移动扫查，表面粗糙度值 Ra 应不大于 6.3μm。探头移动区域应不小于 $1.25P$

$$P=2TK \text{ 或 } P=2T\tan\beta$$

式中　P——跨距（mm）；

T——母材厚度（mm）；

K——探头 K 值；

β——探头折射角。

2）探测区域的宽度应为焊缝本身宽度，再加上焊缝两侧各 10～20mm 的热影响区。

3）斜探头检测，通常使用一次反射法的半波程和全波程在焊缝的单面双侧进行探测。当材料厚度大于 50 mm 时，可采用双面双侧进行。

（2）仪器调整　根据不同的检测要求，将检测仪器作适当的调整。

1）在 CSK-1A 或 IIW 标准试块的 R100mm 处，测量探头入射点（探头前沿距离）。探头在 R100mm 处前后移动，找出示波屏上最高反射波这一点位置后，固定探头，则 R100mm 的零点处即为探头入射点。入射点到探头前沿的距离，即为探头前沿距离。

2）在 CSK-1A 或 IIW 试块上利用 ϕ50mm 圆弧面和 ϕ1.5mm 横孔实测探头的折射角。

3）探测范围调节　最大探测范围应调至荧光屏时基线满刻度的 2/3 以上，并根据委托通知单的被检材料厚度，选择合适 K 值的探头，在 CSK-1A、IIW 对比试块上进行时基扫描比例调节。

（3）绘制距离-波幅曲线　利用 CSK-IIA 试块测试距离-波幅曲线，评定线、定量线和判废线满足 JB/T 4730.3—2005 的相关要求。

（4）检测灵敏度　不低于评定线，扫查灵敏度在基准灵敏度的基础上提高 6dB。

（5）检测时机　检测面经打磨外观检查合格后方可进行。

（6）校验　每天检测工作前，应在对比试块上进行扫描时基线比例和距离-波幅曲线校验，校验点不少于2点。当发现与原测定曲线的误差超过±2dB时，应重新绘制。

8. 检测要点

1）根据驻生产车间检查员提出的超声检测申请单，检测人员应了解被探工件材质、结构、曲率、厚度、焊接方法、坡口形式、焊缝余高及背后衬垫沟槽等情况，做好检测前的技术准备。

2）检测扫查速度不应大于150 mm/s。探头应覆盖整个检测面并有10%的重叠。

3）斜探头扫查形式应前后、左右作锯齿形扫查，同时应作10°～15°的左右转动。

4）为准确定位定量缺陷形状，观察缺陷动态波形，区别缺陷信号，需采用前后、左右、转角、环绕四种基本扫查方式。

5）T形接头的检测要求如下：

①　腹板厚度不同时，选用不同的折射角。

②　采用折射角为45°（*K*1.0）的探头在腹板一侧采用直射法和一次反射法，可探测焊缝及腹板侧热影响区的裂纹。

③　探测腹板和翼板间未焊透或翼板侧焊缝下层撕裂状缺陷，可采用直探头或斜探头在翼板外侧检测。

9. 缺陷的测定

1）对所有缺陷反射波幅超过定量线的区域和指示长度，均要测长和定量定位。

2）缺陷指示长度的测定。当缺陷反射波幅只有一个高峰点时，采用半波高度法测长。当判断其是危害性缺陷时，在找出缺陷最高波幅峰值点后左右移动探头，直至缺陷波消失的绝对灵敏度法测长。当发现缺陷反射波峰值点起伏变化，有多个峰值点时，应采用端点半波高度法测长，或者用绝对灵敏度法测其指示长度。

3）当判定缺陷反射波可能是危害性缺陷时，应分别用两种*K*值和频率的探头从不同探侧面检测，并结合焊接工艺综合判定，或者辅助其他检测方法综合判定。

10. 产品质量等级

按各产品船东与验船师认可的检测位置布置图，提供的检测标准Ⅱ级验收。船用管系、压力容器参照实行。

1）在检测过程中，若发现危险性缺陷，应扩大探测扫查范围，直至缺陷波消失为止。

2）检测人员判定为危险性缺陷时，无论其缺陷反射波幅高低和尺寸大小，均作判废处理。

3）判定为超标的缺陷均应返修。修复后区域及热影响区域，必须按原检测条件进行重复检测和评级。

4）在探测过程中，应做好现场原始记录，必要时应绘制草图，并详细标记缺陷部位。

11. 检测记录和报告

1）检测记录卡应包括施工单位、工件名称、工件编号焊缝种类、坡口形式、材质、厚度、表面状况、执行规程、验收标准、仪器型号、频率、角度、耦合剂、对比试块、检测灵敏度、超标缺陷和评定记录、检测人员和日期等。

2）检测报告内容应包括工件名称、部件名称、工件编号、焊缝编号、检测方法、坡口形式、检测部位、检测仪器、探测灵敏度、探测范围、检测标准、缺陷状况、检测结论、检测人员及审核人员签字、检测日期及检测人员资格等。

3）检测记录和报告内容应全面明确，字迹清楚、整洁，并应及时发放检测报告。

4）检测报告、原始记录整理后存档，保存期不少于7年。

模块二　超声检测工艺卡的编制

知识目标

※了解工艺卡的形式及基本内容。

※基本具备编制零件超声检测工艺卡的能力。

一、超声检测工艺卡

超声检测工艺卡是叙述超声检测方法（或超声检测技术）对一个具体零件或一组类似零件实施检测所应遵循的详细要求的作业文件。超声检测工艺卡由相关方法的Ⅱ级以上资格人员根据超声检测规程或相关标准编制，其主要用途是为该具体零件的检测的实施提供准确的工艺指导，以保证检测实施的正确性，以及检测结果的一致性和可重复性。对于超声检测来说，针对零件的不同规格和外形，需考虑选择不同的检测工艺，因此，对于不同规格的同类工件，仍需编制各自的工艺卡。

在实际检测工作中，对于每一种或每一类型的受检件，均应对材料牌号、热处理状态、制造方法、表面状态、最大可能加工余量，影响其使用的不连续性缺陷种类及形成原因、最大可能取向及大小，受检部位的受力方向及验收要求等进行了解。而后，编写相应的超声检测工艺规程及工艺卡。超声检测人员应根据检测工艺卡内容实施检测，来保证产品质量。

二、超声检测工艺卡的内容及编制要求

超声检测工艺卡常编制成表格形式，其内容应至少包括：

1）所依据的检测规程或标准号。

2）（一个或一批相同的）被检材料或工件的名称、产品号（或批号）、被检部位以及检测前的表面准备。

3）验收标准。

4）指定的超声检测仪、探头、对比试块、耦合剂和辅助设备的规格、型号、编号。

5）所采用的超声检测技术。

6）校准要求的扫查方式。

7）对结果判断和数据记录的规定。

8）编制者（Ⅱ级或Ⅲ级人员）的签名。

与检测工艺规程相比，工艺卡的针对性更强，如所用的设备和器材均应指定型号甚至编号，检测面也应根据具体零件的图样以草图方式标明。调整仪器灵敏度用的对比试块的尺寸、人工缺陷的埋藏深度、每个检测面或探头的覆盖范围、检测深度范围等均应给出具体数值。此外，对于操作过程中对结果有较大影响的步骤，应给出具体要求。

三、超声检测工艺卡示例

下面举例说明锻件检测工艺卡的编制过程。

1. 锻件检测工艺卡

一高温合金轧制环形件，材料牌号为GH4169，尺寸与形状如图5-1所示。内、外径加工余量各为5mm，两端面加工余量为10mm。合同要求按GJB 1580A—2004的AA级进行验收，检测方法依据GJB 1580A—2004。

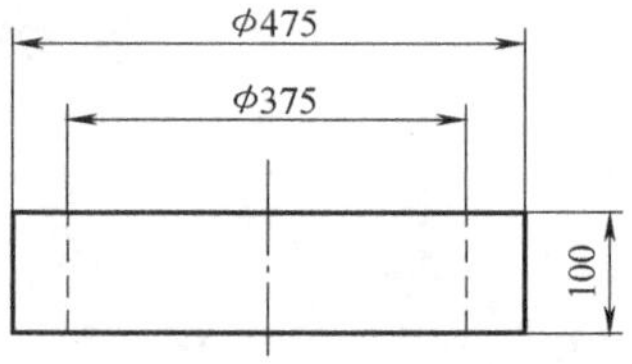

图5-1　锻件尺寸与形状示意图

表5-1是针对该锻件编制的检测工艺卡。其编制过程如下：

1）了解试件情况与检测要求，包括材料、规格、制造工艺（变形方向）、热处理状态、表面粗糙度、用途、受力方向、加工余量、要求检测的缺陷类型与部位、验收标准、依据的检测方法标准等，将相应情况填入工艺卡。

表5-1　锻件超声检测工艺卡

<table>
<tr><td>试件名称</td><td>高温合金轧环</td><td>材料牌号</td><td>GH4169</td><td>试件规格</td><td>外径φ475mm，内径φ375mm，高100mm</td></tr>
<tr><td>检测标准</td><td colspan="2">GJB 1580A—2004</td><td colspan="2">检测技术</td><td>纵波垂直入射法</td></tr>
<tr><td>检测灵敏度</td><td colspan="2">0.8mm平底孔</td><td colspan="2">传输修正</td><td>逐件实测</td></tr>
<tr><td>时基线调节</td><td colspan="5">1:1</td></tr>
<tr><td>仪器型号</td><td>CTS-23</td><td>探头</td><td>5P14</td><td>耦合剂</td><td>甘油</td></tr>
<tr><td>扫查方式</td><td>圆周面沿轴向扫查，端面沿径向扫查</td><td>最大扫查间距</td><td>5mm</td><td>扫查速度</td><td>不大于150mm/s</td></tr>
<tr><td>对比试块</td><td colspan="5">成套GH4169距离幅度试块，孔径为φ1.2mm和φ0.8mm，埋深范围为10～100mm</td></tr>
<tr><td>验收要求</td><td colspan="5">GJB 1580—2004AA级：
1）单个不连续性显示幅度超过φ1.2mm平底孔当量为不符合要求
2）多个不连续性指示，其中任何两个指示的中心距小于25mm而指示幅度超过φ0.8mm平底孔幅度，应属不符合要求
3）长条形不连续性指示，其幅度超过φ0.8mm平底孔幅度、长度超过12.7mm，应属不符合要求
4）背反射损失超过正常值的50%，应属不符合要求</td></tr>
<tr><td colspan="3">检测面和检测方向
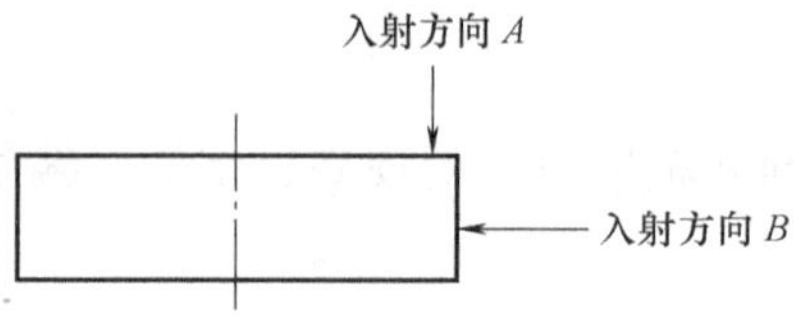</td><td colspan="3">检测区域
直径φ385～φ465mm，深度10～90mm
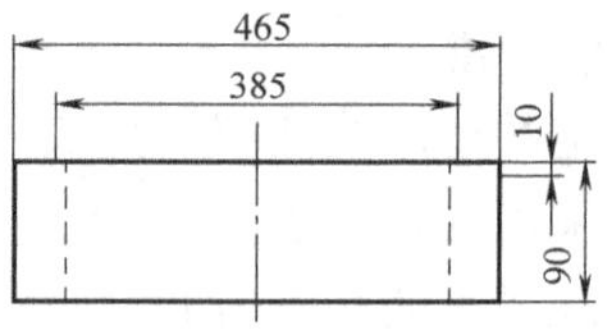</td></tr>
<tr><td colspan="6">记录与标记：
1）任何辐度大于φ0.8mm平底孔当量的不连续指示均应记录其幅度、埋深、指示长度和平面位置。
2）合格件和不合格件均应作出明显标记并分开存放。</td></tr>
<tr><td colspan="6">备注：</td></tr>
<tr><td>编制</td><td>×××</td><td>审核</td><td>×××</td><td>批准</td><td>×××</td></tr>
<tr><td colspan="2">年 月 日</td><td colspan="2">年 月 日</td><td colspan="2">年 月 日</td></tr>
</table>

2）选择检测方法、检测方向和检测面。该锻件由周向轧制而成，检测面可选为圆周面和端面，主要检测方向是圆周面的垂直入射检测。同时，考虑厚度（50mm）/高度（100mm）比大于1/3，需在圆周面和端面两个面进行垂直入射检测。因此，该锻件采用的检测技术为圆周面和端面的纵波垂直入射检测。

下面考虑是否需要从两个端面进行纵波检测的问题。总厚度为100mm的GH4169材料，单面穿透应不困难。再考虑加工余量为10mm的条件，采用适当的单直探头，上、下表面的分辨力通常也可以满足要求。因此，可以仅在一个端面进行检测。

此外，该锻件形状规则，如果具备有转台的水浸检测设备，则可采用水浸法进行检测。本例主要介绍接触法。

3）选择仪器、探头、耦合剂。仪器类型应适合于锻件检测，本例对仪器无特殊要求，普通仪器均可采用。

探头可选纵波直探头。根据该材料衰减不严重的特点，可选择5MHz、直径ϕ14mm的探头（如5*P*14），通常可以满足10mm近表面分辨力的条件，并可穿透100mm。

高温合金材料耐腐蚀，耦合剂材料的选择不需考虑防锈问题，因而可采用甘油，易于清洗。

4）选择扫查方式、扫查间距、扫查速度。

① 扫查方式。考虑冶金缺陷趋向于沿圆周方向延伸，圆周面沿轴向扫查，端面沿径向扫查。

② 扫查间距。因无有效声束直径的测量值，因此根据晶片直径粗略估算，要求扫查间距不大于晶片直径的1/2，取5mm。

③ 扫查速度。根据GJB 1580A—2004规定，手工目视操作，扫查速度不大于50mm/s。

5）调整仪器。

① 检测灵敏度为GJB 1580—2004AA级，要求检测的最小信号幅度相当于ϕ0.8mm平底孔。

② 传输修正。本例中需逐件实测后进行修正；若已知某锻件无需进行修正，可写明不适用。

③ 时基线调整。该锻件最大厚度为100mm，可采用1:1作为时基线调整比例。

6）对比试块。按GJB 1580—2004的AA级，应选用检测平面件的成套距离幅度试块，材料为与锻件相同的GH4169，孔径为ϕ1.2mm和ϕ0.8mm，埋深范围为10（上加工余量）~90mm或10~100mm。

7）图示。应在试件草图上标示出检测面、检测方向及检测区域。

8）记录、标记要求。要求记录的最低信号要求、记录的内容、合格品标记、缺陷的标记方式。

9）填写备注栏。可填写各栏目中未包括的特殊要求，如标准中未包括的评定方式、水浸法水距的调整等。本例中无特殊要求，可不填。

10）填写编制、审核栏目。编制应为Ⅱ级以上人员，审核应为Ⅲ级人员。

2. 焊缝检测工艺卡

现有一焊接试板，X形坡口，材质为Q235C，焊后未打磨余高。试板的厚度为22mm，焊缝两侧试板宽度各为250mm，焊缝上、下两面的宽度均为15mm。试板按GB/T 11345—

1989 标准中的 B 级进行检测，合格级别为Ⅱ级。

表 5-2 是针对该焊缝编制的检测工艺卡。工艺卡的编制过程如下：

表 5-2　焊缝超声检测工艺卡

试件名称	钢焊板	材料牌号	Q235C	试件厚度	22mm
坡口形式	X 形	焊接方式	焊条电弧焊	表面状态	余高未清除
检验标准	GB/T 11345—1989	检验级别	B 级	验收级别	Ⅱ级
仪器型号	CTS-23	探头型号	2.5*P*13×13*K*2	探头前沿	小于 12mm
探头 *K* 值	*K*2 探头	标准试块	CSK-IB	对比试块	RB-2
检测面	单面双侧	耦合剂	全损耗系统用油	表面补偿	4dB
检测区域	28mm	检测方法	横波斜入射	时基线调节	水平 1∶1
扫查方式	锯齿形扫查和焊缝两侧斜平行扫查			探头扫查区域	大于 110mm
最大扫查间距	不大于 13mm		最大扫查速度	不大于 150m/s	
检测灵敏度	纵向缺陷：评定线 $\phi3-16\text{dB}$ 横向缺陷：评定线 $\phi3-22\text{dB}$				

探头扫查区域

焊缝两侧 110mm 区域内，两探头串列式扫查

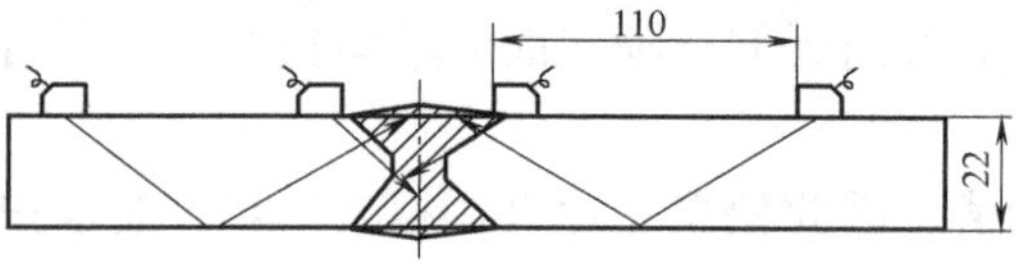

检测区域

焊缝两侧 28mm 区间内

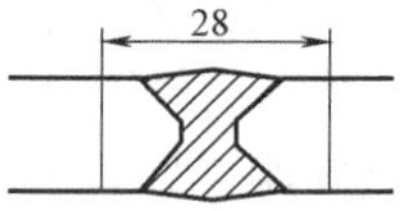

技术要求：

编制	×××	审核	×××	批准	×××
年　月　日		年　月　日		年　月　日	

（1）了解试件情况与检测要求　包括材料、规格、焊接工艺、坡口形式、热处理状态、表面状态、用途、受力方向、加工余量、要求检测的缺陷类型与部位、验收标准、依据的检测方法标准等，将相应情况填入工艺卡。

（2）检测方法　按横波斜探头直射法和一次反射法检测。

（3）检测面　检测面依据 GB/T 11345—1989 要求，B 级检测采用一种角度探头单面双侧检测，条件允许时，应探测横向缺陷，本例中焊缝结构无其他不适用条件。

（4）扫查方式　利用锯齿形扫查方式检测纵向缺陷，焊缝两侧的斜平行扫查检测横向裂纹。

（5）仪器　性能满足标准要求的常规超声检测仪，如 CTS-23 型。

（6）试块　选 GB/T 11345—1989 规定的标准试块 CSK-IB 和对比试块 RB-2。

（7）探头　斜探头频率选 2.5MHz，考虑使一次波加二次波能扫查到整个焊缝区域，计算 *K* 值为

$$K \geqslant \frac{a+b+l_0}{T} = \frac{15+15+l_0}{22}$$

若 $l_0 < 12\text{mm}$，可选择 *K*2 探头；否则，需选择 *K* 值为 2.5 或更大值的探头。

（8）耦合剂　检测钢板，耦合剂应避免生锈，可选全损耗系统用油。

（9）检测区域　检测区域的宽度为焊缝本身加两侧各相当于母材厚度的30%，最小10mm，最大20mm。本例中为15mm + 2 × 22mm × 30% = 28mm。

（10）探头扫查区域　探头移动区打磨宽度一般大于1.25P，$P = 2\delta K$。本例中为110mm。

（11）仪器时基线调节　要满足最大检测范围调至荧光屏时基线满刻度的2/3以上，本例中板厚为22mm，K2探头。按水平调节可为1:1，按深度调节可为2:1。

（12）检测灵敏度　对于纵向缺陷，按B级检测灵敏度，评定线为ϕ3 – 16dB；对横向裂纹的检测，各线均提高6dB，评定线为ϕ3 – 22dB。

（13）最大扫查间距和最大扫查速度　扫查间距要求相邻两次探头移动间隔至少有探头宽度10%重叠，设探头宽度为16mm，则移动间距应不大于13mm。

扫查速度按标准规定应不大于150mm/s，评定线为ϕ3 – 22dB。

（14）图示　应标明检测区域、打磨宽度。

（15）技术要求　这个栏目需填写的内容可灵活掌握，可包括一些特殊要求，如关于缺陷的测定和评价的特殊规定；对缺陷位置的标记规定；对被检件准备的特殊要求，如是否去余高等；关于检测记录和报告的特殊要求等。

模块三　超声检测工艺文件的管理

知识目标

※熟悉工艺文件的管理要求。

※会引用相关标准、技术文件、参考资料。

※掌握填写超声检测报告的方法。

超声检测相关的工艺文件应由相关部门派专人保管。

一、超声检测引用的相关标准、技术文件、参考资料

超声检测相关单位应配备如下技术文件，这些文件应该是最新的：

1）本单位相关的规范和指导性文件。

2）相关的国家或行业标准。常用的引用标准如下：

GB/T 12604.1—2005《无损检测术语　超声检测》。

GB/T 18694—2002《无损检测　超声检验　探头及其声场的表征》。

GB/T 1786—2008《锻制圆饼超声检验方法》。

GB/T 5777—2008《无缝钢管超声波检验方法》。

GB/T 2970—2004《厚钢板超声波检验方法》。

GB/T 11345—1989《钢焊缝手工超声波探伤方法和探伤结果分级》。

GB/T 19799.1—2005《超声探伤用探头　性能测试方法》。

JB/T 10063—1999《无损检测　超声检测　1号标准试块》。

JB/T 9214—2010《无损检测　A型脉冲反射式超声检测系统工作性能测试方法》。

二、检测过程控制和操作监督的相关文件

实施超声检测之前，需要向申请认可的机构对提供的各种服务出具书面的程序文件，包括检测前设备的调试和校验要求，制订检测作业指导书/检测规程，并保证按其进行检测；应保证仅在适宜的工作环境下，由合格的人员进行检测活动。另外，申请认可的机构应当验证所提供的服务是按照规定的程序执行，并有书面记录。这些书面记录也需要随检测报告一齐存档，以备查阅。

三、超声检测工艺规程、工艺卡或检测报告

1. 超声检测工艺规程

超声检测工艺规程实际上是具体贯彻检测标准的技术文件。结合产品检测要求，需要把几个检测方法写在一个规程中或者分开写几个规程。

超声检测通用工艺规程应根据相关法规、产品标准、有关的技术文件和 JB/T 4730—2005 的本部分的要求，并针对检测机构的特点和检测能力进行编制。超声检测通用工艺规程应涵盖本单位（制造、安装或检测单位）产品的检测范围。

超声检测通用工艺规程至少应包括以下内容：

1）适用范围。

2）引用标准、法规。

3）检测人员资格。

4）检测设备、器材和材料。

5）检测表面制备。

6）检测时机。

7）检测工艺和检测技术。

8）检测结果的评定和质量等级分类。

9）检测记录、报告和资料存档。

10）编制（级别）、审核（级别）和批准人。

11）制订日期。

2. 超声检测工艺卡

超声检测工艺卡是检测工艺规程进一步具体化的文件。

超声检测工艺卡应根据无损检测通用工艺规程、产品标准、有关技术文件和 JB/T 4730—2005 的本部分要求编制，一般应包括以下内容：

1）工艺卡编号。

2）产品名称，产品编号，制造、安装或检验编号，承压设备的类别、规格尺寸、材料牌号、材质、热处理状态及表面状态。

3）检测设备与器材：设备种类、型号、规格尺寸、检测附件和检测材料。

4）检测工艺参数：检测方法、检测比例、检测部位、标准试块或标准试样（片）。

5）检测技术要求：执行标准和验收级别。

6）检测程序。

7）检测部位示意图。

8）编制（级别）和审核（级别）人。

9）制订日期。

3. 检测记录（或报告）

检测记录（或报告）是按检测工艺卡要求对产品质量情况的评价文件。无损检测机构使用的报告格式应为上级单位接受的格式，并保留相应的记录。

检验记录的主要内容：工件名称，检验部位、编号、规格、表面情况，探伤方法、返修次数、检验规程、验收标准、合格级别；所使用的仪器、探头、耦合剂、试块、扫描比例、探伤灵敏度；所发现的超标缺陷及评定记录；检验人员资格，检测人员、审核（复评）人员评定结论以及相关标准中要求的内容，检验人员及审核人员签字及检验日期等。

检验记录和报告应至少保存 7 年。工件探伤后，要如实、认真地填写探伤报告，并提交给委托单位。焊缝超声检验报告的推荐格式见表 5-3。

表 5-3 焊缝超声检验报告

工程名称		工件名称		工件编号	
委托单位		被检单位		检测比率	
检测仪器		探头规格		耦合介质	
检验标准		验收等级		参考试块	

材质		材料厚度		坡口形式		焊接方法	

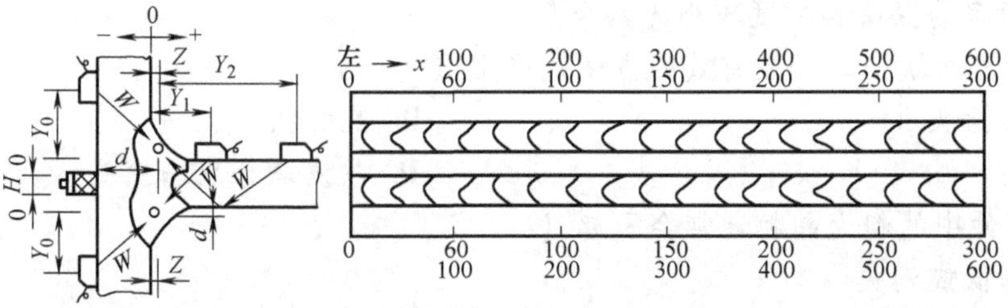

检查部位	焊缝长度 /mm	实测 β	缺陷位置					波幅区域	缺陷定量			判定
			X	Y	W	d	Z		范围	指示长度	总长 ΣL	

根部未焊透宽度边界点的测量结果： H——未焊透宽度

L——指示长度

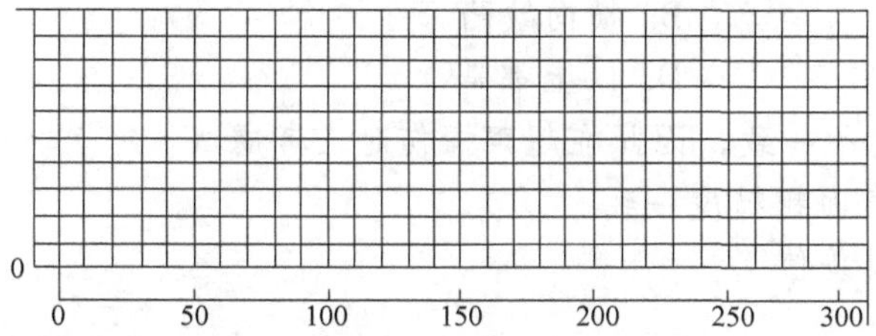

缺陷位置及评价				
X	H	L	ΣL	评定

技术审核		检验者	

【综合训练】

一、选择题

1. 厚板焊缝斜角探伤时，时常会漏掉（　　）。

A. 与表面垂直的裂纹　　B. 方向无规律的夹渣

C. 根部未焊透　　D. 与表面平行的未熔合

2. 焊缝斜角探伤时，荧光屏上显示的反射波来自（　　）。

A. 焊道　　B. 缺陷

C. 结构　　D. 以上全部

3. 规格为 ϕ83mm×14mm 的钢管对接环焊缝探伤时，采用的对比试块最好是（　　）。

A. IIW2 试块　　B. IIW1 试块

C. 实际工件试块　　D. 任何平底孔试块都可以

4. 与表面光滑的工件相比，检测表面粗糙的工件时，一般应采用（　　）。

A. 较低频率的探头和较粘的耦合剂

B. 较高频率的探头和较粘的耦合剂

C. 较高频率的探头和粘度较小的耦合剂

D. 较低频率的探头和粘度较小的耦合剂

5. 检测近表面缺陷时，最有效的方法是采用（　　）。

A. 可变角探头　　B. 直探头

C. 斜探头　　D. 收发联合双晶探头

6. 金属零件中的粗大晶粒通常会引起（　　）。

A. 底波降低或消失

B. 较高的杂波

C. 超声波的穿透力降低

D. 以上都是

7. 检测形状复杂的锻件的最好方法是（　　）。

A. 用带有经校准的衰减器和 C 扫描记录仪的探伤仪对精加工锻件进行液浸自动探伤

B. 锻造前对锻坯进行检测，精加工后再对形状许可的部位进行检测

C. 对成品件进行手工接触法检测

D. 锻造前对锻坯进行自动液浸检测

8. 斜探头在磨平的焊缝上进行扫查，主要用于检测（　　）。

A. 纵向缺陷　　B. 横向缺陷

C. 表面缺陷　　D. 以上都是

9. 由于工件表面与试块的表面粗糙度不一致，因此在超声探伤时应考虑（　　）。

A. 通过机械加工使工件表面与试块表面粗糙度一致

B. 补偿因表面耦合损耗而引起的分贝差值

C. 采用润滑脂做耦合剂

D. 以上都不是

10. 锻件中，非金属夹杂物的最可能取向是（　　）。

A. 与主轴线平行　　B. 与副轴线平行

C. 与锻件流线一致　　D. 与锻件流线约成45°角

二、判断题（正确的打"✓"，错误的打"×"）

1. 焊缝中的裂纹都是在焊液冷却凝固过程中产生的，焊接终了之后就不会再发生，因此在焊缝冷却到室温时即可进行超声检测。（　　）

2. 用直探头探测同一缺陷，探头直径增大时，缺陷波增高，底波高度也会增高。（　　）

3. 由于铸件中的缺陷主要产生在浇冒口部位，因此在铸件的超声检测中，检测的重点应放在浇冒口部位，其他部位可以不检查或作一般性检查。（　　）

4. 较薄钢板采用底波多次法探伤时，如出现"叠加效应"，说明钢板中缺陷尺寸一定很大。（　　）

5. 用双晶直探头对平面工件探伤时，最好的操作方法是使隔声层垂直于探头扫查方向。（　　）

6. 焊缝的超声检测一般应在外观检查合格之后进行。（　　）

7. 电渣焊焊缝的超声检测在焊缝冷却至室温之后即可进行。（　　）

8. 使用窄脉冲宽频带探头可以提高近表面缺陷的探测能力。（　　）

9. 在锻件的超声检测中，选择探测面的一个很重要的原则是：应从互相垂直的两个方向上作100%的扫查。（　　）

10. 管子的超声检测只能采用水浸聚焦探伤法，不宜采用斜探头接触法。（　　）

11. 用AVG方法进行定量评定时，不考虑材质衰减的缺陷定量结果比考虑材质衰减的缺陷定量结果偏小。（　　）

三、问答题

1. 超声检测工艺标准、规程和工艺卡之间有什么关联？有什么区别？

2. 编制超声检测工艺规程需要考虑哪些因素？

3. 超声检测工艺卡有什么作用？

4. 结构件超声检测工艺方案编制。

根据图5-2所示结构特点，编制焊缝超声检测工艺方案，要求全面检出构件焊缝的内、外部缺陷，按技术要求制订探伤工艺规程、工艺卡。可提供条件如下：

（1）设备　超声检测仪及器材——自选。

（2）检测人员　取得Ⅰ、Ⅱ、Ⅲ级资格证书的各类无损检测人员。

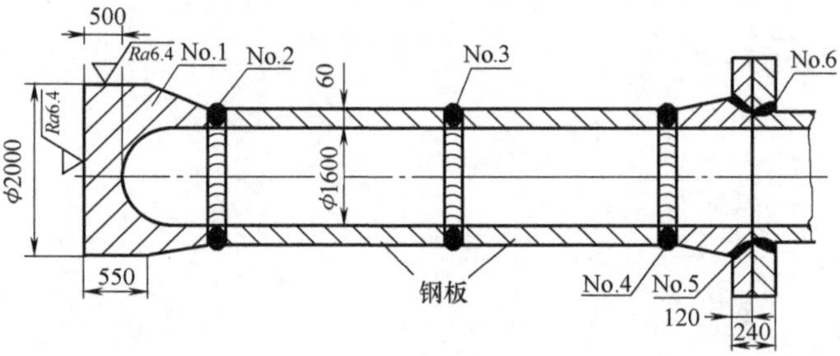

图　5-2

（3）产品技术条件　所有焊缝按JB/T 4730—2005标准B级要求，不允许存在的缺陷按该标准中Ⅱ级之规定。

（4）工艺要求提示

1）根据检测对象与目的选择适宜的探伤设备与探头，提出需测定的性能指标。

2）按需要选择标准试块、耦合剂等辅助器材。

3）确定检验程序。

4）确定检测条件，如频率、探伤方法与探测方位、定位与定量的依据和方法、扫查方式与扫查范围等。

5）明确验收标准。

6）记录、报告的要求。

7）编制检测工艺卡。

第六单元　超声检测实验

实验一　超声检测仪的使用

一、实验目的

1）通过实验使学生熟悉超声检测仪的基本原理。
2）掌握超声检测仪各个旋钮的名称、功能和使用方法。
3）了解超声检测仪的使用规范。

二、实验设备和器材

1）超声检测仪。
2）直探头和斜探头。
3）耦合剂为全损耗系统用油。
4）试块和试件。

三、实验内容

1. 超声检测仪的工作原理

超声检测仪是专门用于超声检测的一种电子仪器，它的作用是产生电脉冲并施加于探头使其发射超声波，同时接收来自于探头的电信号，并将其放大处理后显示在荧光屏上。

超声检测仪种类繁多，它们的原理和使用场合也各不相同。这里主要介绍机械行业中常用的单通道脉冲反射式超声检测仪的工作原理。A 型脉冲反射式超声检测仪的基本电路方框图如图 6-1 所示，主要由同步电路、时基电路（即扫描电路）、发射电路、接收电路、探头和示波管电路、时标电路等几部分组成，其工作原理简述如下。

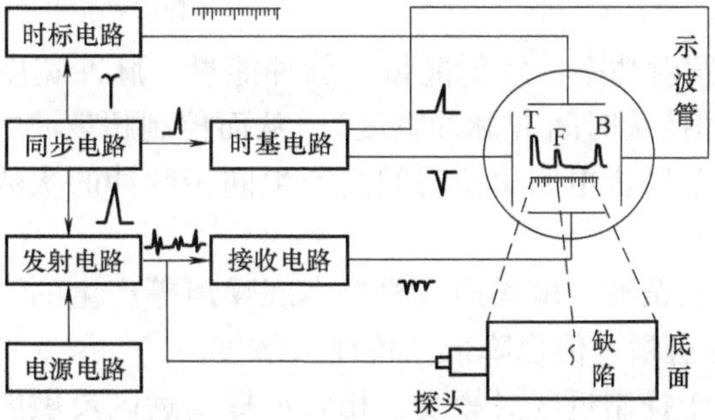

图 6-1　A 型脉冲反射式超声检测仪的基本电路方框图

同步电路产生周期性的同步脉冲信号，同步脉冲信号的作用是控制发射电路、时基电路等步调一致地工作。当稍加延迟后的同步信号反馈至发射电路时，发射电路立刻产生一个上升时间很短、脉冲很窄、幅度很大的电脉冲——发射脉冲。发射脉冲加到探头上，激励探头产生脉冲超声波，超声波透过耦合剂射入工件。在工件内部传播的超声波，当其遇到工件界面或缺陷时，即产生反射。反射波经探头接收后转变为电脉冲，电脉冲经放大器放大（检波）后送至示波管 y 轴进行显示。另一方面，当同步脉冲反馈至时基电路时，时基电路立刻产生一个线性较好的锯齿波，锯齿波加到示波管 x 偏转板上，产生一个从左至右的水平扫描线，即时基线。扫描光点的位移与时间成正比。因此从示波管荧光屏上反射波信号的位置，即可确定超声波传至工件底面或缺陷处的距离。荧光屏上显示的波高与探头接收到的超声波声压成正比，故可根据反射波波高对缺陷定量。

2. 各旋钮的作用

【电源开关】——用以接通电源。

【电源指示灯】——用以表示电源接通。

【延迟扫描】——利用延迟电路把同步脉冲信号延迟一段时间再触发时间扫描电路的工作状态，使时间扫描滞后于发射脉冲一段时间，延迟量可用延迟调节旋钮调整。这种方式除了可用于展宽回波波形以便于观察分析外，主要用于水浸法（超声波探头与被检工件的探测面之间有一定厚度的水层存在，探头发出的超声波经过水层后才进入被检工件）的超声检测方式，利用延迟功能，可以把超声波在水层中的传播时间移出显示屏外，以界面回波为起始，从而可以充分利用显示屏的显示面积，获得较大的监视观察范围。

【辉度】——调节示波管电子束的发射强度，控制示波屏上时基线与波形的显示亮度，使其适合观察。

【聚焦】——用于调节示波管电子束的聚焦程度，使示波屏上的时基线与波形清晰以便于观察评定。

【垂直调节】——使时基线在示波屏上作上下移动以达到适合观察的位置。

【水平调节】（又称“零点”或“零位调节”）——使时基线在示波屏上左右移动以达到适合观察的位置。

【增益】（又称灵敏度旋钮）——包括步进分挡式的定量增益旋钮（以分贝为计量单位）和连续可调的非定量增益旋钮（多用作增益微调）。

【衰减器】——包括粗调（多以 6dB、10dB 或 12dB 步进分挡）和细调（0.5dB、1dB 或 2dB 步进分挡）。调节接收放大电路的放大倍数，利用衰减器定量控制接收信号的幅度大小。

【发射强度】（又称发射功率、发射能量、脉冲能量、脉冲宽度等）——调节发射电脉冲的幅度（发射电压）和持续时间（脉冲宽度），从而控制超声波的辐射功率。

【重复频率】——调节同步电路单位时间内产生同步脉冲的次数，从而控制单位时间内发射超声脉冲的次数。

【抑制】——用于抑制杂波、电噪声及材料本底噪声等产生的不必要的干扰信号，以提高信噪比和使波形显示得清晰，但也降低了检测灵敏度。

【深度补偿】——用于抑制近区灵敏度，相对地提高远区灵敏度，以提高分辨力和减小有效探测盲区。

【深度】（扫描范围）——分为粗调与细调，前者为分挡型，后者为连续调整型。相邻分挡范围可以相互覆盖。

【延迟】——用于调节同步脉冲触发信号在时基电路中延迟量的大小。

【标记】——利用标记旋钮调节其在时基线上的位置，用作探测距离或某个回波位置的标志点。

【闸门起位】——调节报警闸门（矩形波）前沿（即监视起点）在显示屏时基线上的位置（称为闸门起始位置）。

【闸门宽度】——调节报警闸门（矩形波）的宽度，即调节监视报警区域的大小。它与闸门起位旋钮配合调节，可把报警闸门设置在检测要求监视的区段。

【报警灵敏度】（报警电平、报警阈值）——调节驱动报警装置的电平阈值，一旦监视信号达到、超过或低于所预设的电平阈值，即能触发报警装置、记录装置或喷标装置动作。

【报警】——检测仪上用于接通报警电路的开关。

【报警输出】——有的超声检测仪除了在仪器内设有内报警装置（如蜂鸣器、指示灯）外，还可以把报警信号输送给外部报警装置（如电铃、外部记录仪、喷标装置等），因此设有输出接口。

【进波报警和失波报警、界面跟踪选择】——有些超声检测仪的报警功能既能在监视信号等于或高于某一电平时报警（称为“进波报警”），也能在监视信号等于或低于某一电平时报警（称为“失波报警”），还可以自动跟踪水浸检测时的界面回波，因此设有报警方式选择开关。

【分辨力】（分辨率）——可以变换检波后单向脉冲包络波形前沿和后沿的斜率以提高检测分辨力（区分两个相邻但不连续的缺陷回波信号的能力）。

【工作频率】——根据超声波检测的工作频率选定。

【标尺】（刻度板照明开关）——控制示波管屏面刻度板照明。新型的数字化超声波探伤仪使用的是液晶显示器，则具有背光开关，用以控制显示屏的背景光。

【探头选择】——探头工作模式选择的转换开关，这里指的是选择单探头（兼顾发射、接收功能于一体）或双探头（一发一收）的工作方式。

在双探头工作方式时，发射电路与接收放大电路之间是断开的（一发一收），发射脉冲不会直接进入放大器，因而不会有阻塞现象发生，不过，由于发射探头的插座与接收探头的插座相邻，因此仍会有一定的感应信号，但影响很小。

四、实验步骤

1. 实验指导

1）指导教师讲解超声检测仪使用注意事项。

2）指导教师借助实验设备讲解超声检测仪的工作原理和各旋钮的功能。

2. 学生练习

1）将超声检测仪、探头、电源线等正确连接，组成超声检测系统。

2）依次开启总电源、超声检测仪电源，观察、记录仪器显示屏上的显示情况。

3）将直探头置于涂有耦合剂的CS-Ⅰ型试块上，并对准试块下面的中心孔（斜探头可选用CSK-ⅠA试块，对准R100mm的圆弧面）。

4）调节超声检测仪的衰减器、深度旋钮，观察、记录显示屏上回拨的高度、水平位置的变化，并分析其原因。

5）在仪器和探头不作调整的情况下，将试块换成同类型不同高度的试块（斜探头可换做探测 CSK-ⅠA 试块上的 ϕ50mm 孔），再次观察、记录显示屏上回波的变化，并分析其原因。

五、思考题

1）什么是缺陷波和底波？在超声检测时，怎样识别缺陷波？

2）超声检测仪的深度粗调和细调旋钮的功能有何异同？

实验二 水平线性和垂直线性测定

一、实验目的

1）了解超声检测仪的水平线性、垂直线性的含义和物理意义。

2）掌握超声检测仪的水平线性、垂直线性的测定方法。

二、实验设备和器材

1）直探头。

2）CSK-ⅠA 试块。

3）CS-Ⅰ型 5 号试块。

4）超声检测仪。

5）全损耗系统用油少许。

三、实验内容

实验原理：超声检测仪的水平线性是指发射体在工件中的实际距离与它在显示屏上对应回波的水平刻度值成正比例的程度。一般用水平刻度的最大误差值占整个测量范围的百分比来描述。超声检测仪的垂直线性是指反射体的回波声压与反射体在显示屏上对应的回波高度值成正比例的程度。一般用回波高度与理论高度的差值来反映。

1）超声检测仪水平线性测定。

2）超声检测仪垂直线性测定。

四、实验步骤

1. 水平线性测定

1）将检测仪“深度粗调”旋钮置于被测深度挡级；将探头置于抹有全损耗系统用油的 CSK-ⅠA 试块上，如图 6-2 所示。

2）调节“增益”、“深度细调”和“水平”旋钮，使示波屏上出现五次底波 $B_1 \sim B_5$，并使 B_1 和 B_5 前侧分别对准水平刻度 2.0 和 10.0，然后依次将 B_2、B_3、B_4 调至 80% 高，并记录其前沿与水平刻度 4.0、6.0、8.0 的偏差 L_2、L_3、L_4，如图 6-2 所示。

3）设其中（L_2、L_3 和 L_4）最大偏差为 L_{max}，水平全刻度值为 B，利用公式

$\Delta L=(|L_{max}|/0.8B)\times 100\%$ 计算水平线性误差 ΔL。

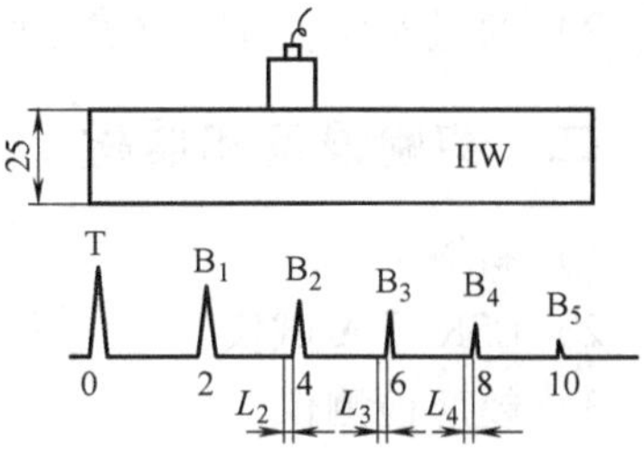

图 6-2　超声检测仪水平线性测定

2. 垂直线性测定

1）将检测仪“抑制”旋钮置于“关”，“深度粗调”旋钮置于被测深度挡级。

2）将探头置于 CS-Ⅰ型 5 号试块上，以全损耗系统用油做耦合剂，探测平底孔。调节“增益”和“衰减器”旋钮，使平底孔反射波幅恰为垂直刻度的 100%（但不饱和），且使衰减器至少有 30dB 的余量。

3）设垂直刻度的 100% 波高为 $L_{总}$，衰减 ΔdB 时的相应理论波高为 $L_{理}$，按 $\Delta dB=20\lg L_{总}/L_{理}$ 求出 $L_{理}$ 波高理论值，填入表 6-1 中。

表 6-1　垂直线性误差测试记录

衰减量/dB	0	2	4	6	8	10	12	14	16	18	20	22	24	26
波高理论值（%）	100	79.4	63.1	50.1	39.8	31.6	25.1	20.0	15.8	12.5	10.0	7.9	6.3	5.0
波高测定值（%）														
偏差（%）														

4）调节衰减器，依次记下每衰减 2dB 时孔反射波高幅度的百分数，直至衰减到 26dB，将波高测定值记入表 6-1 中。

5）计算出波高测定值与相应的理论值的正、负偏差。设最大正偏差为 $d+$，最大负偏差为 $d-$，则垂直线性误差 Δd 为

$$\Delta d=|d+|+|d-|$$

五、思考题

1）从实验中总结出水平线性、垂直线性的含义。

2）水平线性和垂直线性误差对超声检测有什么影响？

实验三　斜探头性能测试

一、实验目的

1）通过实验使学生掌握斜探头的主要性能及测试方法。

2）通过实验使学生了解斜探头的主要结构及其使用方法。

二、实验设备和器材

1）斜探头。

2）CSK-ⅠA 试块。

3）超声检测仪。

4）全损耗系统用油少许。

三、实验内容

实验原理：斜探头的性能指标主要有入射点、K 值、声轴偏斜角。入射点是指探头发射超声波的发射点，主要通过测量前沿距离（探头前端与入射点之间的距离）来测定。K 值是斜探头折射角的正切值。声轴偏斜角是指斜探头水平截面内声轴的偏斜程度。

1）测定斜探头的入射点。

2）测定斜探头的 K 值。

3）测定斜探头的声轴偏斜角。

四、实验步骤

1. 斜探头入射点的测定

1）将斜探头放在 IIW 试块上，如图 6-3 所示 A 位置，探测 R100mm 圆柱曲底面。

2）移动探头，当 R100mm 圆柱曲底面回波达最高时，斜楔底面与试块圆心的重合点就是该探头的入射点。用钢直尺量出距离 M，这时探头的前沿距离为

$$l_0 = 100 - M$$

注意：试块上 R 应大于钢中近场区长度 N，因为近场区内轴线上的声压不一定最高，测试误差较大。

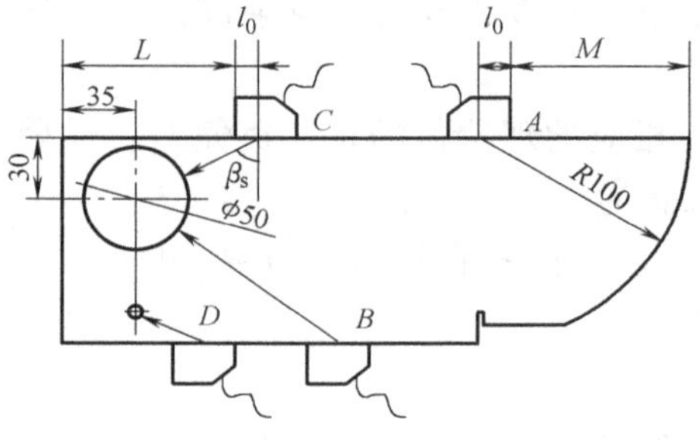

图 6-3 入射点和 K 值测定

2. 斜探头 K 值的测定

1）将斜探头放在 IIW 试块上，如图 6-3 所示 C 位置，探测 ϕ50mm 通孔。

2）移动探头，当 ϕ50mm 通孔的回波达最高时，用钢直尺量出距离 L，这时探头的 K 值为

$$K = \tan\beta_s = \frac{L + l_0 - 35}{30}$$

注意：当探头折射角 β_s 为 35°～60°（$K=0.7\sim1.73$）时，探头置于 B 位置；当探头折射角 β_s 为 60°～75°（$K=1.73\sim3.73$）时，探头置于 C 位置；当探头折射角 β_s 为 75°～80°（$K=3.73\sim5.67$）时，探头置于 D 位置。

测定探头的 K 值或 β_s 也应在近场区以外进行。因为近场区内，声压最高点不一定在声束轴线上，测试误差较大。

3. 斜探头声束偏离角的测定

如图 6-4 所示，将探头对准试块棱边，移动并转动探头，找到棱边最高回波，这时探头侧面平行线与棱边法线夹角 θ 就是主声束偏离角。当 $K>1$ 时，用一次波测定；当 $K\leqslant1$ 时，一次波声程短，往往在近场区内，测试误差大，须用二次波测定。

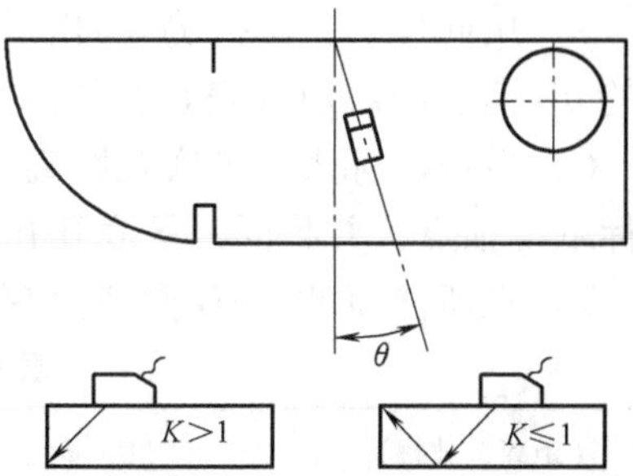

图 6-4　斜探头声束偏离角的测定

五、思考题

1）斜探头的 K 值在使用过程中有变化吗？如果实验中 CSK-ⅠA 试块上无 K 值读数，怎么测定斜探头的 K 值？

2）斜探头的 K 值、声束偏离角、入射点有误差时，对超声检测有何影响？

实验四　AVG 曲线的绘制

一、实验目的

1）掌握 AVG 曲线的含义和其在实际超声检测中的意义。
2）熟悉 AVG 曲线的绘制方法。
3）掌握 AVG 曲线的应用。

二、实验设备和器材

1）CSⅠ型试块。
2）直探头。
3）超声检测仪。
4）坐标纸。
5）耦合剂（全损耗系统用油）。

三、实验内容

1）绘制直探头超声检测 AVG 曲线。
2）总结如何准确绘制 AVG 曲线。

四、实验步骤

1）在 CSⅠ型 1 号试块上抹全损耗系统用油做耦合剂。

2）将超声检测仪的深度旋钮置于适当挡级，接上探头探测试块上的平底孔。

3）移动探头使平底孔回波幅度最高。调节“增益”、“衰减器”旋钮使平底孔回波幅度为荧光屏满刻度的80%，记下此时衰减器读数 dB_1 和相应平底孔的深度 h_1。

4）按照步骤3分别探测2号、3号、4号、5号试块上平底孔（其他旋钮不动，仅调节“增益”、“衰减器”旋钮，使平底孔回波幅度都达80%高），并记下每一次衰减器的读数 dB_2、dB_3、dB_4、dB_5 和相应平底孔深度 h_2、h_3、h_4、h_5，并填入表6-2中。

5）用同样的方法探测6号、7号……26号试块中的平底孔和距离不同的大平底，把相应的dB值和距离填入表6-2中。

6）以横坐标表示平底孔距离 h，纵坐标表示衰减器读数dB值，利用上面测得的数据在坐标纸上描点，并将同一平底孔孔径的坐标点光滑连接成曲线，即得AVG曲线。

7）在所测得的AVG曲线上写上所用的超声检测仪、探头型号。

表6-2　直探头的AVG曲线绘制

（距离，波幅）	ϕ_2	ϕ_3	ϕ_4	B
（h_1，dB_1）				
（h_2，dB_2）				
（h_3，dB_3）				
（h_4，dB_4）				
（h_5，dB_5）				

五、思考题

1）为什么在AVG曲线图上必须标明所用仪器和探头的型号？

2）AVG曲线有哪些用途？

实验五　锻件的超声检测

一、实验目的

1）掌握正确选择和调节直探头探伤扫描速度的方法。

2）掌握正确调节直探头探伤灵敏度的方法。

3）掌握缺陷定位和定量的方法。

二、实验设备和器材

1）仪器：CTS-22型超声检测仪。

2）探头：2.5P20Z或2.5P14Z。

3）试块：CSK-ⅠA或IIW，CS-Ⅱ型试块等。

4）工件：锻件。

5）耦合剂：全损耗系统用油。

三、实验内容

1）扫描速度和灵敏度调节。

2）锻件的超声检测。

四、实验步骤

1）根据提供的锻件的最大探测厚度调节扫描速度 1∶n。

2）利用绘制的 AVG 曲线调节 ϕ2 探伤灵敏度。

① 从 AVG 曲线图上找出与工件厚度对应的底波和 ϕ2mm 平底孔回波高度差 Δ。

② 将直探头置于涂有全损耗系统用油的工件上，移动探头找到工件的底波并调至显示屏的 80% 高。

③ 将超声检测仪的衰减器读数减小 Δ，ϕ2 灵敏度即为调好。

3）固定“衰减器”“增益”旋钮，探头在探测面扫查探测。发现缺陷后，前后、左右移动探头找到最高回波，并用“衰减器”旋钮调至基准高 80%，记录缺陷波前沿正对的水平刻度值 τ_f 和缺陷波达基准高时衰减器对应的 dB 值。

4）根据调节好的扫描速度 1∶n，则缺陷至探测面的距离 $x_f = n\tau_f$。

5）根据缺陷的距离 x_f 和衰减器所对应的 dB 值，在所绘制的 AVG 图中查出缺陷的当量尺寸。

五、思考题

1）超声检测锻件时，调节灵敏度的方法有哪些？如何调节？

2）分析本实验过程，总结影响缺陷定位和定量精度的因素。

实验六　焊缝的超声检测

一、实验目的

1）掌握按深度或水平距离调节横波扫描速度的方法。

2）掌握横波检测时灵敏度的调节方法。

3）掌握对接焊缝检测时缺陷定位和定量方法。

二、实验设备和器材

1）仪器：CTS-22 型或 CTS-26 型超声检测仪。

2）探头：2.5P12K2 或 2.5P14K2 型探头。

3）试块：CSK-ⅠA、CSK-ⅡA 或 CSK-ⅢA 型试块。

4）耦合剂：甘油、全损耗系统用油或浆糊。

5）焊接试样。

三、实验内容

1）调节焊缝超声检测的扫描速度和灵敏度。

2）焊缝的超声检测。

四、实验步骤

1）清理焊缝的检测区域。

2）按深度1∶10调节扫描速度。

3）调节检测灵敏度（二次波检测）。在绘制好的距离-波幅曲线图中查出与2倍焊缝厚度对应的测长线分贝值Δ，调节超声检测仪的衰减器，使读数为Δ。

4）扫查探测。探头分别置于焊缝两侧作锯齿形扫查，找出缺陷回波。

5）将缺陷波高调节至基准波高，记录此时的缺陷波前沿刻度值τ和衰减器读数Δ。

6）利用扫描速度和τ值计算缺陷的位置。

7）利用求出的缺陷位置和Δ值，查出缺陷在距离-波幅曲线中的位置。

五、思考题

1）如何按水平距离法调节扫描速度？

2）分析本实验过程，总结影响缺陷定位和定量的因素。

附录 A 数字式超声波探伤仪焊缝探伤实例

本附录以汉威牌 HS616e 型数字机（附图 1）为例，介绍数字式超声探伤焊缝的方法。

1. 斜探头横波自动校准

1）连接探头与仪器，检测 CSK-IA 试块的 *R*50mm 和 *R*100mm 圆弧面，如附图 2 所示。

2）按【参数】键进入参数列表，按【←】、【→】键将光标移动到探头类型栏，按【确认】键将探头类型改为斜探头。按【参数】键，返回探伤界面。

3）按【自动调校】键进入自动校准功能，此时回波显示区的右上角显示“自动校准”字样，依次滚动出相关校准参数。相关校准参数滚出后按【确认】键进入，按【←】、【→】键或左右调节旋钮输入该参数的数值，然后按【确认】键进入下一个校准参数。

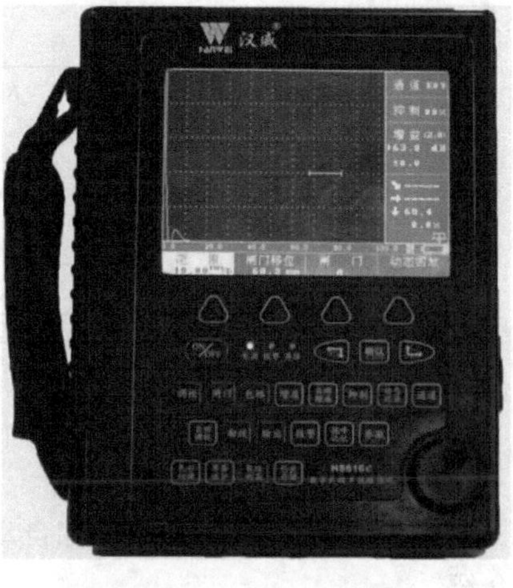

附图 1 HS616e 型数字机

4）输入相关的校准参数后，仪器通过计算处理相关参数，并且将检测范围改为输入的终止距离。根据输入的起始距离和终止距离计算出闸门的起始位置，如附图 3 所示。

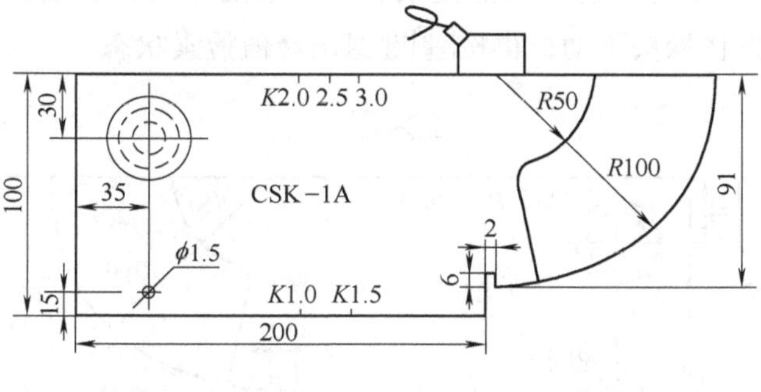

附图 2 检测 *R*50mm 和 *R*100mm 圆弧面

5）将斜探头放置在 CSK-IA 试块的 *R*50mm 和 *R*100mm 的圆心处，来回移动探头，直到 *R*50mm 和 *R*100mm 的反射回波同时出现在波形显示区内。此时小范围移动找寻 *R*100mm 弧

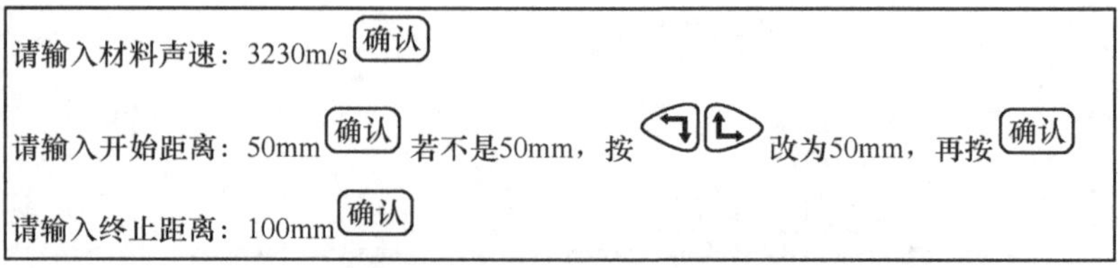

附图3　闸门起始位置计算

面的最高反射回波，并使 $R50$mm 弧面的反射回波大于或等于屏幕垂直刻度的 10%，再按【自动调校】键或者【确认】键开始自动校准。校准完毕之后，滚动出提示信息“自动校准完毕！”

6）校准完毕后手仍固定探头不动，用钢直尺测量探头前端到 CSK-IA 试块 $R100$mm 端边的距离 x（附图4），$100-x$ 所得到的数值就是探头的前沿距离 l_0。打开参数界面，将“探头前沿”改为实测值 l_0。

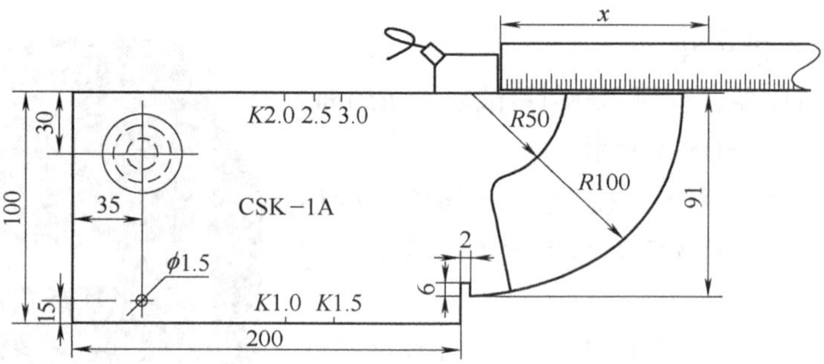

附图4　测量距离 x

2. 斜探头 K 值的测量

该设备设有手动测试 K 值和自动测试 K 值两种方式，下面以自动测试 K 值方式为例进行介绍。

1）按【调校】键，将范围调整到合适的值。如附图5所示，将探头放置在试块上，使得 $\phi50$mm 孔的回波在显示区内。按【←】、【→】键使闸门锁定此回波，将波高调节到 80% 左右（利用自动增益功能）。按【波峰记忆】键进入峰值搜索状态，前后移动探头使得回波达到最大波幅。达到了最大波幅时，按住探头不动，再按【波峰记忆】键退出峰值搜索状态。

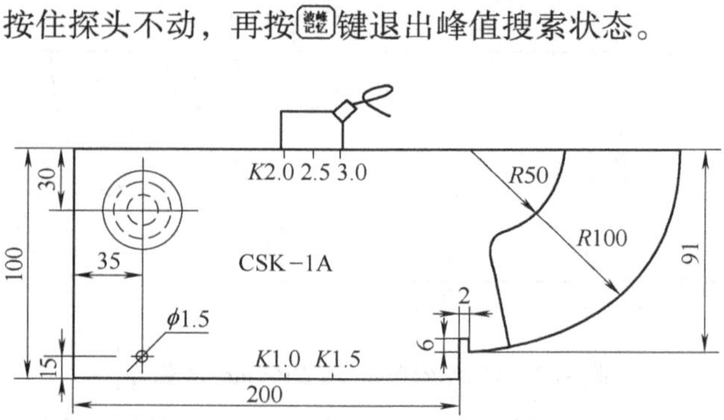

附图5　测量 K 值示意图

2）按与 K 值对应的△键，仪器弹出提示，按附图 6 设置参数。

请选择K值测试方式：手调按↰↳键改为自动，[确认]

请输入测试孔孔径：50mm [确认]

请输入测试孔深度：30mm [确认]

附图 6　相关参数设置

3）此时如果已找到该测试孔的最高回波，则按[确认]键自动计算 K 值，并在屏幕下方出现提示：“所测 K 值为：X. XX”。再按[确认]键退出自动 K 值测量状态，仪器自动将所测 K 值保存到参数中。为使测量值尽可能接近真实值，可以多测几次 l_0 和 K 值求其平均值。

3. 距离-波幅曲线的制作

1）按[曲线]键，再按其子菜单中“制作”功能相对应的△键，滚出提示信息“请用闸门锁定测试点!”，信息消失后“制作”变为“闸门移位”，此时按其对应的△键可对“闸门移位”和“范围”两种功能进行切换。在回波显示区的右上角显示当前的测试点，且测试点后面的数字闪动，如附图 7 所示。

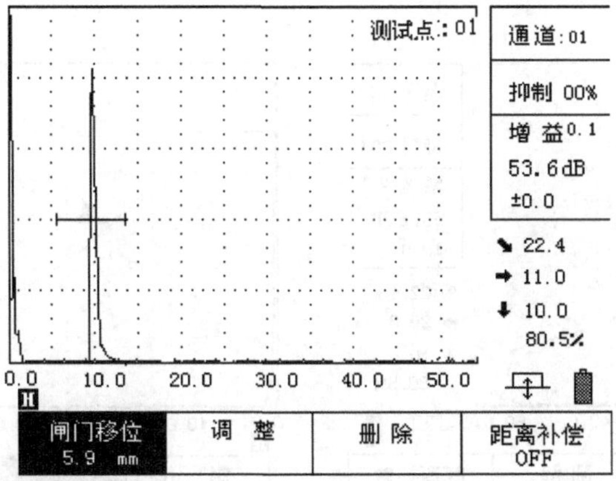

附图 7　显示测试点

2）选择测试点。将探头放置在 CSK-IIIA 试块上，如附图 8 所示，对准第一个测试孔（10mm 深的孔），移动探头直到找出最高波回波。使用↰、↳键移动闸门锁定此回波，按住[自动增益]键把该回波的幅度调到 80% 左右；然后按[波峰记忆]键锁定闸门内的最大回波（测试点后面的数字固定不闪烁时，表示已锁定回波），再按[确认]键，完成该点的测试。此时显示的测试点后的序号自动向后顺延并闪烁，表示进入下一个测试点的采样。按照上面的步骤锁定下一个测试点（深度为 20mm、30mm、40mm……），依照以上方法逐点采样。制作距离-波幅曲线的测试点最少选择 2 个，最多有 10 个测试点可供选择。选择完测试点后，在新的测试点序号闪烁时，直接按[确认]键结束测试。同时，仪器将刚才选择的测试点自动连成一条平滑的曲线，如附图 9 所示。

附录

3）曲线的调整。按曲线键进入“曲线制作”功能菜单，与按“调整”相应的△键进入曲线调整功能，此时该栏显示“测试点：X”字样，说明此点被选定为调整点，如附图10所示。再按“调整”相应的△键时，可选择其他测试点做调整点，被选择的测试点上显示一个大三角图形。当选择到最后一个测试点时，再按△键，回到第一个测试点，如此反复。当选定某一个测试点后，按◁、▷键调整此测试点的距离-波幅曲线高度。当对想要的测试点调整完成后，按确认键退出调整子功能，并保存调整后的曲线数据。

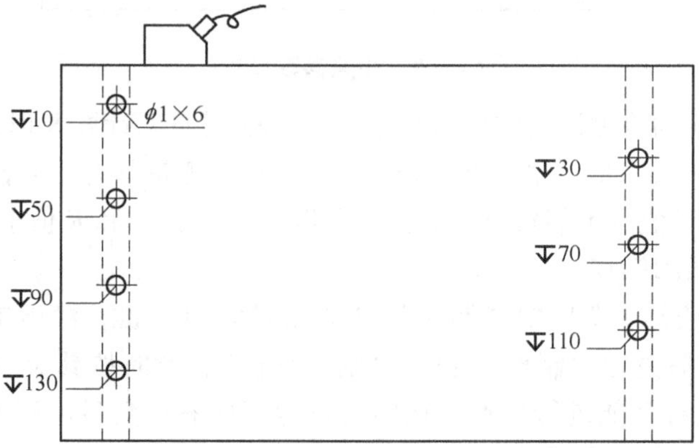

附图8　探头放置位置

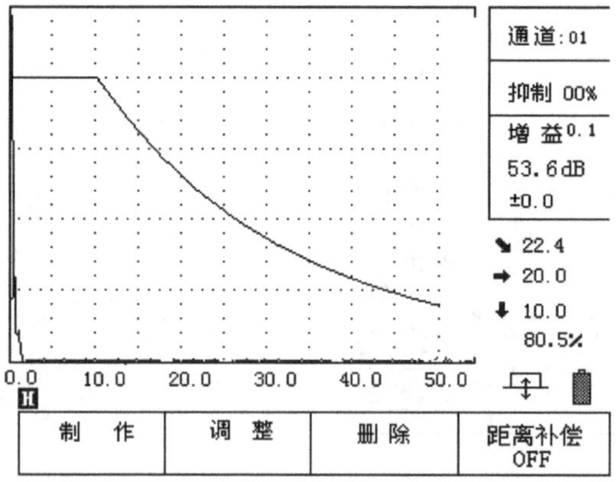

附图9　连成平滑曲线

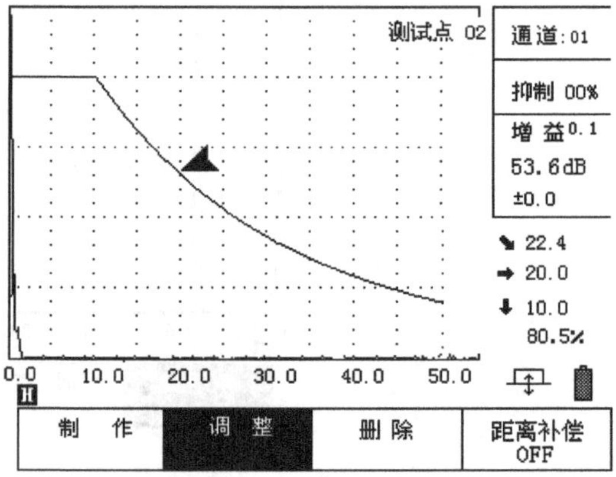

附图10　曲线的调整

4. 对接焊缝探伤

1）此时得到的DAC曲线是ϕ1mm×6mm的基准线，依据标准JB/T 4730—2005按不同的工件厚度输入曲线的标准数值（本例以15mm < T < 46mm为例，即判废为+5dB、定量为−3dB、评定为−9dB、表面补偿为+3dB）。输入参数，得到探伤时所需的三条曲线，如附图11所示。按参数键进入参数列表，用◁、▷键将光标移动到评定栏，按确认键进入参数修改状态，使用◁、▷键将数值输入后，按确认键完成修改。依照以上方法依次输入定量、判废、表面补偿的标准数值，最后按参数键返回探伤界面。

2）曲线生成后，着手扫查焊缝，如附图12所示（箭头方向表示扫查方向）。

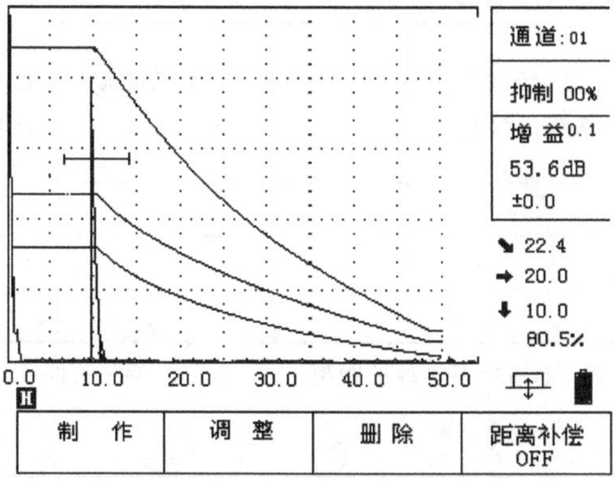

附图 11 探伤时所需的三条曲线

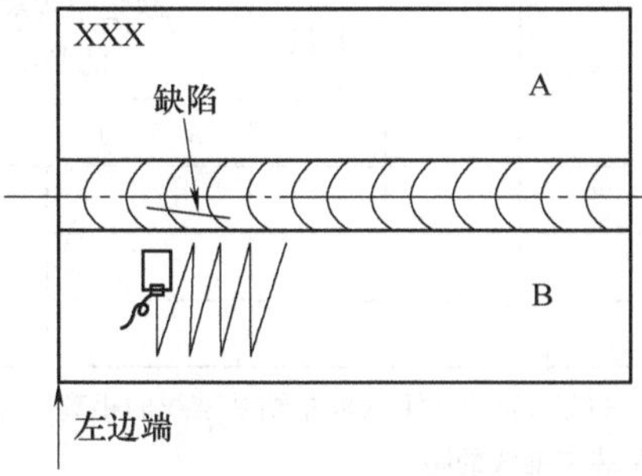

附图 12 扫查焊缝

3）当发现缺陷后观察回波宽度，如果回波高度超过评定线，此时仔细移动探头寻找最高回波，找到最高回波后，按住探头不动，观察屏幕上数据显示区中的缺陷深度读数 H 及波高所在区域，如附图 13 所示。用钢直尺量出探头到钢板左端边的距离 s_3（从探头中心位置测量，或从探头左边测量再加上探头宽度的1/2），再观察屏幕上数据显示区域中缺陷水平的读数➡x. x，用钢直尺从探头前端量出缺陷所在位置和缺陷位置与焊缝中心线的距离，假设量出距离为3mm，缺陷偏向焊缝中心线 B（－）侧，则记录为B3 或 －3（即在B 栏中填写 3），此时缺陷最大波幅时的数据记录完毕。然后开始测量缺陷长度，按自动增益键，将缺陷最高回波调整到满刻度的 80%，此时向左平行移动探头，观察屏幕上的回波，当回波降低到 40% 的时候（即最高回波的一半）量出探头到钢板左端边的距离，记作 s_1。再向右平行移动探头，回到最高波位置，然后继续向右平行移动，直到回波降低到 40%，此时量出探头到钢板左端边的距离，记作 s_2，s_2 减去 s_1 所得的数值即为缺陷长度，如附图 14 所示。

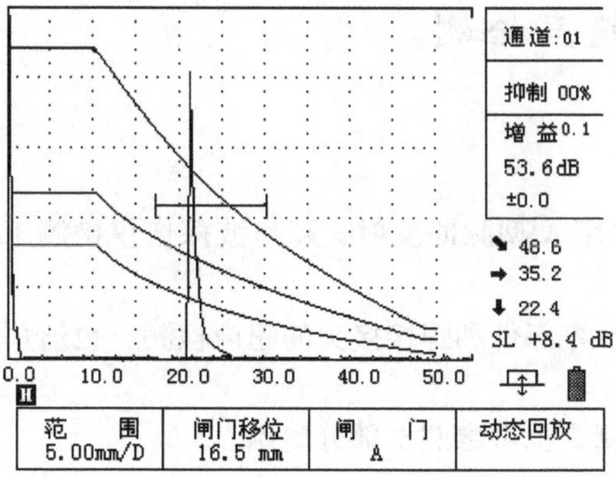

附图 13 缺陷显示区域

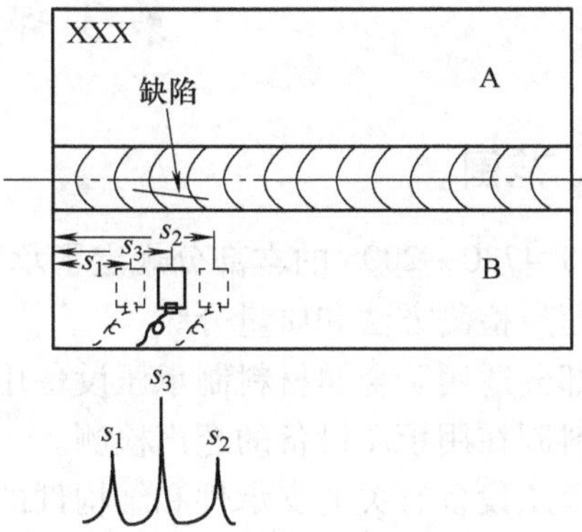

附图 14 缺陷长度计算

4）将上面测量出的数据填入附表 1 的相应栏目中。依据上述方法将缺陷逐一找出并测量。

附表1　焊件超声检测缺陷记录表　　（单位：mm）

序号	s_1	s_2	长度（L）	缺陷距焊缝中心的距离 q		缺陷距焊缝表面的深度 H	s_3	高于评定线 dB 值（A_{max}）	波高区域
				A（+）	B（-）				
1									
2									
3									

注：s_1—缺陷起始点距试板左端基准线的距离；s_2—缺陷终点距试板左端基准线的距离；s_3—缺陷波幅最高时距试板左端基准线的距离。

附录B　JB/T 4730.3—2005《承压设备无损检测　第3部分　超声检测》标准简介

前　　言

JB/T 4730—2005《承压设备无损检测》分为六个部分：

——第1部分：通用要求；

——第2部分：射线检测；

——第3部分：超声检测；

——第4部分：磁粉检测；

——第5部分：渗透检测；

——第6部分：涡流检测。

第3部分：超声检测

一、范围

JB/T 4730—2005的本部分规定了承压设备采用A型脉冲反射式超声波探伤仪检测工件缺陷的超声检测方法和质量分级。

本部分适用于金属材料制承压设备用原材料、零部件和焊接接头的超声检测，也适用于金属材料制在用承压设备的超声检测。

与承压设备有关的支承件和结构件的超声检测，也可参照本部分使用。

二、规范引用文件

JB/T 4730.1—2005　　承压设备无损检测　第1部分：通用要求

GB/T 11259—2008　　无损检测　超声波检测用钢参考试块的制作与校验方法

JB/T 9214—2010　　A型脉冲反射式超声检测系统工作性能测试方法

JB/T 10061—1999　　　A 型脉冲反射式超声波探伤仪　通用技术条件
JB/T 10062—1999　　　超声探伤用探头　性能测试方法
JB/T 19799. 1—2005　　无损检测　超声检测　1 号校准试块

三、一般要求

1. 超声检测人员

超声检测人员的一般要求应符合 JB/T 4730. 1—2005 的有关规定。

2. 检测设备和系统性能

（1）探伤仪　采用 A 型脉冲反射式超声波探伤仪，其工作频率范围为 0. 5 ~ 10MHz，仪器至少在荧光屏满刻度的 80% 范围内呈线性显示。探伤仪应具有 80dB 以上的连续可调衰减器，步进级每挡不大于 2dB，其精度为任意相邻 12dB 的误差在 ± 1dB 以内，最大累计误差不超过 1dB；水平线性误差不大于 1%，垂直线性误差不大于 5%。其余指标应符合 JB/T 10061—1999 的规定。

（2）探头　晶片面积一般不应大于 500mm²，且任一边长原则上不大于 25mm。单斜探头声束轴线水平偏离角应不大于 2°，主声束垂直方向不应有明显双峰。

（3）系统性能　超声探伤仪和探头的系统性能要达到以下要求：

1）在达到所探工件的最大检测声程时，其有效灵敏度余量应不小于 10dB。

2）仪器和探头的组合频率与公称频率误差不得大于 ± 10%。

3）仪器和直探头组合的始脉冲宽度（在基准灵敏度下）：对于频率为 5MHz 的探头，宽度不大于 10mm；对于频率为 2. 5MHz 的探头，宽度不大于 15mm。

4）直探头的远场分辨力应不小于 30dB，斜探头的远场分辨力应不小于 6dB。

5）仪器和探头的系统性能应按 JB/T 9214—2010 和 JB/T 10062—1999 的规定进行测试。

3. 超声检测的一般方法

（1）检测准备　焊缝的表面质量经外观检测合格。所有影响超声检测的锈蚀、飞溅和污物等应予以清除，其表面粗糙度应符合要求。表面的不规则状态不得影响检测结果的正确性和完整性，否则应作适当的处理。

（2）扫查覆盖率　为确保检测时超声声束能扫查到工件的整个被检区域，探头的每次扫查覆盖率应大于探头直径的 15%。

（3）探头的移动速度　探头的移动速度不应超过 150mm/s。当采用自动装置扫查时，不受此限制。

（4）扫查灵敏度　扫查灵敏度通常不得低于基准灵敏度。

（5）耦合剂　应采用透声性好，且不损伤检测表面的耦合剂，如全损耗系统用油、浆糊、甘油和水等。

（6）灵敏度补偿　灵敏度补偿包括耦合补偿、衰减补偿和曲面补偿。

1）耦合补偿。在检测和缺陷定量时，应对由表面粗糙度引起的耦合损失进行补偿。

2）衰减补偿。在检测和缺陷定量时，应对由材质衰减引起的检测灵敏度下降和缺陷定量误差进行补偿。

3）曲面补偿。对探测面是曲面的工件，应采用曲率半径与工件相同或相近的试块，通过对比试验进行曲率补偿。

4. 系统校准和复核

（1）仪器校准　每隔3个月至少对仪器的水平线性和垂直线性进行一次测定，测定方法按JB/T 10061—1999的规定。

（2）检测前仪器和探头系统测定　使用仪器-斜探头系统，检测前应测定前沿距离、K值和主声束偏离，调节或复核扫描量程和扫查灵敏度；使用仪器-直探头系统，检测前应测定始脉冲宽度、灵敏度余量和分辨力，调节或复核扫描量程和扫查灵敏度。

（3）检测过程中仪器和探头系统的复核　遇到下述情况应对系统进行复核：

1）校准后的探头、耦合剂和仪器调节旋钮发生改变时。

2）检测人员怀疑扫描量程或扫查灵敏度有变化时。

3）连续工作4h以上时。

4）工作结束时。

（4）检测结束前仪器和探头系统的复核　复核内容和方法如下：

1）每次检测结束前，应对扫描量程进行复核。如果任意一点在扫描线上的偏移超过扫描线读数的10%，则扫描量程应重新调整，并对上一次复核以来所有的检测部位进行复检。

2）每次检测结束前，应对扫查灵敏度进行复核。一般对距离-波幅曲线的校核不应少于3点。如果曲线上任何一点幅度下降2dB，则应对上一次复核以来所有的检测部位进行复检；如幅度上升2dB，则应对所有的记录信号进行重新评定。

5. 试块

标准试块是指本部分规定的用于仪器探头系统性能校准和检测校准的试块，本部分采用的标准试块如下：

1）钢板用标准试块：CBⅠ、CBⅡ。

2）锻件用标准试块：CSⅠ、CSⅡ、CSⅢ。

3）焊接接头用标准试块：CSK-ⅠA、CSK-ⅡA、CSK-ⅢA、CSK-ⅣA。

四、承压设备用原材料、零部件的超声检测和质量分级

1. 承压设备用钢板超声检测和质量分级

（1）范围　本条适用于板厚为6～250mm的碳素钢、低合金钢制承压设备用板材的超声检测和质量分级。奥氏体钢板、镍及镍合金板材以及双相不锈钢板材的超声检测也可参照本标准执行。

（2）基准灵敏度　板厚不大于20mm时，用CBⅠ试块将工件等厚部位第一次底波高度调整到满刻度的50%，再提高10dB作为基准灵敏度；板厚大于20mm时，应将CBⅡ试块ϕ5mm平底孔第一次反射波高调整到满刻度的50%作为基准灵敏度；板厚不小于探头的3倍近场区时，也可取钢板无缺陷完好部位的第一次底波来校准灵敏度，其结果应与板厚大于20mm时的要求相一致。

（3）耦合方式　耦合方式可采用直接接触法或液浸法。

（4）扫查方式　探头沿垂直于钢板压延方向，间距不大于100mm的平行线进行扫查。在钢板剖口预定线两侧各50mm（当板厚超过100mm时，以板厚的一半为准）内应作100%扫查，或根据合同、技术协议或图样的要求，采用其他形式的扫查。

（5）缺陷的测定　在检测过程中，发现下列三种情况之一即作为缺陷：

1）缺陷第一次反射波（F_1）波高大于或等于满刻度的50%，即 $F_1 \geqslant 50\%$。

2）当底面第一次反射波（B_1）波高未达到满刻度，此时，缺陷第一次反射波（F_1）波高与底面第一次反射波（B_1）波高之比大于或等于50%，即 $B_1 < 100\%$，而 $F_1/B_1 \geqslant 50\%$。

3）底面第一次反射波（B_1）波高低于满刻度的50%，即 $B_1 < 50\%$。

缺陷的边界范围或指示长度的测定方法如下：

1）检出缺陷后，应在它的周围继续进行检测，以确定缺陷的范围。

2）用双晶直探头确定缺陷的边界范围或指示长度时，探头的移动方向应与探头的隔声层垂直，并使缺陷波下降到基准灵敏度条件下荧光屏满刻度的25%或使缺陷第一次反射波波高与底面第一次反射波波高之比为50%。此时，探头中心的移动距离即为缺陷的指示长度，探头中心点即为缺陷的边界点。两种方法测得的结果以较严重者为准。

3）用单直探头确定缺陷的边界范围或指示长度时，移动探头使缺陷第一次反射波波高下降到基准灵敏度条件下荧光屏满刻度的25%或使缺陷第一次反射波波高与底面第一次反射波波高之比为50%。此时，探头中心的移动距离即为缺陷的指示长度，探头中心点即为缺陷的边界点。两种方法测得的结果以较严重者为准。

4）确定 $B_1 < 50\%$ 缺陷的边界范围或指示长度时，移动探头（单直探头或双直探头）使底面第一次反射波升高到荧光屏满刻度的50%。此时，探头中心的移动距离即为缺陷的指示长度，探头中心点即为缺陷的边界点。

5）当板厚较薄，需要采用第二次缺陷波和第二次底波来评定缺陷时，基准灵敏度应以相应的第二次反射波来校准。

（6）缺陷的评定　单个缺陷按其指示的最大长度作为该缺陷的指示长度。若单个缺陷的指示长度小于40mm，可不作记录。一个缺陷按其指示的面积作为该缺陷的单个指示面积；多个缺陷的相邻间距小于100mm或间距小于相邻小缺陷的指示长度（取其较大者）时，以各缺陷面积之和作为单个缺陷指示面积。钢板质量分级见附表2。

附表2　钢板质量分级

等级	单个缺陷指示长度/mm	单个缺陷指示面积/cm^2	在任一1m×1m的检测面积内存在的缺陷面积百分比（%）	以下单个缺陷指示面积不计/cm^2
Ⅰ	<80	<25	≤3	<9
Ⅱ	<100	<50	≤5	<15
Ⅲ	<120	<100	≤10	<25
Ⅳ	<150	<100	≤10	<25
Ⅴ	超过Ⅳ者			

2. 承压设备用钢锻件超声检测和质量分级

（1）范围　本条适用于承压设备用碳钢和低合金钢锻件的超声检测和质量分级，不适用于奥氏体钢等粗晶材料锻件的超声检测，也不适用于内外径之比小于80%的环形和筒形锻件的周向横波检测。

（2）探头　双晶直探头的公称频率应选用5MHz。探头晶片面积不小于150mm^2；单晶直探头的公称频率应选用2～5MHz，探头晶片一般为ϕ（14～25）mm。

（3）灵敏度的确定　灵敏度的确定分为单直探头基准灵敏度和双直探头基准灵敏度的确定。

1）单直探头基准灵敏度的确定。当被检部位的厚度大于或等于探头的3倍近场区长度，且探测面与底面平行时，原则上可采用底波计算法确定基准灵敏度。对由于几何形状所限，不能获得底波或壁厚小于探头的3倍近场区长度时，可直接采用CSⅠ标准试块确定基准灵敏度。

2）双直探头基准灵敏度的确定。使用CSⅡ试块，依次测试一组不同距离的ϕ3mm平底孔（至少三个）。调节衰减器，作出双晶直探头的距离-波幅曲线，并以此作为基准灵敏度。

3）扫查灵敏度一般不得低于最大检测距离处的ϕ2mm平底孔当量直径。

（4）缺陷记录　记录内容如下：

1）记录当量直径超过ϕ4mm的单个缺陷的波幅和位置。

2）记录密集区缺陷中最大当量缺陷的位置和缺陷分布。饼形锻件应记录ϕ4mm当量直径的缺陷密集区，其他锻件应记录大于或等于ϕ3mm当量直径的缺陷密集区。缺陷密集区面积以50mm×50mm的方块作为最小度量单位，其边界可由6dB法确定。

3）由缺陷引起底波降低量的质量分级见附表3。

附表3　由缺陷引起底波降低量的质量分级　（单位：dB）

等级		Ⅰ	Ⅱ	Ⅲ	Ⅳ	Ⅴ
底波降低量	BG/BF	≤8	>8～14	>14～20	>20～26	>26

注：本表仅适用于声程大于近场区长度的缺陷。

（5）质量分级等级评定　具体内容如下：

1）单个缺陷的质量分级见附表4。

附表4　单个缺陷的质量分级　（单位：mm）

等级	Ⅰ	Ⅱ	Ⅲ	Ⅳ	Ⅴ
缺陷当量直径	≤ϕ4	ϕ4＋（>0～8dB）	ϕ4＋（>8～14 dB）	ϕ4＋（>12～16 dB）	>ϕ4＋16dB

2）密集区缺陷的质量分级见附表5。

附表5　密集区缺陷的质量分级

等级	Ⅰ	Ⅱ	Ⅲ	Ⅳ	Ⅴ
密集区占检测总面积的百分比（%）	0	>0～5	>5～10	>10～20	>20

3）附表2、附表3、附表4的等级应作为独立的等级分别使用。

4）当缺陷被检测人员判定为危害性缺陷时，锻件的质量等级为Ⅴ级。

3. 承压设备用铝及铝合金和钛及钛合金板材超声检测和质量分级

适用于厚度大于或等于6mm的承压设备用铝及铝合金、钛及钛合金板材的超声检测和质量分级。

4. 承压设备用复合板超声检测

（1）范围　适用于基板厚度大于或等于6mm的承压设备用不锈钢、钛及钛合金、铝及铝合金、镍及镍合金、铜及铜合金复合板的超声检测和质量分级。基板通常采用碳钢、低合金钢板或不锈钢板。

主要用于复合板复合面结合状态的超声检测。

（2）检测方法　具体内容包括检测面、耦合方式和扫查方式。

1）检测面一般可从基板或复板侧表面进行检测。

2）耦合方式可采用直接接触法或液浸法。

3）扫查方式可采用100%扫查或沿钢板宽度方向，间隔50mm的平行线扫查。根据合同、技术协议书或图样的要求，也可采用其他扫查形式。在坡口预定线两侧各50mm内应作100%扫查。

（3）基准灵敏度的确定　将探头置于复合钢板完全结合部位，调节第一次底波高度为荧光屏满刻度的80%，以此作为基准灵敏度。

5. 承压设备用无缝钢管超声检测和质量分级

（1）范围　适用于外径为$\phi12\sim\phi660$mm、壁厚大于或等于2mm的承压设备用碳钢和低合金无缝钢管或外径为$\phi12\sim\phi400$mm、壁厚为2～35mm的承压设备用奥氏体不锈钢无缝管的超声检测和质量分级。不适用于内外径之比小于80%的钢管周向直接接触法横波检测，也不适用于分层缺陷的超声检测。

（2）检测方法　钢管的检测主要针对纵向缺陷，横向缺陷的检测可按规定由合同双方协商解决。钢管的检测可根据钢管的规格采用液浸法或接触法。

6. 承压设备用钢螺栓坯件的超声检测和质量分级

适合对直径大于M36的承压设备用碳钢和低合金钢螺栓坯件进行超声检测和质量分级，不适用于奥氏体钢螺栓坯件的超声检测。

7. 承压设备用奥氏体钢锻件超声检测和质量分级

适用于承压设备用奥氏体钢锻件的超声检测和质量分级。

8. 钢制承压设备对接焊接接头超声检测和质量分级

（1）适用范围　适用于母材厚度为8～400mm全熔化焊对接接头的超声检测。母材厚度为6～8mm全熔化焊对接焊接接头的超声检测应按规定进行。承压设备有关的支承件和结构件以及螺栓焊接接头的超声检测也可按本条的规定进行。钛制承压设备对接焊接接头超声检测和奥氏体不锈钢承压设备对接焊接接头超声检测参照相关规定进行。

（2）超声检测技术等级　超声检测技术等级分为A、B、C三个检测级别。超声检测技术等级选择应符合制造、安装、在用等有关规范、标准及设计图样规定。

1）A级仅适用于母材厚度为8～46mm的对接接头。可用一种K值探头采用直射波法和一次反射波法在对接焊接接头的单面单侧进行检测。一般不要求进行横向缺陷的检测。

2）B级检测分以下几种情况：

①　母材厚度为8～46mm时，一般用一种K值探头采用直射波法和一次反射波法在对接焊接接头的单面双侧进行检测。

②　母材厚度为46～120mm时，一般用一种K值探头采用直射波法在焊接接头的双面双侧进行检测，如受几何条件限制，也可在焊接接头的双面单侧或单面双侧采用两种K值探头进行检测。

③　母材厚度为120～400mm时，一般用两种K值探头采用直射波法在焊接接头的双面双侧进行检测。两种探头的折射角相差应不小于10°。

④　应进行横向缺陷检测。检测时，可在焊接接头两侧边缘使探头与焊接接头中心线成

10°~20°角作两个方向的斜平行扫查。如焊接接头余高磨平，探头应在焊接接头及热影响区上作两个方向的平行扫查。

3）采用C级检测时应将焊接接头的余高磨平，对焊接接头两侧斜探头扫查经过的母材区域要用直探头进行检测。

① 母材厚度为8~46mm时，一般用两种K值探头采用直射波法和一次反射波法在焊接接头的单面双侧进行检测。两种探头的折射角相差应不小于10°，其中一个折射角应为45°。

② 母材厚度为46~120mm时，一般用两种K值探头采用直射波法在焊接接头的双面双侧进行检测。两种探头的折射角相差应不小于10°。对于单侧坡口角度小于5°的窄间隙焊缝，如有可能应增加与坡口表面平行缺陷的有效检测方法。

③ 应进行横向缺陷的检测。检测时，将探头放在焊缝及热影响区上作两个方向的平行扫查。

（3）缺陷评定　超过评定线的信号应注意其是否具有裂纹等危害性缺陷特征，如有怀疑时，应采用改变K值、增大检测面、观察动态波形并结合结构工艺特征的方法作判定。如对波形不能判断时，应辅以其他检测方法作综合判定。缺陷指示长度小于10mm时，按5mm计；相邻两缺陷在一直线上，其间距小于其中较小的缺陷长度时，应作为一条缺陷处理，以两缺陷长度之和作为其指示长度（间距不计入缺陷长度）。

（4）质量分级　焊接接头质量分级按附表6的规定进行。

附表6　焊接接头质量分级　（单位：mm）

等级	板厚T	反射波高（所在区域）	单个缺陷指示长度L	多个缺陷累计长度L'
Ⅰ	6~400	Ⅰ	非裂纹类缺陷	
	6~120	Ⅱ	$L=T/3$，最小为10，最大不超过30	在任意9T焊缝长度范围内，L'不超过T
	>120~400		$L=T/3$，最大不超过50	
Ⅱ	6~120	Ⅱ	$L=2T/3$，最小为12，最大不超过40	在任意4.5T焊缝长度范围内，L'不超过T
	>120~400		最大不超过75	
Ⅲ	6~400	Ⅱ	超过Ⅱ级者	超过Ⅱ级者
		Ⅲ	所有缺陷	
		Ⅰ、Ⅱ、Ⅲ	裂纹等危害性缺陷	

注：1. 母材板厚不同时，取薄板侧厚度值。

2. 当焊缝长度不足9T（Ⅰ级）或4.5T（Ⅱ级）时，可按比例折算。当折算后的缺陷累计长度小于单个缺陷指示长度时，以单个缺陷指示长度为准。

9. 承压设备堆焊层超声检测和质量分级

（1）检测范围和一般要求　适用于承压设备用奥氏体不锈钢、镍合金等堆焊层内缺陷，堆焊层与母材未接合缺陷和堆焊层层下母材再热裂纹的超声检测以及检测结果的质量分级。

（2）检测方法　具体内容如下：

1）使用双晶直探头和纵波双晶斜探头从堆焊层侧对堆焊层进行超声检测。

2）使用单直探头和纵波单斜探头从母材侧对堆焊层进行超声检测。

10. 铝及铝合金制承压设备对接焊接接头超声检测和质量分级

适用于厚度大于或等于8mm的铝及铝合金制承压设备对接焊接接头的超声检测。不适用于外径小于ϕ159mm的铝及铝合金管承压设备环向对接接头和内径小于或等于ϕ200mm的管座角焊缝的超声检测，也不适用于外径小于ϕ250mm或内外径之比小于80%的纵向焊接接头超声检测。

11. 承压设备管子、压力管道环向对接焊接接头超声检测和质量分级

（1）钢制承压设备管子、压力管道环向对接焊接接头超声检测和质量分级　适用于壁厚不小于4mm，外径为ϕ32～ϕ159mm或壁厚为4～6mm，外径不小于ϕ159mm的承压设备管子、压力管道环向对接焊接接头的超声检测。不适用于铸钢、奥氏体不锈钢承压设备管子和压力管道环向对接焊接接头的超声检测。

（2）铝及铝合金制承压设备管子和压力管道环向对接接头的超声检测和质量分级　适用于壁厚不小于5mm，外径为ϕ80～ϕ159mm或壁厚为5～8mm，外径不小于ϕ159mm的铝及铝合金接管环向对接焊接接头。不适用于内径小于或等于ϕ200mm的管座角焊缝的超声检测，也不适用于外径小于ϕ250mm或内外径之比小于80%的管道纵向焊接接头超声检测。

五、超声检测报告

超声检测报告至少应包括以下内容：

1）委托单位。

2）被检工件：名称、编号、规格、材质、坡口形式、焊接方法和热处理状况。

3）检测设备：探伤仪、探头、试块。

4）检测规范：技术等级、探头K值、探头频率、检测面和检测灵敏度。

5）检测部位及缺陷的类型、尺寸、位置和分布应在草图上予以标明，如有因几何形状限制而检测不到的部位，也应加以说明。

6）检测结果及质量分级、检测标准名称和验收等级。

7）检测人员和责任人员签字及其技术资格。

8）检测日期。

参考文献

[1] 国防科技工业无损检测人员资格鉴定与认证培训教材编审委员会．超声检测［M］．北京：机械工业出版社，2005.

[2] 李荣雪．焊接检验［M］．2 版．北京：机械工业出版社，2005.

[3] 中国机械工程学会无损检测分会．超声波检测［M］．2 版．北京：机械工业出版社，2000.

[4] 李家伟，等．无损检测手册［M］．北京：机械工业出版社，2002.

[5] 全国锅炉压力容器无损检测人员资格考核委员会．超声波探伤（Ⅱ、Ⅲ级）［M］．北京：中国劳动社会保障出版社，1989.

[6] 姜危平，等．超声检测学［M］．武汉：武汉测绘科技大学出版社，1996.

[7] 李国华，吴淼．现代无损检测与评价［M］．北京：化学工业出版社，2009.